W0069601

Der Autor

Peter Sawtschenko ist einer der führenden Experten bei der Entwicklung von praxiserprobten Positionierungsstrategien.

Aufgrund dieser Erfahrungen hat Sawtschenko in den vergangenen fünf Jahren die Energie-Resonanz-Positionierung entwickelt. Dabei handelt es sich um eine neue Strategie, die erstmalig erklärt, wie Unternehmen ohne Umwege effizient und gewinnorientiert positioniert werden können. Dabei beschreibt er detailliert die einzelnen praktischen Arbeitsschritte, die dazu notwendig sind. Sie befähigt Entscheider auch, Innovationen bereits vor der Markteinführung zu analysieren und Fehler oder teure Flops zu vermeiden. Sawtschenko füllt damit eine zentrale Wissenslücke in der theoretischen Ausbildung an Universitäten und der praktischen unternehmerischen Umsetzung.

Für seine Arbeit wurde Peter Sawtschenko bereits mehrfach ausgezeichnet. So ist er Gewinner des Deutschen Strategiepreises 2007. In den Jahren 2009 und 2010 erhielt er den Conga Award als einer der »10 besten Referenten und Trainer« in Deutschland. Peter Sawtschenko ist Bestseller-Autor und Keynote-Speaker.

Bevor sich Peter Sawtschenko 1991 mit seinem Institut für Positionierungs- und Marktnischen-Strategien selbstständig machte, arbeitete er in internationalen Dialogmarketing-Agenturen (Ogilvy & Mather Direkt, TBWA, Wunderman) für Kunden wie: Shell, Hewlett Packard, American Express, Colgate, Rank Xerox, Avis, British Airways, Schneekoppe, KKB-Bank, Eismann oder Colonia.

Peter Sawtschenko

Energie-Resonanz-Positionierung®

Warum wir ein Neues Business-Denken brauchen

P.ZET.W Positionierungszentrum für die Wirtschaft

Peter Sawtschenko

Energie-Resonanz-Positionierung®

Warum wir ein
Neues Business-Denken
brauchen

Wie Sie Krisen meistern und Ihr Wachstum
erfolgreich steuern.

Die Schlüsselkompetenz für kleine und
mittelständische Unternehmen.

P.ZET.W Positionierungszentrum für die Wirtschaft

Alle Rechte vorbehalten. Vervielfältigung, auch auszugsweise,
nur mit schriftlicher Genehmigung des Verlages.

Copyright © Verlag: P.ZET.W Positionierungszentrum für die Wirtschaft
64846 Groß Zimmern, Waldstraße 22A

Energie-Resonanz-Positionierung® ist ein geschütztes und
eingetragenes Markenzeichen.

Abonnieren Sie das kostenlose Positionierungs-Telegramm

Wenn Sie regelmäßig weiterführende Ideen, wertvolle Experten-Tipps,
aktuelle Neuigkeiten, Termine und weitere Fallbeispiele zur
Energie-Resonanz-Positionierung per E-Mail bekommen möchten,
melden Sie sich unter www.positionierungszentrum.de/telegramm an.
Der Service ist für Sie vollkommen kostenlos und verpflichtet Sie zu nichts.

Bibliografische Informationen der Deutschen Bibliothek

Die Deutsche Bibliothek verzeichnet diese Publikation in der
Deutschen Nationalbibliografie; detaillierte bibliografische Daten
sind im Internet über http://dnb.ddb.de abrufbar.

2. Auflage

Lektorat: Eva Albrecht
Umschlaggestaltung: Katja Tessier, tessier.design@googlemail.com
Satz und Layout: EDV-Fotosatz Huber/Verlagsservice G. Pfeifer, Germering
Druck und Bindung: MAILFIX e.K., Marktheidenfeld

ISBN 978-3-9816979-0-2

INHALT

Warum wir ein neues Business-Denken brauchen

Wer nicht automatisch neue Kunden gewinnt, ist falsch positioniert!

Liebe Leserinnen,
liebe Leser,

mit diesem Buch möchte ich Ihnen die Antwort auf die Frage liefern, warum wir ein neues Business-Denken brauchen und warum das alte Denken so manches Unternehmen in die Krise oder in den Ruin geführt hat.

Mit der von mir entwickelten Energie-Resonanz-Positionierung möchte ich Ihnen eine neue Denk- und Sichtweise auf Ihr Business näher bringen. Anhand vieler Beispiele aus der Zusammenarbeit mit Betrieben, die zum Teil in bedrohliche Krisen geraten sind, werden Sie klar und deutlich die Gesetzmäßigkeiten von Erfolg und Misserfolg auch in Ihrem Unternehmen erkennen. Das neue Business-Denken beruht auf den Gesetzmäßigkeiten von Ursache und Wirkung aus der Energieresonanzforschung.

Dieses Buch ist kein theoretisches Lehrwerk. Es ist ein Praxisbuch, in dem ich Ihnen Schritt für Schritt zeige, wie Sie Ihre Angebote an den Bedarf Ihres Marktes bzw. Ihrer Zielgruppe ausrichten und die Sogwirkungsenergie auf Ihr Unternehmen steigern können. Ich werde Ihnen an realen Beispielen aus meiner Praxis die Ursachen von Erfolgen erklären, die durch persönliche Stellungnahmen meiner Kunden belegt sind. Sie werden in diesem Buch viele verblüffende Beispiele von Unternehmen finden, die durch eine neue Sichtweise auf ihren Markt und ihre Zielgruppe oftmals nur durch kleine Veränderungen ihres Angebotes erstaunliche Erfolge erzielten.

Mit den Bausteinen der Energie-Resonanz-Positionierung können Sie jederzeit Ihre Geschäftsidee, Ihre Angebote und Ihre Positionierung auf den Prüfstand stellen. Gleichzeitig werden Sie Zukunftspotenziale erkennen. Möglicherweise werden Sie erstaunt sein, wie einfach und schnell Sie die Ursachen der mangelnden Anziehungskraft Ihrer Angebote erkennen. Ich werde Ihnen zeigen, wie Sie sich von Ihren Wettbewerbern abheben, sich der Vergleichbarkeit entziehen und an welchen oft einfachen Stellschrauben Sie drehen müssen, um Ihren Erfolg zu steigern. Die Energie-Resonanz-Positionierung wird Ihnen helfen, die Komplexität Ihres Marktes auf die wesentlichen Erfolgsfaktoren zu reduzieren.

Wir brauchen dringend ein neues Businessdenken

Ich erhalte ständig Anfragen aus dem In- und Ausland, überwiegend von kleinen bis mittelständischen Unternehmern, Freiberuflern, Beratern, Trainern und Coachs. Sie sind zum Teil dramatisch unter Druck geraten. Sie leiden unter vergleichbaren Angeboten, ständigem Preisdruck und dem stärker werdenden Wettbewerb und wissen nicht, wie sie die Herausforderungen meistern sollen. Sie versuchten, mit den bekannten Strategielehren und üblichen Instrumenten wieder Boden unter die Füße zu bekommen. Sie probierten alle möglichen Vertriebs- und Marketingmaßnahmen aus und vernichteten viel wertvolle Liquidität. Oftmals wechselten sie mehrmals ihre Werbeagenturen, ließen auf deren Empfehlung neue Logos, Claims und Broschüren produzieren, entwickelten neue Internetseiten und ließen ihre Homepages für Suchmaschinen optimieren. Irgendwann waren sie nicht länger bereit, wertvolles Geld für immer wieder neue Versprechen auszugeben. Andere erkannten frühzeitig, dass sich ihr Markt negativ entwickelt und suchten Hilfe. Es melden sich auch Unternehmen, die noch erfolgreicher werden wollen, aber mit den bisherigen Strategien, Maßnahmen und ihrem traditionellen Denken keinen Ansatz finden.

Eines ist ihnen allen gemeinsam: Sie haben erkannt, dass sie mit den alten Strategien, dem Denken in Instrumenten und Maßnahmen, nicht zum Ziel kommen. Sie wissen aber nicht, an welchen Stellschrauben sie drehen müssen. Die Energiequelle eines jeden Unternehmens ist der Markt bzw. seine Zielgruppe. Nur dort verdient eine Firma ihr Geld. Versiegt die Quelle durch austauschbare Angebote und aggressive Preisstrategien, schrumpfen die Gewinne und der Absatz, was im schlimmsten Fall zur Schließung führt.

Um den Erfolg von Firmen und Arbeitsplätze zu sichern, brauchen wir ein neues Businessdenken, eine veränderte Sichtweise auf unseren Markt und unsere Zielgruppe. In jeder Branche existieren nach wie vor viele unentdeckte Nischen, Alleinstellungen und Innovationspotenziale. Selbst in Krisenzeiten entstehen ständig neue Chancen. Trotzdem stagnieren viele Unternehmen, entwickeln ihr Geschäftsmodell nicht weiter, geraten in eine Krise oder kämpfen um das Überleben. Heute und erst recht in der Zukunft besteht die Schlüsselkompetenz der Verantwortlichen nicht in der langfristigen und strategischen Planung. Sie liegt in der Fähigkeit, bedarfs- und marktorientiert einen Wettbewerbsvorteil mit Alleinstellung zu entwickeln. Das bedeutet: Firmen müssen sich in ihrem Wettbewerbsumfeld mit ihrer Kernkompetenz besser und anders positionieren.

Wir brauchen eine veränderte Sichtweise

> **Wer gelernt hat, Krisen zu bewältigen, hat auch gelernt, sein Wachstum erfolgreich zu steuern.**

Positionierung: Die Schlüsselkompetenz des 21. Jahrhunderts

Im Markt besteht nach wie vor ein großes Wissensvakuum über die Macht der Positionierung. So glauben viele Unternehmer noch immer, dass die Positionierung erst bei der Vermarktung ihrer Angebote wichtig wird und ein wesentlicher Bestandteil des Marketings und die Aufgabe der Werbeagenturen ist. Das ist ein riesiger Irrtum, den alle meine Kunden erkennen mussten.

Positionierung hat weltweit in unzähligen Unternehmen das alte Strategie-, Marketing- und Werbedenken radikal verändert. Sie gilt heute unter Experten als die Schlüsselkompetenz des 21. Jahrhunderts. Positionierung ist die Basis eines jeden Unternehmens. Sie beeinflusst alle strategischen Entscheidungen – wie Geschäftsidee, Gründung, Entwicklung und Ausrichtung der Angebote, Zielgruppenauswahl, Kommunikation, Wachstum oder Marktdurchdringung. Besonders in einer Krise gehört die Positionierung zu den

11

schnellsten und effektivsten Strategien, um neue Energiequellen im Markt zu finden und das Überleben zu sichern.

Trotzdem kennen und arbeiten immer noch viel zu wenige Unternehmen damit. Das hat zwei Gründe: Zum einen haben sie sich noch nicht tiefer gehend mit dem Thema beschäftigt. Zum anderen existiert bisher kein Praxislehrwerk, das nachvollziehbar erklärt, wie jeder Unternehmer selbst zu einem Positionierungsexperten werden kann. Mit den Prinzipien der Energie-Resonanz-Positionierung werden Sie eine ganzheitliche und marktorientierte Management-Schlüsselkompetenz kennen lernen, die Sie befähigt, bestehende und zukünftige Herausforderungen zu meistern.

■ Im Business gibt es nur eine Wahrheit: den Erfolg

Die wertvollen Erfahrungen aus der Vergangenheit

Woran liegt es, dass immer noch zahlreiche Unternehmer zum Teil täglich an ihren Chancen vorbeigehen und sie nicht erkennen? Um das zu verstehen, müssen wir einen Blick in die Vergangenheit werfen. Als Werbeprofi für Neukundengewinnung, Vertriebsunterstützung und Markenaufbau habe ich etwa zehn Jahre lang in internationalen Dialogmarketing-Agenturen für Kunden gearbeitet, z. B. für Colgate, Shell, Hewlett Packard, American Express, AVIS, Schneekoppe, Lancaster und viele andere Unternehmen. Werbebudget war in der Regel reichlich vorhanden. Als Kreativer konnte ich, um neue Kunden zu gewinnen, aus dem Vollen schöpfen.

Veränderte Märkte erfordern neue Strategien

Anfangs hatten wir mit unseren Maßnahmen großen Erfolg. Doch der verringerte sich im Laufe der Jahre. Stagnierende Märkte, vergleichbare Leistungen, Werbeflut, veränderte Marktbedingungen und Machtverhältnisse führten dazu, dass alte Marketinginstrumente nicht mehr funktionierten. Mich trieb also die Frage um: Liegt es tatsächlich an der schlechten Werbung oder gibt es noch andere Gründe für die schlechte Resonanz aus dem Markt? Ich kam zu dem

12

Warum wir ein neues Business-Denken brauchen

Ergebnis: Solange Produkte und Dienstleistungen austauschbar sind, keinen besonderen Nutzen bieten oder die Unternehmer nicht genau wissen, wer wirklich ihre erfolgversprechendste Zielgruppe ist, werden sie auch mit viel Werbedruck ihre Ziele nicht erreichen. Oder auf den Punkt gebracht: Wer trotz Werbe- und Marketingmaßnahmen nicht den gewünschten Erfolg erzielt, ist schlecht positioniert.

Als ich mich 1991 mit einer Werbeagentur für strategisches Dialogmarketing selbstständig machte, wollte ich alles besser und anders machen. Anfangs bekam ich keine großen Kunden mit viel Werbebudget, sondern kleine und mittelständische Unternehmen mit wenig Liquidität, die teilweise händeringend nach Überlebenschancen suchten. Sie waren eine riesige Herausforderung für mich.

Die Suche nach alternativen Strategien

Also machte ich mich auf den Weg, bessere Strategien und Maßnahmen zu finden. Ich stellte alles Gelernte auf den Kopf, las viele Bücher – doch keine der gängigen Strategielehren brachte einen nennenswerten Erfolg. Die Zeiten hatten sich geändert: Wir hatten jetzt mehr Angebote als Nachfrage. Die Kunden konnten sich zwischen mehreren Anbietern entscheiden. Was in mir die meiste Energie freisetzte und Hoffnung auslöste, waren die Bücher über Positionierung. Leider beschrieben die Autoren nur die Theorie; keiner erklärte, wie ich damit praktisch arbeiten konnte. Was mich dennoch faszinierte und fesselte, war die Erkenntnis: Je besser ein Unternehmen positioniert und spezialisiert ist, desto weniger Werbebudget braucht es, um Erfolg zu haben. Ich musste also lernen, wie ich ein Unternehmen besser positionieren kann. Dazu habe ich erst einmal nichts anderes getan, als selbst zu „entlernen": mich von alten Glaubenssätzen, in die Sackgasse führenden Denkmustern und unwirksamen, Geld vernichtenden Maßnahmen zu lösen. Ich habe viele Thesen über Strategie und Positionierung gelesen, sie analysiert und auf ihre Praxistauglichkeit geprüft.

Der Weg zur Positionierung

13

Die Ziele bestimmen den Weg oder führen in eine Falle

Schnell fand ich heraus, dass die wichtigste Frage im gesamten Positionierungsprozess die Zielbeschreibung ist. Schon hier liegt die größte Fehlerquelle. Wir brauchen mehr Aufträge, mehr neue Kunden, eine bessere Platzierung im Handel, einen höheren Deckungsbeitrag, besser geschulte Verkäufer usw. – diese Art der Zieldefinition ist eine Falle, die immer wieder zu den alten Gedanken und Maßnahmen führt, aber keinen Ausweg bietet. Ich musste also die Zielbeschreibungen radikal ändern und den Geist der Inhaber auf das aus ihrer Sicht Unmögliche richten. Ich habe diesen Prozess „unverschämte Ziele" genannt, also traumhafte Ziele, die anzupeilen die Vorstellungskraft der Teilnehmer in der jetzigen Situation übersteigt. Diese unverschämten Ziele waren danach für mich immer der Ausgangspunkt eines Positionierungsprozesses und beeinflussten jeden Arbeitsschritt in der Positionierung.

> Wer seinen Geist nicht für das Unmögliche öffnet, wird das Mögliche nur schwer finden.

Lernen Sie zu sehen und zu erkennen

Im Laufe der Jahre habe ich die Praxisbausteine meiner Positionierungsstrategie immer weiter entwickelt, in der Praxis getestet und fortlaufend den neuen Herausforderungen angepasst. In dieser Zeit habe ich mehrere Hundert Kunden aus unterschiedlichen Branchen betreut, die zum Teil um ihr geschäftliches Überleben kämpften. Trotzdem fand ich mit den Unternehmen so gut wie immer neue Alleinstellungen. Was mich immer wieder fasziniert: Sie funktionieren in jeder Branche. So habe ich mir im Laufe der Zeit einen Praxisexperten-Status aufgebaut, der sich in ganz Europa und sogar bis nach Amerika herumsprach und dort zu Beratungsaufträgen führte. Was den hohen Wert meines Positionierungssystems immer wieder bestätigte war, dass ich auch dort eine Nische entdeckte, wo andere Berater vor mir keine Chance erkannt und das Handtuch geworfen

14

hatten. Anfangs dachte ich noch, das sei reiner Zufall und ich hätte nur an der richtigen Stelle die richtigen Fragen gestellt. Obwohl ich vor der Zusammenarbeit mit den Unternehmen nie eine Lösung hatte, wurde ich vor und während der Workshops immer ruhiger. Ich wusste, dass wir immer eine Lösung finden, und begann mich auf jede neue Herausforderung zu freuen. Denn eines hatte ich begriffen: Es ist alles schon da, ich musste nur lernen es zu sehen.

Mich interessierten mit der Zeit natürlich sehr nahe liegende Fragen, wie: Warum erkannte ich in der Zusammenarbeit mit Unternehmern praktisch immer den Ausweg, mit dem wir die jeweilige Firma zukunftsorientiert aufstellen konnten? Steckte hinter allem eine Gesetzmäßigkeit? Aber am wichtigsten war die Frage: Wie kann ich das alles so erklären, dass jeder Unternehmer, Freiberufler, Berater, Trainer und Coach selbst ein Positionierungsexperte werden kann? Mit welchem Erklärungsmodell kann ich das, was ich bisher bewusst oder unbewusst richtig gemacht habe, so vermitteln, dass jeder alle notwendigen Gedanken versteht, selbst neue Zukunftspotenziale findet und aus den Möglichkeiten die richtige Entscheidung treffen kann. Also machte ich mich auf den Weg und habe fast fünf Jahre nach einem Erklärungsmodell gesucht. Entstanden ist die Strategie der Energie-Resonanz-Positionierung, die ich Ihnen in diesem Buch vorstelle. Folgen Sie mir jetzt auf eine spannende Reise, erfahren Sie, warum wir ein neues Business-Denken brauchen und welche enorme Wirkung die Energie-Resonanzprinzipien auch in Ihrem Unternehmen auslösen kann.

Viel Spaß beim Lesen – und Lernen!

Peter Sawtschenko

Der Weg zur Energie-Resonanz-Positionierung

Auf der Suche nach den Ursachen des Erfolgs

Die Energie ist der gemeinsame Nenner, der alle Wissenschaften verbindet

Ich fing an, nach einer Gemeinsamkeit für meine Erfolge zu suchen. Deshalb analysierte ich diverse Wissenschaften, um dafür eine plausible und übertragbare Erklärung zu finden. Als ich nach den wichtigsten Gemeinsamkeiten suchte, fand ich einen Basisfaktor, der alle anwendenden Wissenschaften verbindet: Die Energie. Sie ist eine fundamentale physikalische Größe, die in allen Teilgebieten der Physik, Technik, Chemie, Biologie und in der Psychologie eine zentrale Rolle spielt. Wir benötigen immer Energie, egal ob wir einen Körper beschleunigen, Substanzen erwärmen, ein Unternehmen produzieren lassen, telefonieren oder nachdenken. Wir wissen alle, dass jedes Tier, jede Pflanze und jeder Mensch Energie benötigt, um leben zu können. Auch wenn wir Ziele verfolgen, hängt der Erfolg davon ab, wie viel Energie in Form von Zeit, Engagement und Motivation wir einsetzen. Deshalb fragte ich mich: Wenn der Faktor Energie so entscheidend ist, kann er dann auch in der Wirtschaft eine zentrale Rolle spielen?

> „Die Energie ist tatsächlich der Stoff, aus dem alle Elementarteilchen, alle Atome und daher überhaupt alle Dinge gemacht sind, und gleichzeitig ist die Energie auch das Bewegende."
> *Werner Heisenberg, aus: „Physik und Philosophie"*

Die Energie ist der gemeinsame Nenner, der alle erfolgreichen Unternehmen verbindet

Obwohl die Frage nach der „Energie hinter einer Idee" bei jedem meiner Positionierungsprozesse eine Schlüsselrolle gespielt hatte, war ich nie auf die Idee gekommen, dahinter nach einem Prinzip zu suchen. Deshalb analysierte ich diverse Wirtschaftsabläufe, Business-Strategien, national und international erfolgreiche Unternehmen sowie alle meine bisherigen Praxisfälle. Je länger ich suchte, desto mehr bestätigte sich meine These. Ich fand den gemeinsamen Nenner für sämtliche Businesstheorien: Auch hier ist alles Energie. Sie ist die wichtigste Gemeinsamkeit aller erfolgreichen Unternehmen und Marken. Der US-Markenexperte David Aaker, der ein Markenwertmodell entwickelt hat, schrieb zu dem Thema: „Marken brauchen Energie: Energielose Marken sind aus zwei Gründen gefährdet: Sie verlieren an Sichtbarkeit und gehören bald nicht mehr zu den Marken, die dem Kunden einfallen, wenn er etwas kaufen möchte. Gleichzeitig sinkt die Fähigkeit, sich von anderen Marken abzuheben und treue Kunden zu gewinnen."

Dass David Aaker ein Wertmodell entwickelt hatte und die großen Marken der Welt damit untersuchte, löste aber noch immer nicht die Frage: Wie lädt ein kleiner oder mittelständischer Unternehmer sein Angebot ohne Millionen-Werbebudget mit Energie auf?

Der Energie-Resonanz-Faktor Als ich mich tiefer mit den grundlegenden Theorien der Energielehre beschäftigte, lieferten mir die sogenannten Resonanz-Prinzipien entscheidende Hinweise. Sie basieren auf der Erkenntnis, dass alles mit allem verbunden ist und aufeinander reagiert. Mit Resonanz haben wir es überall und ständig zu tun. Sie ist eine sehr mächtige Naturerscheinung, spielt in so gut wie allen Wissenschaften und technischen Entwicklungen eine tragende Rolle.

Jeder steht ständig in Resonanz zu sich und seiner Umwelt Ein einfaches Resonanzprinzip-Beispiel ist die Stimmgabel. Schlägt man eine Stimmgabel mit einem Anschlaghammer an, so entsteht ein Ton. Dabei wird die Luft in Form von Schallwellen in Schwingung versetzt. Steht die Stimmgabel auf einem einseitig verschlossen Holzkasten, wird der Ton, so wie bei einer Gitarre, durch den Hohlkörper verstärkt. Steht eine zweite Stimmgabel mit gleicher Tonhöhe der ersten Stimmgabel in einiger Entfernung gegenüber, dann werden die erzeugten Schallwellen auf diese zweite Stimmgabel übertragen. Sie fängt an ebenfalls zu schwingen und setzt den gleichen Ton frei. Fassen wir die erste Stimmgabel an und unterbrechen die Schwingung, dann schwingt die zweite mit dem gleichen Ton noch einige Zeit weiter.

20

Übertragen Sie diese Energie-Resonanz auf Ihr Business: Hier wirken die gleichen Gesetze. Jeder Unternehmer löst mit seinem Angebot und dem Nutzenversprechen mehr oder weniger Resonanz im Markt bzw. bei seiner Zielgruppe aus. Je besser er sich dabei auf seine Zielgruppe und ihren tatsächlichem Bedarf einstellen kann, desto größer ist sein Resonanz-Erfolg. Wenn die Tonhöhe – also das Nutzenversprechen – des Senders keine Energie beim Empfänger auslöst, dann gibt es auch keine Resonanz im Markt. Jetzt nähern wir uns auch der Frage: Beruht ein Erfolg auf Zufall, oder basiert er auf der ausgelösten Rückkopplungsenergie im Markt?

> **Wer mit seinem Angebot keine Energie-Resonanz auslöst, sollte über dessen Daseinsberechtigung nachdenken.**

Bei einer Vortragsveranstaltung sprach nach mir eine Quantenphysikerin darüber, wie Gedanken und Emotionen den Energieaustausch der Zellen im menschlichen Körper sofort positiv oder negativ verändern können. Ihre zentrale These lautete: Die Energie folgt der Information. Diese Aussage war die Basis für mein weiteres Bewertungs- und Erklärungsmodell. Wenn die Energie der Information folgt, dann bestimmt die Energiehöhe hinter den Problemen, den Wünschen und Zielen einer Zielgruppe logischerweise die Höhe der Aufmerksamkeit.

Die Energie folgt der Information

> **Die Energie einer Zielgruppe folgt zuerst immer den eigenen dominierenden Gedanken.**

Auf eine hohe Resonanz treffen wir dann, wenn wir Emotionen und Stimmungen finden, die ständig in den Gedanken von Menschen bzw. bei der Zielgruppe präsent sind und in ihrem Bewusstsein einen hohen Stellenwert einnehmen. Dabei spielt es keine Rolle, ob es sich um ein Problem handelt oder ob jemand unbedingt seine Wünsche oder Ziele verwirklichen will. Die Gedanken stehen für ein Defizit und verursachen das Bedürfnis nach einer Lösung. Je dominierender die Gedanken den Alltag einnehmen, desto größer ist der Wunsch nach einer Lösung. Aus Sicht der Zielgruppe heißt das: Je größer und überraschender ein Nutzen gegenüber bisherigen Lösungen ist, desto stärker wird er wahrgenommen. Mit dieser Erkenntnis hatte ich auch ein Erklärungsmodell, warum ich in meinen Workshops mit Unternehmen immer zielsicher die Energie hinter jeder Aussage und Idee bewerten konnte. Die Frage nach der Energie hinter einer Idee war für mich schon immer ein Navigator, um in schwierigen Fällen Lösungsansätze zu bewerten. Was ich automatisch damit verknüpfte, war die mögliche Resonanz der Zielgruppe. Bei jeder Idee stellte ich mit vor, wie die anvisierte Zielgruppe auf das Angebot reagieren wird. Dass dies nicht schwer ist, werde ich Ihnen durch nachvollziehbare Praxisbeispiele in diesem Buch belegen.

> **Je höher die Resonanz aus dem Markt, desto besser ist das Unternehmen positioniert.**

Aufgrund dieser Basiserkenntnisse hatte ich zum ersten Mal ein Erklärungsmodell, mit dem ich meine bisherigen Arbeitsschritte verständlich und nachvollziehbar vermitteln konnte. Zudem hatte ich jetzt auch ein Instrument, mit dem jeder seine Angebote effektiv prüfen und den Verkaufserfolg oder eine mangelnde Reaktion voraussagen kann. Wenn Sie erkennen, welche dominierenden Gedanken bei einer Zielgruppe die höchste Energie hervorrufen, haben Sie auch ein Navigationssystem, mit dem Sie treffsicher und bedarfsorientiert Alleinstellungen und Innovationen finden.

Alles scheint anfangs schwer, bis es leicht wird

Nachdem ich aus den wissenschaftlichen Erkenntnissen das Erklärungsmodell der Energie-Resonanz-Positionierung entwickelt hatte, habe ich sie sofort in der Praxis getestet. In Zusammenarbeit mit Unternehmen erlebte ich jetzt, wie zielsicher die Teilnehmer in den Workshops zu deutlich besseren Ergebnissen kamen. Durch das Verständnis von Ursache und Wirkung konnten alle Teilnehmer die Gründe ihrer bisherigen Probleme sehr schnell erkennen. Sie waren in der Lage, jede Idee mit dem Energie-Resonanz-Faktor auf den Prüfstand zu stellen und die richtigen Entscheidungen zu treffen. Die Teilnehmer erkannten aber auch, dass ihr eigenes Wunschdenken und die Begeisterung über ihr eigenes Angebot nicht ausschlaggebend sind.

Wenn energiereiche Marken kommunizieren

Wie funktioniert das Energie-Resonanz-Prinzip in der Praxis? Nehmen Sie eines der energiereichsten Unternehmen der Welt als Paradebeispiel. Wenn Apple die nächste Version eines iPhones oder iPads ankündigt, versetzt das die Fans weltweit in nachhaltige Schwingungen. Die Käufer übernachten zu Tausenden vor den Stores, um am ersten Verkaufstag nicht leer auszugehen. Diese hohe Energieresonanz kann das Unternehmen abrufen, weil sie es geschafft hat, sich perfekt auf die Gefühle und Gedanken seiner Zielgruppe einzupegeln. Das können Sie auch. Versetzen Sie sich in die Emotionen Ihrer Zielgruppe hinein. Wenn Sie deren Probleme, Wünsche und Ziele erkennen, verstehen und nachvollziehen können, dann haben Sie die Basis gefunden, bedarfsorientierte Lösungen zu entwickeln. Dass die Energie-Resonanz-Positionierung auch bei kleinen und mittelständischen Betrieben sehr gut funktioniert, werden Sie an dem folgenden Beispiel erkennen. Gleichzeitig will ich Ihnen zeigen, wie Sie Angebote mit Energie aufladen und eine automatische Resonanz und Rückkopplung bei Ihrer Zielgruppe auslösen können.

Die Hadler GmbH war als Zulieferer auf die Herstellung von intelligenten elektronischen Vorschaltgeräten (EVG) für Leuchtstofflampen spezialisiert. Ein EVG ist quasi das unsichtbare Gehirn einer Leuchtstofflampe. Mit den Strategien der Energie-Resonanz-Positionierung wurde das Unternehmen mit damals ca. 25 Mitarbeitern auf den Kopf gestellt – und in zwei Jahren zum technologischen Weltmarktführer in einer Nische. In einer anderen Nische schaffte es der Betrieb innerhalb von vier Jahren, zum Marktführer in Europa zu werden. **Hadler GmbH: Vom erpressbaren Zulieferer zum Weltmarktführer und Systemlieferanten**

23

Innovationen, die keiner kauft

Bei einem innovativen Unternehmen wie Hadler rissen die Anfragen nach Sonderlösungen nicht ab. Wenn die Entwicklung für die Auftraggeber zu teuer war, beteiligte sich Hadler oft an den Kosten. Schließlich konnte hinter jeder Speziallösung ein Wachstumsmarkt stecken. Trotz interessanter Entwicklungen kam es nur äußerst selten zu Großaufträgen. Der Hauptumsatz wurde mit Standard-EVGs gemacht. Doch hier lieferten sich die Hersteller einen harten Verdrängungswettbewerb und ruinöse Preisschlachten. Um die kleineren Zulieferer aus dem Markt zu drängen, boten die großen Hersteller die EVGs nachweislich unter den Herstellungskosten an. Sie hofften, dass die Kleinen nicht lange mithalten konnten und vom Markt verschwanden. So dauert es auch nicht lange, bis ein wichtiger Kunde von Hadler ankündigte, seinen Bedarf künftig bei einem günstigeren Zulieferer zu decken. Damit fielen mit einem Schlag fast 25 Prozent des Umsatzes weg. Jetzt stand das Unternehmen vor einer seiner größten Herausforderungen. Kurz vor Weihnachten rief mich Herr Hadler an und bat um schnelle Hilfe. Ich verschob meinen Weihnachtsurlaub und wir machten uns an die Arbeit.

Der Weg zum unabhängigen Systemlieferanten

Während eines gemeinsamen Workshops verfolgten wir als Ziele, den 25-prozentigen Umsatzverlust durch neue Kunden zu kompensieren, die Firma von der Abhängigkeit als Zulieferer zu befreien und ein neues Geschäftsfeld mit nachhaltigen Wachstumschancen zu finden. Dabei fiel unser Blick auf den Bereich Lichtsteuerung und automatische Dimmungen. Gerade in der Tierzucht, vor allem in Räumen ohne ausreichendes Tageslicht, spielt die Intensität von Licht, die Simulation von Tages- und Nachtzeiten, eine entscheidende Rolle. Auch die steigenden Energiekosten bereiteten den Züchtern zunehmend Probleme. Hadler entwickelte bedarfsorientiert und patentiert ein weltweit einzigartiges, extrem energiesparendes Beleuchtungssystem mit zentral steuerbaren Dimmszenarien für

Hühnerställe. Es verbessert das Fressverhalten, verhindert Kannibalismus unter den Tieren und fördert nachhaltig die Tiergesundheit. „Das Ganze ist hoch komplex. Durch Veränderung der Lichtintensität können wir genau steuern, wo die Hennen ihre Eier ablegen und so die Trennung von Fäkalien und Eiern sicherstellen", erklärt Andreas Hadler. Mittlerweile haben sich diese Vorteile weit über die Grenzen Deutschlands hinaus herumgesprochen. Hadler verkauft seine Produkte sogar nach Ägypten, Tunesien und in den Irak und ist heute mit seiner Alleinstellung in Europa Marktführer.

Als wir die weiteren Potenziale analysierten, stießen wir auf ein zweites hoch interessantes Geschäftsfeld. Auch hier war die erfolgversprechende Innovation schon im Hause. Jahre zuvor hatten die Experten an einer Lösung für explosionsgeschützte Notbeleuchtungen gearbeitet – dann wurde das System von einem Wettbewerber kopiert und günstiger auf dem Markt angeboten. Auf Basis neuer Entwicklungen verbesserte Hadler das System signifikant und schaffte es, dass es zum neuen Standard bei der Zulassung von gesetzlich vorgeschriebenen explosionsgeschützten Notbeleuchtungen für Chemiewerke, Ölbohrstätten etc. in der westlichen Hemisphäre wurde. Das geschäftlich Erfreuliche an dieser Innovation: Die Systeme müssen aufgrund der geltenden Bestimmungen alle zwei Jahre ausgetauscht werden. Damit hatte sich Hadler einen neuen, kontinuierlichen Nachfragemarkt und eine Auftrags-Flatrate geschaffen. Der furchtbare Terroranschlag am 11. September 2001 führte zu einem Umdenken auch bei der Sicherung von Hochhäusern. Der offizielle Abschlussbericht offenbarte nämlich, dass viele Menschen den Anschlag überlebt hätten, wenn es in den Gebäuden explosionsgeschützte Notbeleuchtungen gegeben hätte – so waren die Opfer teils mehrere Minuten orientierungslos herumgeirrt. Deshalb werden heute praktisch alle Hochhäuser mit explosionsgeschützten Notleuchten ausgestattet.

25

„Als Zulieferer in der Beleuchtungsindustrie rutschten wir durch den Verlust eines Großkunden und einen ruinösen Preisdruck in eine gefährliche Krise. Zwei Jahre nach dem Positionierungsworkshop mit Ihnen waren wir bereits in der Nische für explosionsgeschützte Notbeleuchtungen technologischer Weltmarktführer. In dem Geschäftsfeld dimmbare Leuchtstoffsysteme für Geflügelhaltungsanlagen haben wir nach vier Jahren die absolute Marktführerschaft in Europa erreicht. Dank Ihrer Hilfe machen wir bereits 75 Prozent des Umsatzes in diesen neuen Segmenten. Während unsere Branche momentan Umsatzeinbrüche von bis zu 30 Prozent verkraften muss, konnten wir unseren Umsatz als Systemlieferant um rund 20 Prozent steigern. Besonders wichtig ist, dass wir uns durch Ihre Beratung dem permanenten Preisdruck als Zulieferer entziehen konnten und heute erheblich höhere Gewinne erzielen. Wir konnten mit Ihrer Hilfe auch unsere Kundenstruktur ändern. Früher hatten wir einen Kunden, mit dem wir 75 Prozent unseres Gesamtumsatzes realisierten. Heute haben wir viele Kunden und keinen mehr, der mehr als zehn Prozent Umsatz repräsentiert. Positionierung ist für mich der Schlüssel zum Erfolg. In der Zusammenarbeit wurde das, was wir bereits intuitiv richtig gemacht hatten, strukturiert. Weiterhin haben wir viele Entscheidungen im Sinne der Positionierung getroffen, die wir so nicht getroffen hätten."

Andreas Hadler, Hadler GmbH

> Der Energie-Resonanz-Faktor ist auch im Business ein Naturgesetz.

Die besten Innovationen sind oft im eigenen Haus zu finden

Das Beispiel von Hadler beweist: Unternehmen neigen immer wieder dazu, in der Ferne nach Innovationen zu suchen und übersehen dabei die Rohdiamanten im eigenen Haus. Wenn Sie professionell mit der Energie-Resonanz-Positionierung alle bisherigen Ideen und Entwicklungen auf den Prüfstand stellen, kann es sehr gut möglich sein, dass Sie unentdeckte Potenziale finden. Spiegeln Sie unbedingt alle Kundenanfragen, die nicht zu einem Auftrag geführt haben. Suchen Sie zudem weitere Zielgruppen und Geschäftsfelder, in denen eine Lösung neue Potenziale freisetzen kann. Innovationen müssen nicht von Grund auf neu sein. Oft können Sie schon mit der intelligenten Kombination bereits vorhandener Produktfunktionen eine Weltneuheit entwickeln.

Gemeinsam mit dem Team hatten wir bei Hadler noch weitere Innovationsplantagen und Geschäftsfelder selektiert, die zur Kernkompetenz passten und das Spezialisierungsprofil nicht verwässerten. Doch wir haben uns aus einem wichtigen Grund erst einmal auf zwei Geschäftsfelder konzentriert. Denn bei der Auswahl eines neuen Geschäftsfeldes ist auch die Frage wichtig, ob die Zielgruppe vernetzt ist. Wenn Sie eine schnelle Marktdurchdringung und Rückkopplungs-Energie aus dem Markt erreichen wollen, sollten Sie immer darauf achten, dass hinter einer Leidens-Zielgruppe interessante Auftrags- und Zielgruppenbesitzer stehen. Denn die besten Empfehler sind immer die, zu denen Ihre Zielgruppe das höchste Vertrauen hat und deren Empfehlung eine hohe Glaubwürdigkeit vermittelt.

Eine vernetzte Zielgruppe erspart Ihnen den Vertrieb

Die Firma Hadler verfügt über so gut wie keinen Vertrieb. Bei der zentral steuerbaren Dimm-Anlage für Hühnerställe reichte am Ende eine Person europaweit, um die großen Stallbauer von dem zwingenden Nutzen der Innovation zu überzeugen. Sie war der Multiplikator und das Nadelöhr zur Endzielgruppe. Hier musste kein Vertrieb aufgebaut werden, um die Züchter zu erreichen. Auch für die explosionsgeschützten Notbeleuchtungen reichte ein kleines Team von Experten aus, um das internationale Gremium, das über neue gesetzliche Vorschriften entscheiden, zu überzeugen. Hätten wir uns auf eine unvernetzte Leidens-Zielgruppe eingelassen, wäre ein hoher Vertriebsaufwand notwendig gewesen oder der Werbeaufwand hätte große Streuverluste nach sich gezogen. Dann wäre das Projekt wahrscheinlich gescheitert. Für seine erfolgreiche Positionierung wurde das Unternehmen mit dem Deutschen Strategiepreis ausgezeichnet.

In inflationären Anbietermärkten sterben zuerst die Kleinen

olina Franchise GmbH: Mit dem Energie-Resonanz-Navigator zur Weltneuheit

Noch ein Beispiel, bei dem sich die Frage nach der Energie-Resonanz als einzige Hoffnung und Navigator erwies, um für einen scheinbar unlösbaren Fall eine neue Nische zu finden. Bereits seit 1980 beschäftigte sich Wolfgang Allgäuer mit dem Thema Strategie. Ihn faszinierte die Idee, ein Franchisesystem aufzubauen. Denn: Während über 80 Prozent der Startup-Unternehmen in den ersten fünf Jahren aufgeben, überleben rund 80 Prozent der Franchisenehmer. Das liegt daran, dass ein Franchisesystem erst einen nachweislich perfekt funktionierenden Prototypen aufbauen muss, bevor es anderen angeboten werden kann. Voller Elan entwickelte Herr Allgäuer 1997 seinen Prototypen und gründete das olina Franchise-System in Österreich. Der Markt bot ausreichend Potenzial für Wachstum, und so baute er eine Kette mit 17 selbstständigen Franchise-Partnern in ganz Österreich auf, die sich der Planung und dem Einbau von hochwertigen Küchen verschrieben. Dann änderte sich die Situation. Immer mehr Anbieter mit den gleichen Angeboten kamen auf den Markt und versuchten ihn mit Dumpingpreisen aufzurollen. Auch die olina Franchise GmbH traf es hart, die Franchisepartner forderten die Zentrale auf, nach einer Lösung zu suchen. Denn durch die Tiefpreisangebote und Rabattschlachten der Wettbewerber schrumpften die Gewinne. Zudem wurde die Kundengewinnung immer schwieriger.

Wenn in veränderten Märkten alte Strategien versagen

Wolfgang Allgäuer wusste: Wenn er im Kopf der Kunden in der Preisschublade landet, produziert das auf Dauer noch mehr Probleme. Denn die anderen, austauschbaren, Wettbewerber versuchen ebenfalls, über den Preis Aufträge an Land zu ziehen. So würden der Preiskrieg und das Verkaufsgespräch mit Sonderangeboten zum Alltag. Herrn Allgäuer war klar, dass er nur durch eine Alleinstellung den Preisvergleichsakt im Kopf seiner Zielgruppe beenden konnte. Doch: Weder sein Wissen über Strategie noch externe Berater, Werbe- und PR-Agenturen konnten ihm helfen, eine Lösung zu finden. In dieser scheinbar ausweglosen Situation rief mich Herr Allgäuer an.

28

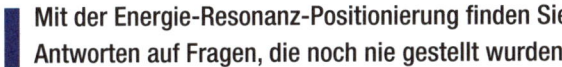
> Mit der Energie-Resonanz-Positionierung finden Sie
> Antworten auf Fragen, die noch nie gestellt wurden.

Mit einem Team aus der Franchisezentrale und einigen Partnern zogen wir uns in ein Hotel in den Bergen zurück und suchten im Workshop das Unmögliche. Wir analysierten alle Zielgruppen aus allen Perspektiven. Doch keine hatte genug Energie, um irgendjemanden vom Hocker zu reißen oder ein großes Innovationspotenzial zu versprechen. Statt aufzugeben suchte ich weiter nach einer erfolgversprechenden Zielgruppe. Bei der Frage, wer denn noch in einem Haushalt lebe und viel Energie habe, meldeten sich spontan zwei Teilnehmer. Wie aus der Pistole geschossen sagte der eine „meine Hunde" und der zweite „meine Katzen". Nach anfänglicher Skepsis hörten die anderen sehr aufmerksam zu, mit welcher Freude und Liebe sie das Zusammenleben mit ihren Haustieren genießen, aber auch mit welchen Problemen die beiden Tierbesitzer sich tagtäglich auseinandersetzen müssen. Danach konnte sich niemand mehr der Begeisterungsenergie der beiden Tierhalter entziehen. Von allen Zielgruppen, die auf unserer Liste standen, waren es am Ende die Haustierbesitzer, die die höchste Energie-Resonanz auslösten. Österreich hat etwas über acht Millionen Einwohner und ungefähr 3,6 Millionen Haushalte. In rund der Hälfte dieser Haushalte leben Tiere. Dennoch hatte noch nie ein Küchenhersteller über die Bedürfnisse der Haustierbesitzer nachgedacht.

Mit der Energie-Resonanz-Positionierung zur Innovation

Die weltweit erste tiertaugliche Küche hatte es in sich

Innerhalb von nur acht Monaten wurde die weltweit erste tiertaugliche Küche entwickelt. Es entstand ein unsichtbarer Futterplatz mit Fress- und Wassernapf im Sockel, den man jederzeit verschwinden lassen konnte. In einem speziellen Unterschrank mit Zeitschaltuhr wurde automatisch frisches Futter und Wasser nachgefüllt. Damit konnte man die Fresszeiten und die Futtermengen der Vierbeiner steuern. Mit einer Zeitschaltuhr ließen sich Fütterungszeiten programmieren, wenn die Besitzer einmal länger nicht zu Hause waren.

29

Ein Sauerstoff-Ionisator entkeimte und reinigte die Luft. Zudem beseitigte er auch den manchmal unangenehmen Tiergeruch. Ein luftdichter Abfallbehälter für Futterreste und Katzenstreu schützte ebenfalls vor unerfreulichen Düften und eventuell schädlichen Keimen. Ein Chip am Katzenhalsband öffnete und schloss die Katzenklappe in der Hauswand, so konnten keine Ratten oder Mäuse zu Besuch kommen. Bei unseren Recherchen fanden wir heraus, dass alle für diese Küche notwendigen Produkte bereits verfügbar waren. Nur: Keiner hatte die Teillösungen jemals zusammengeführt und daraus ein Gesamtkonzept entwickelt.

Eine Weltneuheit revolutioniert den österreichischen Markt Nachdem jeder Partner eine Musterküche in seinem Laden aufgebaut hatte, ging die tierfreundliche Küche von olina nur mit Pressemitteilungen an den Start. Hohe Aufmerksamkeit löste das Angebot zunächst online aus. Bereits nach 14 Tagen waren über 750 Berichte im Internet zu finden. Innerhalb von vier Wochen setzten die Medien durch TV-Beiträge, Radio-Interviews und Presseberichte eine weitere Lawine in Gang. Die beliebteste österreichische Tiersendungsmoderatorin Maggi Entenfellner stellte in der Sendung „Tierzuliebe" olina vor und schrieb mehrere Kolumnen in Tageszeitungen. Bereits nach 8 Wochen wurde das Unternehmen von einem deutschen Verlag zum Hersteller des Monats gekürt. Die Neupositionierung erzeugte eine enorme Anziehungskraft und Empfehlungsenergie bei Co-Brandingpartnern und Zielgruppenbesitzern wie Nestlé, Fressnapf, Mega Zoo, Purina und Proplan. Obwohl die Branche mit Umsatzrückgängen von bis zu 40 Prozent und Schließungen zu kämpfen hatte, konnte olina den Umsatz stabil halten und sich in einer hart umkämpften Branche behaupten. Was für Herrn Allgäuer aber das Wichtigste war, als er aus gesundheitlichen Gründen das Unternehmen verkaufen wollte: Dank der neuen Energie-Resonanz-Positionierung erzielte er einen deutlich höheren Preis als erwartet.

„Obwohl ich seit mehr als 30 Jahren strategisch arbeite, haben wir erst durch Peter Sawtschenko den Durchbruch geschafft. Die vielen unverschämten Ziele, die wir am Anfang des Workshops aufgeschrieben haben, waren für mich mehr Träume als erreichbare Ziele. Dann sind alle Wünsche konkrete, umsetzbare Ziele geworden. Heute hat das Unternehmen mit der weltweit ersten Küche für Tierbesitzer eine absolute Alleinstellung."

Wolfgang Allgäuer, ehemaliger Besitzer der olina Franchise GmbH

Eine Alleinstellung erspart Ihnen teure Marketingmaßnahmen

Dieses Beispiel bestätigt: Die Energie folgt der Information. Wie Apple hat die olina Franchise GmbH ihre beste Zielgruppe in eine nachhaltige Schwingung versetzt. Die Stimmgabel olina mit ihrer Weltneuheit erreichte im ganzen Land eine hohe Wahrnehmungs-Energie bei den Hunde- und Katzenbesitzern. Statt über teure Marketingmaßnahmen nachzudenken, erreichten wir die Tierliebhaber über die Informations- und Zielgruppenbesitzer, wie TV, Radio, Fachzeitschriften, Vereine, Internetforen etc.

Die Firma olina und viele weitere Beispiele zeigen, dass die Energie-Resonanz-Positionierung bei kleinen und mittelständischen Unternehmen ohne Millionenbudget sehr gut funktioniert. Mit der Energie-Resonanz-Positionierung haben Sie eine Strategie in Händen, mit der auch Sie in Ihrer Branche eine Alleinstellungen finden und Ihr Unternehmen, Ihre Produkte oder Ihre Dienstleistungen mit Energie aufladen können. Richtig angewendet, führt die Energie-Resonanz-Positionierung Sie immer in bestehende Innovationsplantagen. Sie müssen nur lernen, sie zu sehen.

„Je größer, traditioneller und stärker der Mitbewerber ist, desto klarer sollte die Positionierung und Differenzierung sein."

Hannes Biedermann, Geschäftsführer der olina Franchise GmbH

Der Aufbau des Buches

Wie Sie den größten Nutzen daraus ziehen

Bevor ich auf weitere Erkenntnisse und Hintergründe der Energie-Resonanz-Positionierung eingehe, noch ein wichtiger Hinweis: Dieses Buch hat den Anspruch, dass jeder den Inhalt verstehen und nachvollziehen kann. Deswegen erlaube ich mir, alles so einfach und verständlich wie möglich zu beschreiben und sehr schnell Brücken zu Ihrem Business zu schlagen. Trotzdem kann ich es nicht vermeiden, Ihnen zuerst einiges Grundlegende zu erklären. Wenn Sie die eine oder andere Aussage nicht gleich verstehen, dann halten Sie sich damit nicht zu lange auf. Ich werde jede relevante Erkenntnis in den folgenden Kapiteln Stück für Stück an Praxisbeispielen erklären.

> Ändern wir unsere Sprache, ändern wir auch unser Denken und Handeln, erst dann kommen wir zu neuen Ergebnissen.

Eine erfolgreiche Positionierung fängt mit der Sprache an

Damit Sie die Tiefe der Prinzipien der Energie-Resonanz-Positionierung besser verstehen und nachvollziehen können, werde ich Sie mit einigen neuen und wichtigen Begriffen vertraut machen – einige haben Sie schon gelesen. Denn ein neues Anspruchsdenken fängt mit der Kraft und Bedeutung der Worte an. Da einige Begriffe neu sind und noch nicht zu unserem täglichen Sprachgebrauch gehören, wird Ihr Gehirn möglicherweise anfangs darüber stolpern. Haben Sie etwas Geduld. Es wird nicht lange dauern, bis diese Begriffe einen tiefen und bedeutungsvollen Raum in Ihrem Denken einnehmen. Sie werden Ihnen helfen, Ihre Ziele, Ihren Markt und die notwendige Schritte einer erfolgreichen Positionierung besser zu verstehen und die Erkenntnisse daraus gezielter umzusetzen. Sie helfen Ihnen auch, einen anderen Standpunkt einzunehmen, neue Perspektiven zu entdecken und über Geld vernichtende Instrumente erst gar nicht nachzudenken. Dazu das Referenzschreiben eines Kunden:

> „Unverschämte Ziele, Energiequellen, Wahrnehmungsenergie, Leidenszielgruppen, Handlungsenergie, Warteschlangen, automatische Kundengewinnung, Empfehlungsenergie, Leuchttürme – alles Begriffe, die einem im ersten Augenblick befremdend erscheinen mögen. Je tiefer Sie in die Positionierungsstrategie eintauchen, desto klarer werden diese Begriffe."
>
> Michael Lenz, Verkaufsleiter der Fa. ter Hürne Holzwerke GmbH & Co. KG

Dieses Buch orientiert sich im Aufbau exakt an dem Ablauf der Workshops, wie ich sie mit Unternehmen durchführe. Die Vorgehensweise hat sich in den vergangenen zwanzig Jahren als effizient und zielführend herausgestellt. Deshalb ist es von großer Bedeutung, die vorgegebene Reihenfolge einzuhalten.

Der gesamte Prozess der Energie-Resonanz-Positionierung basiert auf sieben Energiequellen und drei Erfolgs-Säulen. Die ersten vier Energiequellen beschäftigen sich mit den internen Voraussetzungen und Potenzialen. Sie bilden das Fundament, auf dem dann die drei entscheidenden Erfolgs-Säulen erarbeitet werden. Mit den drei nachfolgenden Energiequellen stellen Sie die gefundenen Ergebnisse auf den Prüfstand, erarbeiten die Strategien der Marktdurchdringung und festigen die inneren Werte und Ziele.

1. Energiequelle: Der Unternehmer

Hier werden die Geschäftsidee und die Ursachen der Ist-Situation analysiert. Dabei arbeiten Sie heraus, welche Ziele und Wünsche Sie geschäftlich und privat verwirklichen wollen. Gleichzeitig dient diese Energiequelle als Analyse-Tool, in der die Frage beantwortet werden soll, ob der Unternehmer eventuell sein Vorgehen oder sein Verhalten ändern muss, um mit weniger Stress erfolgreicher zu arbeiten.

2. Energiequelle: Unverschämte Ziele und Werte

Mittelpunkt dieser Energiequelle sind die unverschämten Ziele, die Sie erreichen wollen. Sie werden absichtlich so hoch gesteckt, dass sie auf den ersten Blick unerreichbar erscheinen. Das zwingt Sie dazu, vollkommen neue Ideen zuzulassen und das alte Denken zu verlassen. Sie lernen auch, dass falsch formulierte Ziele Sie in eine gefährliche Falle führen können.

3. Energiequelle: Nutzen-Kommunikation

In diesem wichtigen Kapitel stellen Sie die bisherige Kommunikation Ihres Unternehmens auf den Prüfstand. Die Nutzen-Kommunikation ist die schlummernde Goldader in jedem Unternehmen. Der Unterschied zwischen Nutzen- und Merkmals-Kommunikation ist für den Erfolg Ihres Unternehmens ganz entscheidend. In der Außendarstellung beweihräuchern sich die meisten Firmen selbst. Doch nur wenn der Nutzen Ihrer Angebote von dem Kunden klar erkannt wird, ist er auch bereit sie zu kaufen. In diesem Kapitel erkennen Sie möglicherweise auch eine Ursache Ihrer schlechten Auftragslage und den Grund dafür, warum Sie bei Ihrer Zielgruppe und potenziellen Neukunden nur eine geringe Resonanz freisetzen.

4. Energiequelle: Marken-Energie und Kompetenz-Zuweisung

Je höher die Markenenergie, desto einfacher sind Produkte zu verkaufen. Hierbei spielt die interne und externe Kompetenz-Zuweisung eine wichtige Rolle. In diesem Kapitel lernen Sie Vorgehensweisen kennen, die Ihnen helfen, Ihr Produkt zu einer Marke aufzubauen oder eine vorhandene Marke zu stärken. Sie werden überrascht sein, wie Sie auch mit kleinen Maßnahmen Ihre Kompetenz-Zuweisung im Markt steigern können.

Die entscheidenden Erfolgssäulen

Nachdem wir die vier vorbereitenden Energiequellen erarbeitet haben, kommen wir zu den entscheidenden Stellschrauben im gesamten Positionierungsprozess. Es sind die drei marktorientierten Säulen, die über Erfolg oder Misserfolg eines Positionierungsprozesses entscheiden.

Die 1. Erfolgs-Säule: Leidens-Zielgruppe

Die Auswahl der richtigen Zielgruppe für Ihre Produkte oder Dienstleistungen ist der Dreh- und Angelpunkt, mit dem Sie bestimmen, wie erfolgreich Sie geschäftlich sind. Die hohe Schule der Positionierung ist es, diese Gruppe zielsicher zu finden.

Die 2. Erfolgs-Säule: Problem-Dominanz-Analyse

Bei der zweiten Erfolgs-Säule geht es darum, die dominierenden Probleme, Wünsche und Ziele der idealen Leidens-Zielgruppe, die Sie in der ersten Erfolgs-Säule gefunden haben, zu erkennen und die Energie dahinter zu bewerten. Dabei ist die Energiehöhe der einzige verlässliche Bewertungsfaktor. Diese wichtige Erfolgs-Säule ist die Schatztruhe für das Innovationspotenzial eines jeden Unternehmens.

Die 3. Erfolgs-Säule: Leuchtturm-Positionierung

Auf Basis der zwei ersten Erfolgs-Säulen können Sie jetzt gezielt bedarfsorientierte Alleinstellungen, Innovationen, neue Nischen und Geschäftsfelder finden. Alle Schritte der Energie-Resonanz-Positionierung haben am Ende das einzige Ziel: Sie mit einer hohen Kompetenz-Zuweisung zu einer energiereichen Marke und einem Leuchtturm in Ihrer Branche bzw. bei Ihrer Zielgruppe zu machen.

Spezialisierung und Alleinstellung sind der Schlüssel, um im Markt Aufmerksamkeit zu gewinnen und eine automatische Sogwirkungs-Energie freizusetzen.

Potenzialanalyse, Marktdurchdringung und Verkaufsoptimierung

Die drei nachbearbeitenden Energiequellen dienen dazu, die von Ihnen getroffene Alleinstellung noch einmal zu überprüfen. Sie geben Antworten auf die Frage, wie Sie Ihren Verkaufsprozess optimieren können.

5. Energiequelle: Der Energie-Resonanz-Prüfstand

Er ist das erste und einzige Instrument, mit dem Sie die Sogwirkungsenergie Ihrer Ideen aus der Markt- und Zielgruppenperspektive bewerten können. Hier reduzieren und strukturieren Sie die Komplexität aller Informationen auf die wichtigsten Erfolgsfaktoren. Dabei werden Sie erkennen, an welchen Stellschrauben Sie noch drehen müssen, um eine hohe Sogwirkungsenergie in Ihrem Markt bzw. bei Ihrer Zielgruppe freizusetzen. Hier werden Sie auch schnell falsche Hoffnungen entlarven, Denkfehler aufdecken und die Ursachen einer mangelnden Anziehungskraft von Ideen erkennen.

6. Energiequelle: Rückkopplungs-Energie aus dem Markt

In diesem Kapitel stelle ich Ihnen Strategien vor, mit denen Sie bei Ihrer Neukundengewinnung statt teurer Werbemaßnahmen die Energie des Marktes nutzen. Sie erfahren, wie Sie mit einem geringen Aufwand eine automatische und maximale Rückkopplungsenergie bei Ihrer Zielgruppe freisetzen und welche Voraussetzungen dazu führen, dass andere positiv über Sie reden und Sie weiter empfehlen.

7. Energiequelle: Entzugs-Gespräche

Hierbei handelt es sich um eine neue Art, mit dem Kunden und sich selbst umzugehen. „Nicht verkaufen, sondern kaufen lassen" lautet der zentrale Ansatz dieser neuen Herangehensweise. Entzugs-Gespräche helfen, ohne Druck anders und besser zu verkaufen. Ich zeige Ihnen, wie Sie die Angst verlieren, dass sie einen Auftrag nicht bekommen, wie Sie höhere Preise durchsetzen und souverän den Preisvergleichs-Einkaufsakt unterbrechen können.

Die Reihenfolge entscheidet über den Erfolg

Ich empfehle Ihnen, kein Kapitel zu überspringen oder kreuz und quer zu lesen. Unternehmer fragen immer wieder, ob es nicht ausreiche, einzelne Themen zu erarbeiten. Solche Ansinnen lehne ich grundsätzlich ab. Es wäre gefährlich und unseriös, so vorzugehen. Wenn Sie vor Ihren Wettbewerbern die unentdeckten Nischen, Alleinstellungen und Innovationspotenziale in Ihrer Branche erkennen wollen, gibt es keine Abkürzung.

> Werden Sie selbst zu einem Positionierungs-Experten, lernen Sie Krisen zu meistern und Ihr Wachstum erfolgreich zu steuern.

Der „Energie-Resonanz-Navigator" zu diesem Buch

Wenn Sie ernsthaft an Ihrer Positionierung arbeiten wollen, dann empfehle ich Ihnen den Königsweg zu gehen. Deswegen habe ich zu diesem Buch den „Energie-Resonanz-Navigator" als Workshop-System zusammengestellt. Er enthält alle notwendigen Praxis-Bausteine, mit denen ich auch in meinem Institut und in den Workshops mit meinen Kunden arbeite. Mit der übergeordneten Vorgehensweise des Navigators können Sie aus der Helikopterperspektive zu jeder Zeit systematisch Ihr Unternehmen und Ihre Angebote am Bedarf

40

Ihrer Zielgruppe ausrichten. Gleichzeitig können Sie gezielt neue Geschäftsideen, Produkte und Dienstleistungen finden. Es ist außerdem das effektivste und kompakteste System, anstehende Bedrohungen schnellstens zu umschiffen. Vor allem dann, wenn wichtige Entscheidungen anstehen, ist der Energie-Resonanz-Navigator ein wertvolles System zur Vermeidung von Fehlentscheidungen. Gleichgültig ob Sie als Einzelkämpfer, als Geschäftsführer oder Vorstand allein oder mit mehreren Mitarbeitern Ihre Positionierung verbessern wollen: Sie erhalten mit dem Navigator alle notwendigen Unterlagen (ein Handbuch, Handlungsanleitungen, Arbeitsvorlagen und Tipps), mit denen Sie den Positionierungsprozess starten können.

Als Verantwortlicher für Ihr Unternehmen sollten Sie den Prozess einmal selbst durcharbeiten, um das System zu verstehen. Danach empfehle ich Ihnen, in der Gruppe zu arbeiten. Wenn jeder Teilnehmer aus seiner Sicht und Verantwortung nach Lösungen sucht, eröffnen sich völlig neue Perspektiven und Ideenpotenziale. Erst dadurch wird die Bandbreite der Möglichkeiten sichtbar. Wie Sie eine Gruppe zusammenstellen, worauf Sie dabei achten müssen, wie viel Zeit Sie einplanen sollten und wie Sie den Prozess erfolgreich moderieren – das beschreibe ich Ihnen in meinem Navigator-Handbuch. Sie erhalten damit einen Leitfaden, mit dem Sie in zwei bis vier Tagen einen kreativen, professionellen und konsequenten Workshop durchführen können. Achten Sie aber darauf, dass jeder Teilnehmer dieses Buch vorher gelesen hat. Nur dann ist garantiert, dass alle über den gleichen Wissensstand verfügen.

Wie Sie das Kreativitätspotenzial signifikant steigern

In dem Kapitel „Der Energie-Resonanz-Navigator" werde ich Ihnen erklären, welche Probleme und Aufgaben Sie zusätzlich zu der Neupositionierung Ihres Betriebes mit dem Navigator lösen können. Denn was im Großen funktioniert, klappt auch in kleineren Einheiten. Bei der Forschung und Entwicklung etwa erhalten Sie wichtige Impulse, wie Sie bedarfsorientierte Innovationen finden. Marketing, Vertrieb und Werbung können mit dem Energie-Resonanz-Navigator Ihre Produkte oder Dienstleistungen klarer positionieren. Bei Bank- und Investorengesprächen können Sie den Nutzen und die Alleinstellung Ihres Betriebes überzeugender darstellen.

Der Energie-Resonanz-Navigator löst viele weitere Aufgaben und Probleme in Ihrem Unternehmen

Ihr kostenloses Positionierungs-Telegramm

Wenn Sie regelmäßig weiterführende Ideen, wertvolle Experten-Tipps, aktuelle Neuigkeiten, Termine und weitere Fallbeispiele zur Energie-Resonanz-Positionierung per E-Mail bekommen möchten, melden Sie sich unter www.positionierungszentrum.de/telegramm an. Der Service ist für Sie vollkommen kostenlos und verpflichtet Sie zu nichts.

Das P.ZET.W Positionierungszentrum für die Wirtschaft

Die Wirtschafts- und Finanzkrise hat vielen Unternehmen gezeigt, dass ihr Wissen heute nicht mehr ausreicht, um weitreichende Entscheidungen treffen zu können. Angesichts der zunehmenden wirtschaftlichen Turbulenzen, einer wachsenden Veränderung und steigenden Komplexität brauchten Firmen, Organisationen, Freiberufler, Berater und Trainer neue Fähigkeiten. Sie benötigen ein neues Businessdenken und eine veränderte Sichtweise auf ihren Markt und ihre Zielgruppe. An Universitäten, Fachhochschulen, Meisterschulen, in der Berufsausbildung und in Weiterbildungseinrichtungen wird das Thema Positionierung meist nur am Rande erwähnt. Das liegt daran, dass es nach wie vor ein großes Wissensvakuum in diesem Bereich gibt. Wenn dazu Wissen vermittelt wird, sind es in der Regel alte Lehren, die nicht stimmen oder in der Praxis nicht mehr funktionieren.

Das Positionierungszentrum für die Wirtschaft (P.ZET.W.) hat sich zur Aufgabe gemacht, diese Lücke zu schließen und das Wissen allen zugänglich zu machen. Über das Zentrum werden meine Bücher und Lehrwerke publiziert. Hier wird die Energie-Resonanz-Positionierung auch konsequent weiterentwickelt. Ein interdisziplinärer Expertenbeirat diskutiert und bewertet neue Marktentwicklungen. Ich selbst stehe dem Zentrum beratend zur Seite.

Der Unternehmer

Es soll Spaß machen, eine Firma zu haben

Ein Geschäft eröffnen kann jeder. Doch ob es erfolgreich wird, hängt stark von der Geschäftsidee, der Ausrichtung auf den Markt, der Positionierung und dem Besitzer ab. In diesem Kapitel möchte ich Ihnen zeigen, warum es in der Zukunft immer wichtiger wird, dass ein Unternehmer die Schlüsselkompetenz der Energie-Resonanz-Positionierung beherrscht. Sie sollen erkennen, warum Systeme und Prozesse wichtig sind, um langfristig erfolgreich zu sein, und wie Sie einen Betrieb optimal managen. Eine Firma muss auch ohne ihren Eigentümer wachsen und weiterlaufen können.

Die erste Energiequelle ist immer der Unternehmer. Er ist in den meisten Fällen der magnetische Mittelpunkt der jeweiligen Firma. Das Wort Unternehmer beschreibt bereits seine Tätigkeit: etwas zu unternehmen. Sein Beruf hat viele positive Seiten. Erfolg motiviert, stärkt das Selbstbewusstsein, führt zu mehr gesellschaftlichem Ansehen, zu Freiheit und Unabhängigkeit. Doch so traumhaft sich Erfolge anhören: Viele Menschen sehen nicht, welche enorme Arbeit dahintersteckt und welchen Preis viele Unternehmer für ihren Erfolg zahlen müssen.

Inhaber sind die besten Allrounder

In großen Firmen wird der Umsatz- und Ertragserfolg in den Mittelpunkt des unternehmerischen Handelns gestellt. Wenn dort die Vorstände oder die Manager nicht funktionieren, werden sie ausgetauscht. Bei inhabergeführten Firmen steht zwar auch der Erfolg im Vordergrund, jedoch geht es hier nicht darum, den Inhaber auszutauschen. Der Besitzer ist mit seinem Unternehmen erfolgreich, oder er geht mit ihm unter. Er muss viel mehr lernen als ein Vorstand und eine hohe Sensibilität für seine eigenen Schwächen entwickeln. Er muss erkennen, wann er Spezialisten von außen holen und wann er harte Entscheidungen treffen muss. Ein Vorstand, der von einem großen Unternehmen entlassen wird, erhält in der Regel eine fürstliche Abfindung. Ein Inhaber haftet meist mit seinem gesamten Vermögen. Im Ernstfall wird ihm alles genommen.

Gerät sein Betrieb in eine Krise, steht als erstes der Inhaber unter Druck. Er versucht an diversen Stellschrauben zu drehen, um die Situation zu ändern. Ein typischer Ablauf: Der Preis wird gesenkt. Doch die Nachlässe schmälern die Gewinne und setzen eine negative Spirale in Gang. Die Gehälter, der Personalstand und sonstige Fixkosten müssen schrumpfen. In dem Betrieb beschäftigen sich alle Mitarbeiter mit der Frage, wer als Erstes gehen muss. Die besten und wichtigsten Mitarbeiter verlassen oft vorzeitig das sinkende Schiff. Sind gute Facharbeiter weg, kann das Unternehmen, selbst wenn es wieder aufwärtsgeht, später kaum noch Aufträge abarbeiten. Hier wird auch deutlich, dass Mitarbeiter entlassen und Kosten einsparen nur kurzfristig gedacht ist. Mittel- und langfristig kann das einen Betrieb nur schwer retten. Deshalb stehen die meisten Unternehmer in der Krise vor der größten Herausforderung ihres Lebens: Sie müssen ihre Firma wieder auf Erfolgskurs bringen, gleichzeitig überlegen, wie sie ihre besten Mitarbeiter halten, und Instrumente entwickeln, die sie vor der nächsten Schwächephase schützen.

Eine Neu-Positionierung als letzte Chance in der Krise

SI-Projects GmbH Schauen wir uns dazu ein weiteres Praxisbeispiel an. Der Inhaber, Stefan Merath, hatte bereits alle Mitarbeiter wegen fehlender Aufträge entlassen und sein Gehalt als Geschäftsführer gekürzt. Bevor sich die Krise zuspitzte, hatte er sein knappes Geld für erfolglose Marketingmaßnahmen ausgegeben und so den größten Teil seiner Liquiditätsreserven vernichtet. Der Unternehmer bot Intranetlösungen an. Anfangs lief das Geschäft gut, doch schon bald steckte das Unternehmen aufgrund des harten Wettbewerbs in der Preis- und Austauschbarkeitsfalle. Mailings, Telefonakquise, Zielgruppenveranstaltungen und die Neugestaltung der Website brachten keinen Erfolg. Da die bisherigen Kunden von SI-Projects aus den un-

46

terschiedlichsten Geschäftsbereichen kamen, versuchte Stefan Merath auch in unterschiedlichen Branchen sein Glück. Als letzten Strohhalm rief er mich an und wollte, dass ich ihm helfe, seine Intranetlösungen zu verkaufen.

Nachdem wir zu Beginn des Workshops mit den unverschämten Zielen den Anspruch an unsere Zusammenarbeit sehr hoch gesetzt hatten, bat ich ihn als Erstes, das Wort Intranet in den nächsten Tagen nicht mehr zu benutzen. Ich sagte ihm: „Verkaufen Sie keine Intranetlösung, sondern den besonderen Nutzen dahinter. Intranet ist nur Mittel zum Zweck. Viel wichtiger ist die Frage: Was müssen Sie tun, damit Sie Ihren Kunden nicht hinterherlaufen müssen? Wie schaffen Sie es, dass die Kunden von sich aus zu Ihnen kommen?"

Der Markt ist keine Zielgruppe

Der Markt ist keine Zielgruppe, sondern eine geballte Ladung Streuverluste. Das hat auch Stefan Merath frustriert feststellen müssen. Nachdem wir die ersten Energiequellen durchgearbeitet und keinen Ansatz gefunden hatten, eröffneten sich bei der Analyse der Leidens-Zielgruppe ganz neue Perspektiven. Da Stefan Merath bereits seine Mitarbeiter entlassen hatte und ihm kaum noch Mittel zur Verfügung standen, hatten wir nur eine Chance: Wir mussten eine Zielgruppe mit einem hohen Leidensdruck finden, die zugleich sehr gut vernetzt war, damit wir sie mit wenig Aufwand über die Zielgruppenbesitzer erreichen konnten.

Mit gezielten Fragen nach der Energie hinter einer Zielgruppe ermittelten wir als besondere Leidens-Zielgruppe Franchise-Geber, die Probleme mit ihrer Geschäftsidee hatten. Das sind immerhin 40 bis 60 Prozent! Zudem sind Franchise-Geber hervorragend über den Verband, die Akademien und Institute vernetzt. Wir mussten „nur" noch herausfinden, wie SI-Projects dieser Leidens-Zielgruppe mit einer Intranetlösung helfen konnte. Dazu spiegelten wir unter anderem die McDonald's-Strategie. Denn: Was Stefan Merath dringend brauchte, war ein System, das er einmal entwickeln und an viele verkaufen konnte. Das würde ihm den entscheidenden Vorsprung vor seinen Wettbewerbern bringen, weil er nicht jedes Mal eine individuelle Lösung für seine Kunden entwickeln musste. Zudem erlaubt ein System, den Nutzen für die Leidens-Zielgruppe wesentlich besser zu transportieren und so deutlich höhere Preise zu erzielen.

Das Franchise-Cockpit

Oft ist das Know-how schon im Haus Um eine hohe Resonanz im Markt freizusetzen, musste SI-Projects eine Intranetlösung anbieten, die den Kunden half, ihr Franchise-System optimal und mit möglichst geringem Aufwand zu steuern. Daher entwickelten wir das Franchise-Cockpit, das den Workflow optimal steuert. Damit erhielt der Franchisegeber ein perfektes System und konnte online agieren: vom Betriebsvergleich, Formular, Personal, Marketing, Frühwarnsystem, Lagerbestand, über Terminplanung, Adressverwaltung, Kundenbestand, Controlling, Wissensdatenbank bis hin zu Schulungen etc. So konnte SI-Projects der Leidens-Zielgruppe ein einmaliges Produkt und einen einmaligen Nutzen bieten. Auch hier war wieder interessant: Fast alle Bausteine waren bereits für andere Kunden entwickelt worden und mussten nur noch als System zusammengesetzt werden. Die neue Positionierung basierte also – wie so oft – auf der bestehenden Kernkompetenz, diesmal aber genau zugeschnitten auf eine besondere Leidens-Zielgruppe.

Die Energie-Resonanz-Analyse

Schwachstellen gezielt aufdecken Am Ende des Workshops wird die neue Positionierung immer auf den Energie-Resonanz-Prüfstand gestellt. Hier glichen wir die erarbeiteten Strategien mit weiteren Schlüsselfragen ab, um herauszufinden, ob das Konzept in der Zukunft eine hohe Kaufenergie freisetzen und erfolgreich werden kann. Da dies im Fall von SI-Projects eindeutig zu bejahen war, stellten wir uns noch die folgenden Fragen:

Wann würde seine Zielgruppe das Angebot auf keinen Fall annehmen?

Wann würde seine Zielgruppe das Angebot auf jeden Fall annehmen?

Diese beiden Fragen sind der beste Weg, um am Ende herauszufinden, ob die Neupositionierung noch irgendwelche Schwachstellen aufweist. Bei Stefan Merath war auch der Faktor Zeit ein Knackpunkt. Denn: Es war höchste Zeit, Umsätze zu generieren. Um die Erfolgsgeschwindigkeit zu erhöhen, entwickelten wir einen sogenannten Trojaner.

Die Trojaner, um die es bei der Positionierung geht, haben nichts mit versteckten Schadprogrammen auf dem Rechner zu tun. Vielmehr geht es darum, einen Mittler zu finden, der das Interesse der Leidens-Zielgruppe, der Zielgruppenbesitzer oder der Presse an Ihren Produkten weckt. Nachdem wir schon bei den Recherchen festgestellt hatten, dass es kaum Ratgeberliteratur für Franchise-Geber gab, lag die Lösung auf der Hand: Schon zwei Monate nach dem Workshop kam das kleine Buch „Der Weg zum erfolgreichen Franchise-Geber" von Stefan Merath auf den Markt. Es ist bis heute eines der meist gelesenen Franchise-Bücher.

Die Macht eines Trojaners

Das Buch war aber nicht nur als Trojaner, sondern auch als Teil einer Co-Brandingstrategie wichtig, die dazu diente, die Kompetenz-Zuweisung und den Expertenstatus von Stefan Merath zu unterstreichen. Weil das Franchise-Cockpit brandneu war, konnte Merath keine Erfahrungen oder Referenzkunden vorweisen. Also empfahl ich ihm, dass Experten Stellung zu seinem Buch nehmen sollten. Deshalb gibt es nun auf der Buchrückseite positive Statements von Günter Reimers, einem Experten für Franchise-Strategien, von Dr. Dieter Fröhlich, dem Präsidenten des Deutschen Franchise-Verbands e.V., und auch von mir.

Eine unglaubliche Erfolgsgeschwindigkeit

Das Buch wurde ein echter Erfolgsturbo. Stefan Merath wurde eingeladen, Vorträge vor Franchise-Gebern zu halten, und gewann dadurch schnell Kunden. Nach dem ersten Vortrag rief er mich an und berichtete, dass er ein sehr positives Feedback erhalten habe. Von den 14 Teilnehmern seien etwa die Hälfte an seinem Franchise-Cockpit interessiert. Vier Monate nach unserem Workshop hatte er wieder zahlende Kunden und eine Warteschlange von weiteren Interessenten.

Zwei Wochen vor der Zusammenarbeit mit Stefan Merath hatte ich einen Workshop mit einem Franchise-Geber gehabt, der die Zukunftsfähigkeit einer Masterlizenz aus dem Ausland überprüfen wollte. Dabei war auch zur Sprache gekommen, dass es notwendig sei, eine gute Intranetlösung für dieses Franchise-Modell zu finden. Ich hatte diesem Kunden von der geplanten Zusammenarbeit mit SI-Projects berichtet. Er sagte mir, dass er bereits Angebote eingeholt habe, aber natürlich immer an einem noch „günstigeren Preis" interessiert sei. Am Ende des zweiten Workshop-Tages mit Herrn Merath rief ich diesen Kunden noch einmal an und erzählte ihm von unserem Franchise-Cockpit. Er wollte sofort einen Termin. Plötzlich spielte der Preis kaum noch eine Rolle – was zählte, war eine gut durchdachte, anwenderfreundliche Komplettlösung. Das zeigt: Je besser ein Produkt oder eine Dienstleistung auf die Bedürfnisse der Leidens-Zielgruppe zugeschnitten ist, desto nebensächlicher werden die Kosten.

Nachdem sein Unternehmen erheblich an Wert gewonnen hatte, konnte Stefan Merath es verkaufen, um sich als Unternehmer-Coach selbstständig zu machen. 2008 erschien sein zweites Buch „Der Weg zum erfolgreichen Unternehmer". Er schenkte es mir mit einer Widmung, über die ich mich unheimlich freute: *„Lieber Peter, ohne Deine Beratung vor zwei Jahren würde es dieses Buch sicher nicht geben. Danke!"* Heute ist Stefan Merath erfolgreicher Buchautor und Trainer. Seine Karriere macht mich sehr stolz. Zum einen, weil die

Energie-Resonanz-Positionierung ihren zwingenden Nutzen bewiesen hat. Zum anderen, weil die Umsetzungsstärke von Stefan Merath so schnell zum Erfolg führte.

> „Bei Peter Sawtschenko absolvierte ich mit meiner zweiten Softwarefirma einen zweitägigen Positionierungs-Workshop. Selten habe ich zwei so produktive Tage erlebt. Die Positionierungsstrategien haben mir nicht nur aus der Stagnation meines Unternehmens geholfen, sondern mich auch darin unterstützt, mein Unternehmen bereits nach 18 Monaten zu einem viel höheren Wert, als es vorher möglich gewesen wäre, zu verkaufen."
>
> Stefan Merath, ehemaliger Inhaber SI-Projects GmbH

Das Beispiel der SI-Projects GmbH zeigt, welche enorme Energie-Resonanz freigesetzt wird, wenn eine Positionierung konsequent auf eine Leidens-Zielgruppe ausgerichtet, mit einem Trojaner und einer Co-Brandingstrategie verbunden wird. Sogar ich war erstaunt, wie schnell die Neu-Positionierung eine Marktreaktion auslöste. Deshalb: Achten Sie immer auf die dominierenden Gedanken Ihrer Zielgruppe.

Wenn das Produkt stimmt, spielt der Preis keine Rolle

Jede Wirtschaftskrise ist auch eine Chance

Weil sie mit alten Strategien keine Lösung mehr finden, haben auch viele erfolgreiche Unternehmen die Macht der Positionierung erkannt. Wenn ich mit so einem Betrieb zusammenarbeite, spüre ich immer eine hohe positive Energie und die Bereitschaft zu Veränderungen. Die Town & Country Lizenzgeber GmbH ist ein solcher Betrieb. In der deutschen Franchise-Hitliste finden Sie das Unternehmen immer unter den fünf Besten. Obwohl Town & Country absoluter Marktführer im Hausbau ist, müssen das Unternehmen und die regionalen Franchisepartner sich ständig dem Wettbewerb stellen. Die Euro-Krise hatte enorm negative Auswirkungen auf die Marktsituation: Aus Unsicherheit über die Zukunft verschoben viele Bauwillige ihre Entscheidung. In dieser Phase rief mich der Grün-

Town & Country – auf dem Weg zu noch mehr Erfolg

der, Jürgen Dawo, an: „Lieber Herr Sawtschenko, wir sind sehr erfolgreich und wollen noch erfolgreicher werden – wir finden aber keinen Ansatz." Also veranstalteten wir einen Workshop und zogen uns mit allen wichtigen Mitarbeitern und Vertriebspartnern zurück. Nachdem wir die unverschämten Ziele definiert, das Unternehmen und die Risiken aus der Zukunft auf den Kopf gestellt hatten, wurde das große Potenzial der Leidens-Zielgruppe aus der Problemperspektive analysiert.

Was sind die größten Probleme von Menschen, die ihren Traum vom Eigenheim verwirklichen wollen? Da sind zuerst die Angst, den Kredit nicht zurückzahlen zu können, und das Bedürfnis nach Sicherheit. Zudem haben die vielen Medienberichte über Konkurse und Pfusch von Bauunternehmen die Bauinteressenten hellhörig gemacht. Sie sind unsicher, wem sie vertrauen können. Denn: Ein Bauvorhaben ist für viele Menschen die größte Investition in ihrem Leben. Deshalb entwickelten wir ein in der Branche bislang konkurrenzloses Schutzpaket für die Kunden von Town & Country. Im Kaufpreis der Häuser sind drei Hausbau-Schutzbriefe enthalten, die eventuelle Risiken vor, während und nach dem Bau abdecken: die „Finanzierungssumme-Garantie", die „Geld-zurück-Garantie" und der „20-Jahre-Notfall-Hilfeplan". Dazu wurde die Town-&-Country-Stiftung gegründet, die unverschuldet in Not geratenen Bauherren Experten zur Seite stellt oder ihnen bei Bedarf auch finanziell hilft, z. B. mit einem zinslosen Darlehen. Town & Country ist mit seiner neuen Energie-Resonanz-Positionierung zu einem der sichersten Hausbauanbieter in Europa geworden.

„In Ihrem Positionierungsworkshop haben Sie uns den Weg gezeigt, wie wir Leidens-Zielgruppen finden, bearbeiten und uns unverschämte Ziele setzen. Mit Ihrer Hilfe, Herr Peter Sawtschenko, haben wir drei absolute Neuheiten in der Branche erarbeitet und dadurch eine grandiose Positionierung erreicht, die eine absolute Alleinstellung am Markt gewährleistet. Unmittelbar nach Ihrem für uns sehr fruchtbaren Workshop konnten wir bei unserem Herbstworkshop drei absolute Neuheiten in der Branche und im Markt präsentieren. Diese Einzigartigkeit des Nutzens für unsere Zielgruppe und die daraus resultierenden Alleinstellungsmerkmale in der gesamten Branche haben uns eine hervorragende Marktanerkennung und Wertschätzung beschert. 2009 haben wir mit den Neuheiten und qualitativ höherwertigen Häusern unseren Umsatz trotz Baukrise auf 354 Millionen Euro gesteigert. Sie haben Town & Country Haus zu einem großen Schritt in eine noch erfolgreichere Zukunft verholfen. Man muss den Mut haben, ausgetretene Pfade zu verlassen, sich unverschämte Ziele zu stecken und dadurch einzigartig im Markt zu sein. Raus aus dem Feld der Mittelmäßigen hin zur Spitze!"

Jürgen Dawo, Gründer Town & Country Haus,
Franchisegeber des Jahres 2003, Wissensmanager 2007,
Strategiepreisträger 2009 und Unternehmer des Jahres 2010
der Harvard Business Clubs of Germany.

Sie sitzen in einer gefährlichen Preisvergleichsfalle?

Für Kunden sind Preisvergleichsportale eine beliebte Anlaufstelle, um ihren Urlaub, Flüge oder Dienstleistungen einzukaufen. Aber es ist nicht alles Gold, was glänzt. Das zeigen die vielen Rückläufe und Beschwerden. Wo Qualität und Leistung absolut vergleichbar sind und nur noch der Preis den Unterschied macht, wird es dringend erforderlich, nach einem Alleinstellungsmerkmal zu suchen. Town & Country Haus verfügt jetzt über eines der stärksten Unterscheidungsmerkmale. Es gibt Bauherren ein Optimum an Sicherheit. Als ich Herrn Dawo auf einem Kongress wieder traf, reflektierte er unsere Zusammenarbeit und das Ergebnis mit der Erkenntnis: Im Nachhinein betrachtet sei es sehr verwunderlich, dass alle Alleinstellungsmöglichkeiten bereits da waren. Nur habe sich keiner aus der Branche je damit beschäftigt.

Der folgende Praxis-Fall gehörte zu den besonderen Herausforderungen in meiner Zusammenarbeit mit Unternehmen. Er zeigt, wie wichtig es ist, sich niemals den Markt- und Machtveränderungen zu ergeben. Nichts ist unmöglich, wenn Sie Ihren unverschämten Zielen folgen und nicht aufgeben. Selbst wenn sich eine ganze Industrie auf eine Problemlösung konzentriert, so heißt das noch lange nicht, dass es nicht eine bessere Lösung gibt.

Intelligente Co-Branding-Positionierung

Die Sorg Hörsysteme Hörgeräte-Akustik GmbH betreibt mehrere Filialen in verschiedenen Städten. Eines Tages kämpfte Reinhard Sorg um das Überleben einer dieser Filialen. Ein neues Gesetz ermöglichte es ab sofort HNO-Ärzten, selbst Hörgeräte zu verkaufen. Die Gerätehersteller stürzten sich sofort auf die Zielgruppe mit dem weißen Kittel. Denn: Jeder Hörgeschädigte, der einen Zuschuss von seiner Krankenkasse beantragen wollte, brauchte eine entsprechende Verordnung von seinem Arzt. Dadurch bekamen die HNO-Ärzte eine wichtige Schlüsselstellung als Empfehler.

Der Akustik-Markt ist heiß umkämpft In der Stadt, in der Reinhard Sorg die schwächelnde Filiale betrieb, hatten drei HNO-Ärzte ein eigenes Akustikzentrum gegründet. Die Machtverhältnisse hatten sich dadurch so dramatisch verändert, dass ein unabhängiger Akustiker eigentlich keine Chance mehr hatte. Die Filiale von Sorg rutschte sehr schnell in die roten Zahlen, und die Schließung schien unausweichlich. Zunächst subventionierte Sorg die Filiale durch die Gewinne der anderen und suchte Lösungen. Er engagierte Berater und Werbeagenturen, die ihm empfahlen, den Konkurrenten in den weißen Kitteln mit Werbeaktionen, Anzeigen und Flyern Paroli zu bieten. Alles war vergebens. Sorg wusste: Wenn er jetzt keine Lösung fand, würden auch die anderen Filialen früher oder später der Macht der HNO-Ärzte zum Opfer fallen.

Was tun, wenn alle Verzweiflungsmaßnahmen versagen? In dieser Situation rief er mich an. Während eines Workshops haben wir systematisch nach potenziellen Alleinstellungen gesucht. Doch weder die besonderen Kompetenzen und Nutzen noch die Leidens-Zielgruppe brachten die rettende Idee. Nachdem scheinbar alle denkbaren Zielgruppen auf den Flipcharts standen, waren sich alle einig, dass es nur eine interessante Zielgruppe gibt, und zwar die bisherige – die Schwerhörigen. Ich wusste, dass das nicht stimmen konnte, ließ den Prozess aber laufen. Es dauerte nicht lange, bis der Erste seinen Stift auf den Tisch warf und sich beschwerte, dass wir uns im Kreise drehten.

Dem Hauptproblem auf der Spur

Schließlich entschieden wir uns, einen Schritt zurückzugehen und die Situation aus medizinischer Sicht zu analysieren. In Deutschland leiden etwa 16 Millionen Menschen unter Einschränkungen ihres Hörvermögens, nur drei Millionen davon haben ein Hörgerät. Das liegt allerdings bei vielen nur in der Schublade, weil die neuen Höreindrücke vom untrainierten Gehirn oft als störend empfunden werden. Eine Teilnehmerin erzählte, dass ihr alleinstehender Vater schwerhörig ist, aber sein Hörgerät nur ungern benutzt. Deshalb zog er sich immer mehr in seine geräuschlose Welt zurück. Das bereitete den Angehörigen große Sorgen, zumal sie ihn telefonisch kaum noch erreichen konnten – er hörte das Klingeln nicht. Angst zählt zu den stärksten Energiefaktoren im Positionierungsprozess. Die wichtigste Frage dabei ist: Wer hat die größte Angst? Bei der weiteren Analyse der medizinischen Fakten stießen wir auf die Aussage eines Wissenschaftlers, die mich hellhörig machte: „Jeder zweite Schwerhörige ab 60 Jahren hat bereits eine Schädigung des zentralen Nervensystems." Prof. Dr. Klaus Seifert, Universitätsprofessor in Kiel und ehemaliger erster Vorsitzender des Deutschen Berufsverbandes der Hals-Nasen-Ohrenärzte, brachte es in einem Satz auf den Punkt: „Wer nichts gegen sein Hörproblem unternimmt, riskiert den Verstand!" Was steckt hinter dieser Aussage? Rund 20 Prozent unseres Gehirns sind für die Verarbeitung von akustischen Signalen zuständig. Werden diese Regionen nicht mehr stimuliert, sterben dort langsam die Nervenzellen ab. Schwerhörigkeit baut Nervenzellen im Gehirn ab, sodass spätestens nach etwa drei Jahren die Gefahr besteht, an einer Demenz zu erkranken.

Wo ist die Energie für die Neu-Positionierung?

Eine neue Leidens-Zielgruppe öffnet den Weg in die Nische

Eines wurde uns nach der Medizin-Analyse sehr deutlich: Die Zielgruppe mit dem höchsten Leidensdruck waren nicht die Schwerhörigen, sondern die Angehörigen mit ihren Befürchtungen. Die

Angst, dass ein Familienmitglied durch Schwerhörigkeit an Demenz erkranken könnte, müsste also eine hohe Handlungsenergie bei den Angehörigen auslösen. Doch: Würden wir mit dieser Erkenntnis in den Markt gehen, würden wir zwar eine hohe Energie bei den Angehörigen auslösen, aber am Ende nur das Geschäft der HNO-Ärzte verbessern. Ein Problem, das sehr viele, meist kleinere Unternehmen gut kennen. Sie haben ein ausgezeichnete Idee, leiden aber unter mangelnder Kompetenz-Zuweisung oder den Machtverhältnissen in einer Branche. Wir mussten also einen Weg finden, mit dem Sorg eine höhere Kompetenz-Zuweisung als die HNO-Ärzte erhielt. Zudem mussten wir die Energie der Angehörigen auf die Lösung ihres Problems – die Verhinderung einer gefährlichen Spätfolge – ausrichten.

Die neuen Lösungen bringen neue Perspektiven

Um eine hohe Resonanz freizusetzen, brauchten wir eine Innovation, bei der das Thema Demenz im Mittelpunkt stand. Deshalb entwickelten wir in Zusammenarbeit mit einem Neurobiologen ein spezielles Gehörtraining. In nur wenigen Wochen können damit der Abbau von Nervenzellen nachweislich gestoppt und geschädigte Zellen zur Regeneration angeregt werden. Zudem ist das Training ein wesentlicher Bestandteil der Hörgeräteanpassung und hilft den Schwerhörigen, die optimale Hörhilfe zu finden. Allerdings hatten die HNO-Ärzte bei den Kunden noch immer eine höhere Glaubwürdigkeit als die Akustiker. Um dieses Problem zu meistern, nutzten wir eine Co-Branding- und externe Kompetenzzuweisungsstrategie. Der Neurobiologe ist nicht nur Experte dafür, was im Gehirn geschieht, er vertritt auch eine andere medizinische Fakultät als die HNO-Ärzte. Gemeinsam mit einem Neurobiologen gründeten wir deshalb das Terzo-Institut. Das Gehörtraining bekam den Namen terzo®-Gehörtherapie. Die Mitarbeiter von zwei Sorg-Filialen wurden vorab zu terzo®-Therapeuten ausgebildet und zertifiziert.

Im September findet die alljährliche „Woche des Hörens" statt. Das Terzo-Institut lieferte an alle Zeitungen im Umfeld von 200 km die neuesten wissenschaftlichen Erkenntnisse über die Therapie mit Bildern von defekten und regenerierten Nervenzellen und Statements des Neurobiologen, der die Therapie in Zusammenarbeit mit Sorg entwickelt hatte. Alle Tageszeitungen berichteten über die neue terzo®-Gehörtherapie. Die Information darüber ging wie ein Lauffeuer durch die Region und die Akustiker-Szene. Gleichzeitig boten wir in allen umliegenden Städten in Kooperation mit den Apotheken Hörtests an, organisierten Vorträge mit Krankenkassen, verteilten Flyer an Schwerhörige und deren Angehörige.

Aufmerksamkeit für die Alleinstellung gewinnen

Leidens-Zielgruppen suchen selbst aktiv nach Problemlösungen

Das Einzugsgebiet für neue Kunden, das in der Regel auf wenige Kilometer im Umkreis beschränkt ist, erweiterte sich. Manche Angehörigen fuhren mit ihren Schwerhörigen über 100 km weit, um sich beraten zu lassen. Einige reisten sogar extra aus Österreich und der Schweiz an. Nach nur fünf Monaten war die ehemalige Problemfiliale die zweitstärkste Sorg-Niederlassung in Deutschland und brachte auch den höchsten Deckungsbeitrag. Inzwischen hat die terzo®-Gehörtherapie mehr als 100 Lizenzpartner im gesamten Bundesgebiet. Damit hat Reinhard Sorg den Sprung vom Akustiker zum Lizenzgeber geschafft und eine einmalige Alleinstellung gegenüber den HNO-Ärzten erreicht.

Co-Branding als externe Kompetenz-Zuweisung

Betrachten wir das Beispiel nochmals aus der Energieperspektive und der externen Kompetenz-Zuweisung. Die medizinische Erkenntnis über die Folgeschäden für Schwerhörige war der erste Schritt, den Innovationsprozess in Gang zu setzen. Die daraus resultierende Innovation terzo®-Gehörtherapie erhielt durch das Co-Branding mit dem Neurobiologen eine entscheidende externe Kompetenz-Zuweisung und damit einen höheren Stellenwert als die der HNO-Arzt. Die „Blackbox" – das Geheimhalten, wie die Therapie funktioniert – war dabei ein wichtiger Wettbewerbsschutz. Die Angehörigen mit der Angst vor der gefährlichen Spätfolge waren die aussichtsreichste Leidens-Zielgruppe mit der höchsten Handlungsenergie. Die schnelle Marktdurchdringung erzielten wir durch die Presseaktivitäten, Hörtests in Apotheken und Vorträge. Erwähnenswert ist auch: Bereits rund 30 Jahre zuvor hatte ich an einer millionenschweren Anzeigen- und Plakatkampagne mitgearbeitet, mit der Schwerhörige dazu motiviert werden sollten, sich ein Hörgerät anzuschaffen. Bis zum Fall Sorg hatten sich die gesamte Industrie, die Verbände, die HNO-Ärzte und die Akustiker auf das Verkaufen von Hörgeräten konzentriert. Jetzt gab es zum ersten Mal eine neue Sichtweise auf die Folgeschäden und damit eine neue Nische für den Kleinsten in der Wertschöpfungskette – den Akustiker. Mit dem alten Marketing-Denken wäre Reinhard Sorg niemals weitergekommen. Er hätte nur Liquidität verbrannt, den HNO-Ärzten das Geschäft überlassen und seine Filiale schließen müssen.

> Die meisten Unternehmen, die zugrunde gehen, tun dies aus einem sehr simplen Grund: Die Verantwortlichen haben zu wenig Positionierungswissen.

Warum bis zu 50 Prozent aller Generationswechsel scheitern

Ein Generalist kann auch ein Spezialist sein

Das erste Telefonat mit Herrn Janssen war für mich sehr bemerkenswert. Denn ich hatte ihn in die Kompetenzschublade Rechtsanwalt gesteckt. Wie sich herausstellte, war der studierte Anwalt aber seit Beginn seiner Laufbahn bei einem Marktführer für Restrukturierungsmanagement und anschließend bei McKinsey & Company im Bereich Sanierung und Restrukturierung verantwortlich tätig. Sein Werdegang und seine Erfolge waren sehr beeindruckend. Er war unter anderem Interimsgeschäftsführer mit Generalvollmacht für zum Teil extreme Sanierungsfälle im Auftrag von Banken oder Investoren.

Er fusionierte ein Unternehmen mit 600 Mitarbeitern an drei Standorten. Für ein Chemieunternehmen sanierte er einen Standort für den Verkauf. Mit all diesen Erfahrungen im Hintergrund gründete Janssen 2007 seine eigene Anwaltskanzlei. Er wollte mit mir arbeiten, weil er sich spitzer im Markt positionieren wollte.

Nach einer eingehenden Analyse konzentrierten wir uns immer mehr auf die Firmen, in denen eine Nachfolgeregelung gesucht wurde. Denn jährlich werden in Deutschland rund 72.000 Unternehmen an Nachfolger übergeben. Vom Erfolg der Übernahmen hängen deutschlandweit Millionen Arbeitsplätze ab. Die Quote gescheiterter Übergänge liegt – je nach Definition – zwischen 20 % und 50 %. Hinzu kommt, dass nur die Hälfte aller Generationswechsel planmäßig verläuft. Diese Zahl ist angesichts der Komplexität der zu regelnden Probleme nicht verwunderlich.

In den vergangenen Jahren kamen viele Unternehmer auf mich zu, die einen Generationswechsel anstrebten oder die dieser Wechsel in eine Krise geführt hatte. Was mich immer wieder berührte und hilflos machte, waren die unprofessionelle Vorbereitung sowie die fehlende betriebswirtschaftliche und juristische Transparenz. Häufig waren nicht einmal die grundlegenden Erwartungen zwischen Senior und Junior abgestimmt – von einer Zielvereinbarung ganz zu schweigen. Oft kamen emotionale Konflikte hinzu. Dramatisch wurde es dann, wenn der Inhaber aus gesundheitlichen Gründen kurzfristig das Unternehmen an eines seiner Kinder übergeben musste, kein Käufer in Sicht war oder das Unternehmen keinen großen Wert besaß. Die Kinder waren in der Regel nicht vorbereitet oder wollten gar nicht übernehmen. Da jedoch die Altersvorsorge des Inhabers nicht ausreichte, fühlten sie sich moralisch verpflichtet. Gerade in diesen Situationen wurden Anforderungsprofil, Stärken und Schwächen des Juniors nicht ehrlich diskutiert. Die Organisation des Unternehmens konnte somit nicht entsprechend angepasst werden.

Nach einer vertieften Recherche im Vorfeld schlossen wir uns zwei Tage in ein Hotel ein und gingen dem Scheitern von Generationswechseln auf den Grund. Die Ursachen sind vielfältig, dennoch zeichnete sich unabhängig von Branche und Größe der Firmen ein Muster ab:

- Es fehlt eine inhaltliche Koordination der einzelnen Handlungsfelder, insbesondere für externe Berater durch einen „Generalunternehmer".
- Die Erwartungen zwischen Übergeber und Übernehmer werden weder organisatorisch noch finanziell hinreichend abgestimmt.
- Eine strukturierte Analyse des Status quo des Unternehmens findet nicht statt. Risiken werden nicht identifiziert; die wirtschaftliche Situation des Unternehmens ist nicht hinreichend transparent.
- Die Unternehmensziele für die Zukunft werden nicht abgestimmt; Potenziale werden nicht realisiert.
- Die Führungskräfte des Unternehmens werden nicht ausreichend in den Prozess eingebunden.
- Die Übergabephase wird nicht hinreichend geplant und abgestimmt; der Generationswechsel wird nicht sichtbar umgesetzt.
- Der Wechsel wird als Risiko, nicht als Chance gesehen.
- Eine Koordination der wesentlichen Handlungsfelder findet nicht statt. Die Verknüpfung von Unternehmen und Familie wird nicht ausreichend berücksichtigt. Damit ist auch nicht gesichert, dass die rechtlichen Regelungen auf alle einzelnen Handlungsfelder und externen „Gewerke" abgestimmt sind.

Nach unserem Workshop war uns beiden klar, dass kaum jemand zuvor die Probleme bei einem Generationswechsel so übergreifend systematisiert hatte. Für Herrn Janssen bedeutete das die Chance, diese Marktnische zu besetzen. Er gründete ein neues Unternehmen.

Das Expertenzentrum für Generationswechsel

Aus den erarbeiteten Fehlern und Kernerfolgsfaktoren entwickelten wir die „5-Schritte-Systematik" für einen erfolgreichen Generationswechsel. Dabei wird sämtliches Wissen des Übergebers wie auch das des Übernehmers auf den Prüfstand gestellt. Ein strukturierter Prozess des Wissenstransfers wird aufgesetzt. Es wird ein gemeinsames Verständnis zwischen Übergeber und Übernehmer hergestellt – dies betrifft Stärken, Schwächen und Perspektiven des Unternehmens. In einer umfassenden Analyse des Status quo wird sozusagen jeder Stein umgedreht. Dies sichert den Erfolg des Generationswechsels, da Gefahren frühzeitig transparent gemacht und so vorhersehbare Fehler vermieden werden. Der Wechsel wird als Chance verstanden. Zukunftspotenziale werden erarbeitet, die Marktorientierung und Positionierung des Betriebes wird verbessert. Das Expertenzentrum koordiniert sämtliche Aktivitäten. Hierbei werden die bisherigen Berater integriert und – falls gewünscht – die Experten des Zentrums eingesetzt. Dieses Vorgehen sichert die erfolgreiche Fortführung des Unternehmens. Darüber hinaus werden die Lebensplanungen der Beteiligten und der Familienfrieden gesichert. Weitere Informationen finden Sie unter www.generationswechsel-mittelstand.de

Innovationen als Chance in der Globalisierung

Die fortschreitende Globalisierung bedroht auch die kleineren und mittleren Firmen. Hochpreisländer wie Deutschland, Österreich und allen voran die Schweiz mit überdurchschnittlich hohen Personal- und Herstellungskosten sind ganz besonders betroffen. Weltweit haben fast 2,4 Milliarden Menschen einen Internetzugang, das entspricht etwa einem Drittel der Weltbevölkerung. Durch das Internet ist so gut wie jedes Unternehmen und Angebot für jeden auffindbar. Die Märkte wachsen zusammen, immer mehr Unternehmen suchen günstige Hersteller und Dienstleister aus dem Ausland. Um in diesem globalisierten Markt ihre höheren Preise durchsetzen zu können, müssten Hochpreisländer dauerhaft wesentlich innovativere Produkte und Dienstleistungen anbieten. Dieser Ansatz eröffnet neue Chancen, auch für mittlere und kleine Anbieter. Der Jungunternehmer und Pfeifenmacher David Wagner aus Österreich z. B. erkannte, das er sich nur durch eine Spezialisierung von den großen Pfeifenmacher-Firmen absetzen konnte. Nachdem er eines meiner Bücher gelesen hatte, machte er sich daran, eine Positionierungsnische zu finden. Unter dem Markennamen „baff" stellte er die Maßfertigung in den Vordergrund. Er ist heute der einzige Pfeifenmacher weltweit, der sich über die Maßfertigung positioniert. Seine Kunden kommen aus den USA, China und Europa. Die internationale Markdurchdringung erreichte er durch das weltweite Web. Zwei Jahre später erhielt er für seine Alleinstellung den Jungunternehmerpreis Oberösterreichs. Er schrieb mir: „Vielen Dank Herr Sawtschenko! Mit Hilfe Ihres Buches und den Prinzipien der Positionierung habe ich meine Nische gefunden. Heute kommen Kunden aus der ganzen Welt von alleine."

Arbeiten Sie nicht IM, sondern AM Unternehmen

Der schwere Schritt vom Facharbeiter zum Unternehmer

Was macht erfolgreiche Unternehmen aus? Nach Michael E. Gerber durchläuft jedes Unternehmen und jeder Unternehmer typische Wachstumsphasen. Alles beginnt damit, dass ein Facharbeiter sich selbstständig macht. Der Finanzexperte gründet eine Finanzberatung, der Handwerker einen Handwerksbetrieb und der Physiotherapeut eine Physiopraxis. Von der Akquise über die Produktion bis zur Buchhaltung – in der Startphase ist der Gründer Mädchen für alles. Er und seine Firma sind eine Einheit, ohne den Besitzer gibt es auch kein Unternehmen. Er ist der Facharbeiter, der alle Aufgaben beherrscht – am liebsten fehlerfrei. Es gibt keinen Streit über Zuständigkeiten und auch keine Diskussion, wer schuld ist, wenn etwas schiefgeht. Ohnehin passieren in dieser Phase zunächst nur wenige Fehler, weil es keine Informationsverluste oder Missverständnisse zwischen verschiedenen Abteilungen gibt. Die Sache hat allerdings einen Haken: Das alles ist ziemlich viel für einen einzelnen Menschen. Vor allem, wenn das Geschäft immer weiter wächst und der Gründer die Grenzen seiner Belastbarkeit überschreitet. Je mehr

Kunden kommen, desto mehr Fehler schleichen sich ein. Was tut der Ein-Mann-Unternehmer? Er setzt seine letzten Energiereserven ein und arbeitet noch mehr und noch länger. Nachtschichten und Wochenendarbeit sind an der Tagesordnung. Der Job wird zu einer nicht enden wollenden Belastung. Familie, Freizeit und Lebensqualität treten in den Hintergrund.

In der Wachstumsphase stoßen Inhaber an ihre Grenzen

In dieser Phase sucht der Unternehmer neue Mitarbeiter, gibt Aufgaben ab, die ihm nicht liegen, und steckt seine ganze Energie in seine Kernaufgaben. Typisch ist, dass er sich zuerst einen Buchhalter sucht, der den ganzen Papierkram erledigt. Diesen Part gibt jeder Experte am liebsten ab. Ist der Inhaber unterwegs, muss der Buchhalter auch das Telefon betreuen, Termine koordinieren, Ware bestellen – und irgendwann ist er der Stellvertreter des Chefs. Dann beginnt das erste Chaos. Der Buchhalter ist in seine Aufgabe hineingewachsen und hat seine eigenen Regeln aufgestellt, weil der Inhaber sich nur zwischen Tür und Angel mit ihm abstimmte.

Wenn die Prozesse dem Wachstum hinterherlaufen

Je besser die Firma läuft, desto mehr Arbeiten werden auf andere übertragen. Der Betrieb befindet sich jetzt in der Wachstumsphase. Damit ein strukturiertes Unternehmen entstehen kann, müssen die neuen Mitarbeiter koordiniert werden. Der Einzige, der dazu in der Lage ist, ist der Gründer. Da aber keine Arbeitsbeschreibungen hinterlegt und vermittelt wurden, schleicht sich das zweite Chaos ein: Mehrstunden durch unkoordinierte Arbeitsabläufe, schlechtes Zeitmanagement und uneffiziente Logistik machen die Arbeit immer unproduktiver, und die Kundenreklamationen häufen sich.

Der Inhaber muss jetzt den Schritt vom Facharbeiter zum Manager und schließlich zum Unternehmer schaffen. Ab sofort muss er nicht mehr in, sondern an seinem Betrieb arbeiten. Genau das ist das Problem: Die meisten Selbstständigen denken und handeln in dieser Phase weiter wie Fachkräfte. Sie schuften und schuften und haben keine Energie für strategische Überlegungen. Dabei übersehen sie, dass sich die Firma nun in einer Phase befindet, in der sie konkrete Jobbeschreibungen, eindeutige Spielregeln, effektive Strukturen und eine klare Vision von der Zukunft braucht. Doch oft genug wächst mit der Firma das Chaos. Der Gründer ist verzweifelt und wünscht sich die Zeit zurück, in der sein Betrieb in der Kindheitsphase war und er noch alles im Griff hatte.

Ich kenne viele, meist kleinere Unternehmen, die aufgrund der wachsenden Nachfrage an ihre Grenzen stießen und deren Inhaber ständig Krisenmanagement betreiben mussten. Als ich mit einer Handwerkerkooperation zusammengearbeitet habe, waren in den Pausen die meisten Geschäftsführer damit beschäftigt, Probleme auf ihren Baustellen zu lösen. Selbst im Urlaub wurden sie ständig angerufen, weil wieder irgendjemand etwas vergessen oder sich keiner darum gekümmert hatte, dass Material vom Großhändler rechtzeitig auf die Baustellen geliefert wurde. Ein Bauunternehmer brachte das Problem auf den Punkt: „Ich kann nicht preiswerter werden, weil wir zu viele Fehler machen."

Denken und handeln Sie wie ein Unternehmer

Werden Sie Unternehmer! Wenn Ihre Firma größer wird, haben Sie zwei Möglichkeiten: Sie treten bewusst auf die Bremse und entscheiden sich, weiter Facharbeiter mit einem eigenen kleinen Betrieb zu sein – oder Sie werden Unternehmer. Wer erfolgreich sein will, muss seine Energie in die Unternehmensentwicklung stecken, idealerweise vom ersten Tag an. Es geht nicht darum, Geschäfte zu machen. Es geht darum, ein Geschäft aufzubauen. Deshalb empfehle ich, alle Arbeitsabläufe so zu systematisieren, dass die Firma jederzeit perfekt funktioniert – ganz egal, wer die Arbeit macht. Als Vorbild dienen uns hier Franchise-Unternehmen wie zum Beispiel McDonald's. Hier ist alles so perfekt systematisiert, dass selbst Aushilfskräfte die Qualitätsstandards halten können. So brauchen teure Fachkräfte nicht an der falschen Stelle eingesetzt zu werden.

Das Franchise-Prinzip schafft Leitplanken für jede Aufgabe

Natürlich müssen Sie aus Ihrer Firma kein Franchise-Unternehmen machen. Aber: Es lohnt sich, alle Abläufe und Strukturen so einfach und effizient zu gestalten, als ob das Ganze in Serie gehen würde. Schaffen Sie klare Standards, Regeln und Vorgehensweisen. So entdecken Sie Schwachstellen bereits im Ansatz und richten Ihren Blick automatisch auf jene Punkte, die über die Zukunft Ihres Unternehmens entscheiden. Selbst große Beratungsunternehmen arbeiten oft nach dem McDonald's-Prinzip. Alle wichtigen Analysen und Recherchefragen sind mit Checklisten hinterlegt. Die Sache hat noch einen weiteren Vorteil: Eine Firma, die nach dem Franchise-Prinzip aufgebaut ist, funktioniert auch ohne ihren Gründer. Das ermöglicht es Ihnen, hin und wieder die unternehmerische Freiheit zu genießen – ganz unbeschwert und ohne schlechtes Gewissen. Das ist positive Energie pur!

Werden Sie vom Facharbeiter zum Manager

Unternehmer müssen auch Manager sein, wenn sie mit ihrem Betrieb expandieren wollen. Der Manager schafft Struktur und Ordnung, indem er ein System erarbeitet und Prozesse hinterlegt, in denen alle Aufgaben genau beschrieben sind. Er bestimmt einen Teamleiter, schult die Mitarbeiter. Er sorgt dafür, dass jeder weiß, wann, was und wie es zu tun ist, und schafft damit die Voraussetzungen für einen reibungslosen, effizienten Arbeitsablauf. In diesem Stadium können Sie Verantwortung übergeben und einfordern. Nur wenn jeder sich an die Vorgaben hält, ist Wachstum planbar. Das hört sich erst einmal kompliziert an, ist aber viel einfacher, als Sie denken. Denn: Es ist eine reine Fleißarbeit. Schaffen Sie sich immer wieder Freiräume, um alle wichtigen Aufgabenbereiche und Anweisungen zu allen Arbeitsschritten schriftlich festzuhalten. Von der Neukundengewinnung, Angebotserstellung, Auftragsbestätigung, Materialbeschaffung und Auftragsabwicklung bis zur Rechnungsstellung – schulen Sie Ihre Mitarbeiter, analysieren und korrigieren Sie immer wieder Fehler, bis alles funktioniert.

Aktivieren Sie Ihren Kopf-Helikopter

Erst wenn Sie mit Ihrem Facharbeiterwissen die Managementstruktur geschaffen haben und Verantwortung übergeben können, erreichen Sie den Unternehmerstatus. Der Unternehmer steuert aus der Vogelperspektive die Firma nach seinen Visionen, Träumen und Vorstellungen. Jeder Unternehmer sollte in regelmäßigen Abständen seinen Betrieb und dessen Chancen analysieren. Solange alles gut läuft, besteht scheinbar kein Handlungszwang. Erfolgreiche Unternehmer, die trotzdem immer wieder Bilanz ziehen, sind jedes Mal überrascht von den vorhandenen, viel versprechenden Handlungspotenzialen – und über die Tatsache, dass wieder neue hinzugekommen sind. Das Ganze hat noch einen großen Vorteil: Sie erkennen Wachstumsprobleme oder Krisen bereits im Ansatz. So haben Sie die Chance, frühzeitig die Notbremse zu ziehen. Die Probleme vor sich herzuschieben, bringt nichts. Dann steigt die Gefahr, dass Sie stolpern und automatisch hohe Folgekosten produzieren. Ein Kunde und Kooperationspartner hat es in einem Interview treffend auf den Punkt gebracht:

„Viele Unternehmen scheitern, weil ihnen die Sensibilität fehlt, insbesondere für Veränderung. Veränderungen bei Kunden, bei Kundenbedürfnissen, Veränderungen bei Finanzen, Banken und Veränderungen im Betrieb."

Dietmar Merget, Merget + Partner, Wirtschaftsprüfer, Steuerberater, Rechtsanwälte

Freuen Sie sich auf Probleme, denn sie machen Sie reich

Positiv betrachtet, steckt hinter jedem internen und externen Problem eine Chance. Probleme zwingen uns dazu, nach einer neuen, besseren Positionierungsmöglichkeit oder unbesetzten Nische zu suchen. Für die meisten meiner Kunden war die Krise im Nachhinein ein Segen. Ohne sie wären sie niemals da, wo sie heute sind. Sie sind bedeutend selbstbewusster und gestärkter in eine bessere, neue Zukunft gestartet. Sie haben gelernt, die Komplexität der Veränderung auf die wesentlichen Sachverhalte zu reduzieren und frühzeitig die richtigen Maßnahmen einzuleiten.

Als junger Mann las ich in einem Businessbuch von einem sehr erfolgreichen französischen Unternehmer. Er erzählte in einem Interview, immer wenn er vor einem neuen Problem stehe, reibe er sich die Hände. Denn er freue sich auf die Herausforderung, auch dafür eine Lösung zu finden. Jede Lösung erweitere sein Wissen, auf der anderen Seite reduziere er dadurch seine Fehlerquellen. Seine Erfolge beruhten nicht darauf, dass er alles richtig gemacht, sondern die Probleme gelöst habe. Was mich daran nachhaltig motivierte, war seine Aussage, dass er jedes Mal eine Lösung fand. Selbst wenn er die Erkenntnis gewann, etwas loslassen zu müssen und keine weitere Energie darauf zu verschwenden, war das für ihn ein positives Ergebnis.

Dieses Interview hat mein ganzes Leben geprägt. Ohne dieses Wissen wäre ich nicht dort, wo ich heute bin. Ohne diese innere Einstellung hätte ich mich nicht auf den Weg gemacht, hinter den Theorien von Strategien und Positionierungsprinzipien nach praktischen Lösungen zu suchen. Ich hätte sicherlich das Handtuch geworfen, wenn scheinbar nichts mehr möglich war. Sie haben in diesem Buch bereits von Praxisbeispielen gelesen, die ohne die hohe innere Motivation, dass es immer eine Lösung geben muss, zu keinem Ergebnis geführt hätte. Klammern Sie sich nicht an den Besen, der so genial alles unter den Teppich kehrt. Lassen Sie ihn los – dann haben sie die Hände frei, um Probleme anzufassen und Lösungen zu entwickeln.

> **Der Unternehmer steht immer in einer Wechselbeziehung zwischen Erfolg und Misserfolg. Erfolg ist der Nährboden für Souveränität, inneres Wachstum und positive Ausstrahlung. Misserfolg und Existenzängste sind der Treibsand, in dem die eigene Wertschätzung und das Selbstbewusstsein langsam versinken.**

Machen Sie einen Zwischenstopp in Ihrem Leben

Wenn Sie einen Positionierungsprozess starten, nutzen Sie die Chance für einen Zwischenstopp, um auch das eigene Leben, Ihr Denken, Ihre Ziele, Ihre Lebensqualität und Ihre Werte auf den Prüfstand zu stellen. Denn alles, was Sie verändern wollen, spielt in dem Kapitel „Unverschämte Ziele und Werte" eine wichtige Rolle. Gleichgültig, ob Sie erfolgreich sind und mehr Wachstum anstreben oder sich in einer Krise befinden: Stellen Sie alles, was Sie bisher gedacht und gemacht haben, kritisch in Frage. Hatten Sie sich so Ihr Leben und die Selbstständigkeit vorgestellt? Oder sind Sie durch die äußeren Rahmenbedingungen hineingeschlittert? Steht Ihre innere Energie noch in Resonanz zu Ihrer Arbeit und Ihren Zielen? Was wollen Sie nie mehr tun? Wie und wie viel möchten Sie in Zukunft arbeiten? Die Antworten darauf sind wichtige Leitplanken im Neupositionierungsprozess. Jeder hatte vor dem Start in seine Selbstständigkeit bestimmte Vorstellungen, wie sein Alltag und sein Leben verlaufen sollten. Die Realität sieht oft ganz anders aus. Hinzu kommt, dass wir glauben, alles funktioniere nach einem vorgegebenen System: Das machen alle so, auch wir – anders geht es nicht.

Viel zu oft wird auch heute noch unterschätzt, dass die fest verwurzelten und urtypischen Instinkte – speziell die Sehnsucht und das Streben nach Bestätigung, Lob, Anerkennung und Perfektion – auch negative Seiten haben können. Es geht mir hier nicht um Schwarzmalerei. Vielmehr will ich betonen, dass für einen Unternehmer nicht nur das Streben nach Erfolg wichtig ist. Genauso bedeutsam sind die Reflektion der eigenen Ziele, der eigenen Persönlichkeit und der Umgang mit sich selbst. Stellen Sie sich deswegen immer wieder die Frage: Lebe ich – oder bin ich im Hamsterrad der ständigen Verantwortung und Fremdbestimmung gefangen?

Wichtige Tipps und Denkanstöße zur Energie-Quelle

Der Unternehmer

■ Die erste Energiequelle in einem Unternehmen ist der Gründer, Inhaber oder bestellte Geschäftsführer.

■ Reagieren Sie umgehend auf anstehende und bedrohende Veränderungen. Es ist das frühzeitige Handeln, das jedem Erfolg vorausgeht.

■ Gerät Ihr Betrieb in eine Krise, suchen Sie nach neuen Energiequellen, anstatt nur an der Kostenschraube zu drehen. Sind Ihre guten Fachkräfte erst einmal weg, wird es schwierig, neues Wachstum zu generieren.

■ Handeln Sie nicht nach dem Prinzip „Versuch und Irrtum". Das hat bei anderen Betrieben schon viel Liquidität verbrannt.

■ Misserfolg und Erfolg ist kein Zufall. Alles beruht auf den Gesetzmäßigkeiten von Ursache und Wirkung.

■ Stellen Sie Ihre Geschäftsidee immer wieder auf den Positionierungs-Prüfstand.

■ Seien Sie als Inhaber ehrlich zu sich selbst. Erkennen Sie Ihre eigenen Schwächen und reagieren Sie darauf, indem Sie sich zusätzliche Kompetenz einkaufen oder sich weiterbilden.

■ Wenn Ihr Unternehmen wächst, sollten Sie das Delegieren lernen.

■ Sorgen Sie für eine ausgeglichene Work-Life-Balance.

An welchen Stellschrauben aus der Energiequelle „Der Unternehmer" müssen Sie noch arbeiten? Was wollen Sie in Zukunft konkret verändern? Listen Sie hier bitte alle To-dos auf.

_____

_____

_____

_____

_____

_____

_____

_____

_____

_____

_____

_____

_____

Unverschämte Ziele und Werte

Der Weg in das scheinbar Unmögliche

Wenn Sie die brachliegenden Innovationspotenziale in Ihrer Branche finden wollen, müssen Sie Ihr altes Denken verändern. Deshalb werden Sie in diesem Kapitel aufgefordert, unverschämte Ziele und Werte zu formulieren. Das verlangt von Ihnen, dass Sie gedanklich Ihr Branchengefängnis verlassen und Ihren Geist für das Unmögliche öffnen. Dann werden Sie auch das Mögliche in der Tiefe Ihres Marktes finden.

Wer Großes denkt, wird auch Großes erreichen

Setzen Sie sich unverschämte Ziele. Lassen Sie Ihrer Fantasie freien Lauf. Schon Albert Einstein wusste: „Fantasie ist wichtiger als Wissen. Wissen ist begrenzt, Fantasie aber umfasst die ganze Welt." Stellen Sie sich vor, dass nichts unmöglich ist. Damit öffnen Sie in Ihrem Kopf neue Potenzialschubladen! Ziele und gute Vorsätze benötigen jedoch wichtige Voraussetzungen: Sie müssen wissen, was Sie wollen. Sie müssen den Mut haben, es zu tun. Ihnen muss klar sein, wie Sie die Ziele sicher erreichen, und wie Sie zu handeln haben.

> Klare Ziele steigern die Motivation, und das Handeln setzt Energie frei.

Die unverschämten Ziele und Werte stehen am Beginn eines jeden Positionierungsprozesses. Lassen Sie uns zuerst der Frage nachgehen, was der Unterschied zwischen „normalen" und „unverschämten" Zielen und Werten ist. Dazu steigen wir direkt in die Praxis ein. Bei meinen Workshops mit Unternehmen muss jeder Teilnehmer aus seiner Sicht die Ziele auf ein Arbeitsblatt schreiben. Was soll der Workshop bringen? Wo soll das Unternehmen in den nächsten zwei bis fünf Jahren stehen etc.? Hier einige typische Beispiele, die besonders häufig notiert werden:

- Alleinstellung finden
- Neue Kunden gewinnen
- Kontinuierliche Auslastung
- Höhere Deckungsbeiträge
- Der beste Anbieter sein
- Mehr Angebote in Aufträge umwandeln
- Steigerung des Jahresumsatzes um x Prozent
- Kunden empfehlen uns weiter

Am Ende dieser Einheit werden diese Ziele auf ein großes Chart übertragen. Sie sind alle richtig und wichtig. Doch es sind im Positionierungsprozess zweitrangige, also untergeordnete Ziele. Denn sie führen oft alte Denkmuster und Marketinginstrumente im Schlepptau. Vor allem, wenn eine Firma in der Krise steckt und alle bisherigen Maßnahmen nicht zum Erfolg geführt haben, sollten übergeordnete Ziele angestrebt werden. Zur Überleitung darauf provoziere ich gerne die Teilnehmer mit dem Hinweis, dass die formulierten Ziele gut sind, dass sie uns aber in der Zusammenarbeit absolut unterfordern. Dann ergänze ich die Sammlung mit den erstrangigen Zielen. Ich nenne sie gerne die „unverschämten Ziele", weil sie die Vorstellungskraft der Teilnehmer in der jetzigen Situation bei weitem übersteigen. Einige unverschämte Ziele unterscheiden sich natürlich je nach Branche, Position des Unternehmens und Marktumfeld. Es gibt aber auch generelle unverschämte Ziele, die jedes Unternehmen anstreben sollte.

- Wir wollen Warteschlangen haben. Das bedeutet, wir müssen verdammt gut sein, um das zu erreichen. Warteschlangen hat ein Unternehmen, das eine hohe Nachfrage auslöst und als Spezialist wahrgenommen wird. Gleichgültig, ob es Dienstleitungen oder Produkte anbietet.
- Wir wollen, dass externe Meinungsführer uns eine hohe Kompetenz zuweisen.
- Wir wollen, dass Zielgruppen- und Auftragsbesitzer für uns neue Kunden akquirieren. Hier geht es darum, dass andere aus Überzeugung für Sie werben und Sie dadurch mehr Neugeschäft erhalten.

- Wir wollen Neukunden zum Nulltarif und wir wollen, dass unsere Kunden unsere Werbung bezahlen.
- Wir wollen, dass die Presse über uns schreibt.
- Wir wollen ein passives Einkommen bzw. eine Flatrate.
- Wir wollen Systeme oder Systemabhängigkeit entwickeln und damit nicht mehr vergleichbar mit anderen sein.
- Statt Preisgesprächen wollen wir nur noch Entzugsgespräche führen. Hier geht es um das Knappheitsprinzip. Alles was überall verfügbar ist, löst nur wenig Kaufbereitschaft aus.
- Was wollen wir in der Zukunft nie mehr tun? Zum Beispiel keine Preisgespräche mehr führen, mit Dumpingangeboten Aufträge generieren oder erpressbar sein.

Zudem werden Vorstellungen, wie die Lebensqualität von Inhaber und Mitarbeitern zukünftig aussehen soll, erfasst. Das zwingt die Teilnehmer dazu, anders zu denken und das Unmögliche zuzulassen. Wenn ein Unternehmen in einer Krise steckt, fällt es den Teilnehmern besonders schwer, groß und unverschämt zu denken. Aber: Wer Großes denkt, wird auch Großes erreichen. Der Gründer der olina Franchise GmbH, Wolfgang Allgäuer, hat es in seinem Statement auf den Punkt gebracht: „Die vielen unverschämten Ziele, die wir am Anfang des Workshops aufgeschrieben haben, waren für mich mehr Träume als erreichbare Ziele. Dann sind alle Wünsche konkrete, umsetzbare Ziele geworden."

> Alte Zielbeschreibungen sind zweitrangige Ziele, denn sie haben alte Denkmuster im Schlepptau. Unverschämte Ziele sind erstrangige Ziele. Nur sie führen zu den höheren Energiefeldern in Ihrem Markt.

Die zweitrangigen und erstrangigen, also unverschämten, Ziele auf dem Chart sind die Leitplanken für den gesamten Positionierungsprozess. Die erstrangigen Ziele stehen im Hauptfokus des Prozesses, die zweitrangigen werden in der Regel dadurch automatisch erreicht. Ob die unverschämten Ziele tatsächlich realisierbar sind, spielt in dieser Phase erst einmal keine Rolle. Viel wichtiger ist, dass alle Teilnehmer gezwungen werden, ein neues Denken zuzulassen. Unverschämte Ziele erhöhen signifikant das Kreativitätspotenzial und die Anforderungen an die Teilnehmer. Sie erweitern die Perspektiven und zwingen zum Quer- und Andersdenken.

Mit den neuesten Erkenntnissen aus der Energie-Resonanz-Positionierung können Sie jetzt die Ursache des Erfolges bedeutend besser verstehen, nachvollziehen und für sich selbst anwenden. Das folgende Beispiel macht deutlich, warum es zwingend erforderlich ist, unverschämte Ziele zu definieren und ihnen zu folgen. Sie werden erkennen, warum die drei Erfolgs-Säulen und die sieben Energiequellen nur gemeinsam zu einer gelungenen Positionierung führen. Es gibt Ihnen auch einen Überblick und Vorgeschmack auf die nächsten Kapitel in diesem Buch.

Praxisbeispiel: Ein Fitnessstudio in der Krise

Der Physiotherapeut Hartmut Seidel gründete mit vier Mitarbeitern die Firma Physio Aktiv GmbH. Die Firma positionierte sich als Anbieter für Gesundheitsfitness mit hoch qualifizierten Mitarbeitern und hervorragenden Trainingsgeräten. Das brachte schnell Erfolg. Physio Aktiv etablierte sich bald bei Krankenkassen und Ärzten als kompetenter Ansprechpartner in Sachen Muskelstärkung, Krankengymnastik, Massagen und Lymphdrainage. Zwei Jahre nach der Gründung beschäftigte die Firma 15 Mitarbeiter, überwiegend Physiotherapeuten. Externe Berater, die sich auf die Fitnessbranche spezialisiert hatten, rieten Hartmut Seidel, es den anderen Fitness-Studios in der Region gleichzutun und Aerobic, Kardiotraining oder Abnehmen in sein Programm aufzunehmen. Da er hoffte, mit den zusätzlichen Angeboten noch mehr neue Kunden zu gewinnen, ließ er sich darauf ein. Das war ein entscheidender Fehler: Die Angebotserweiterung führte zu einer Verwässerung des Profils. Die Firma wurde in der Öffentlichkeit nicht mehr als Spezialist mit hoher Sachkenntnis wahrgenommen und verlor ihre Alleinstellung gegenüber den Mitbewerbern. Plötzlich war Physio Aktiv austauschbar, und Neukundengespräche drifteten schnell in Preisgespräche ab. Dabei waren die anderen Fitness-Studios meist preiswerter als Hartmut Seidel mit seinen hochkarätigen Mitarbeitern und den teuren Geräten. Immer mehr Bestandskunden kündigten ihre Abos, weil es vergleichbare Angebote in ihrer Nachbarschaft bedeutend günstiger gab. Innerhalb eines halben Jahres reduzierte sich der Kundenstamm um fast 50 Prozent. Hartmut Seidel war deshalb gezwungen, der Hälfte seiner Belegschaft zu kündigen. Die verbliebenen Mitarbeiter waren demotiviert und fürchteten ebenfalls um ihre Arbeitsplätze.

Die Diamanten findet man oft im eigenen Garten

Bei Physio Aktiv ging es nicht nur um das Überleben des Unternehmens. Herr Seidel hatte einen Kredit für die Anschaffung der Geräte, das Inventar und die Anlaufkosten von der Bank erhalten und eine entsprechende Bürgschaft hinterlegt. Eine Schließung hätte ihn privat in enorme Schwierigkeiten gebracht. Nachdem Hartmut Seidel meine Bücher gelesen hatte, wurden ihm seine Fehler klar, und er buchte mich sofort für einen Positionierungs-Workshop. Den wichtigen Hinweis, dass ich nicht mit ihm allein, sondern nur mit einer Gruppe arbeite, akzeptierte er sofort. Denn ihm war klar, dass seine Mitarbeiter alle Denkprozesse der neuen Positionierung verstehen mussten. Er erhoffte sich auch von den unterschiedlichen Sichtweisen seiner Angestellten mehr Innovationsideen. Deshalb waren sieben seiner wichtigsten Mitarbeiter bei unserem Workshop dabei. Alle waren sehr gespannt, ob wir in der scheinbar aussichtslosen Situation eine Lösung finden würden. Im Vorfeld schaute ich mir das Unternehmen an, analysierte die Ist-Situation, die Maßnahmen seit der Gründung, die Ursachen der Situation und das Wettbewerbsumfeld. Zum Workshop-Beginn wurden erst einmal alle Ziele der Teilnehmer zusammengetragen und um die wichtigsten unverschämten Ziele erweitert. Dann erfassten wir gemeinsam den besonderen Nutzen der Geräte mit allen Angeboten und die Kompetenzen aller Teilnehmer.

Die Analyse der ersten Erfolgs-Säule

Als Erstes analysierten wir alle bisherigen und potenziellen Zielgruppen. Dabei war wichtig, dass zu jeder Gruppe auch ihre Probleme, Wünsche und Ziele in Kurzbeschreibung erfasst werden. Danach mussten alle Teilnehmer die Energiehöhe hinter den Problemen und Wünschen der jeweiligen Zielgruppe bewerten. Mit dieser Vorgehensweise können die Workshop-Teilnehmer sehr schnell und treffsicher die Energie hinter einer Leidens-Zielgruppe erkennen. Dann beginnt die systematische Suche nach den zukünftigen Kunden, die die höchste Leidensenergie verspüren und damit auch über den größten Handlungswillen verfügen.

> **Jedes Problem einer Zielgruppe kann in eine neue Positionierungsnische führen.**

Die Leidens-Zielgruppe: Menschen mit Rückenschmerzen

Sehr schnell wurde klar, dass es eine gute Chance gab, sich neu zu positionieren. Die notwendigen Kompetenzen und Zielgruppen waren schon immer im Haus vorhanden: Über 90 Prozent der Abo-Kunden kamen wegen ihrer Rückenschmerzen. Aber sie wurden bisher nur als Teilzielgruppe gesehen und mit Rückentrainingskursen angesprochen. Dabei ist dieser Markt für Neukunden riesig. Deutschlandweit haben rund 80 Prozent der Menschen zumindest zeitweise Rückenprobleme. Je nach Alter und Geschlecht leiden 15 bis 25 Prozent unter permanenten und chronischen Schmerzen. Dies war die Leidens-Zielgruppe mit der höchsten Energie. Doch Vorsicht: Sich nur das Mäntelchen eines Rückenexperten umzulegen und alles beim Alten zu belassen, hätte keine Glaubwürdigkeit aufgebaut. Außerdem hätte jeder Wettbewerber mit gleichen oder ähnlichen Geräten die Idee sofort kopieren können.

Die Problem-Dominanz-Analyse offenbart die Energie hinter einem Problem

Die zweite Erfolgs-Säule

Die Energie hinter den Problemen, Wünschen und Zielen der potenziellen Kunden ist ein wichtiger Navigator. Menschen mit Rückenproblemen leiden oft den ganzen Tag und bei jeder Bewegung unter Schmerzen. Die Gedanken an ihre Situation haben einen dominierenden Raum in ihrem Kopf eingenommen, ihr Körper steckt in einem motorischen Gefängnis. Die permanente Schonhaltung und die Angst vor dem Schmerz bei jeder Bewegung rauben jegliche Energie.

Deshalb musste jeder Teilnehmer aus seiner Sicht und Erfahrung alle faktischen und emotionalen Probleme, Wünsche und Ziele der Menschen mit Rückenschmerzen beschreiben. Dabei wurden auch die Probleme der Angehörigen, Handicaps in der Freizeit und besonders die Ängste um den Arbeitsplatz analysiert. Wir sammelten Informationen über die unterschiedlichen Ausprägungen von Rückenschmerzen und die verschiedenen Ursachen des Leidens.

Die bedarfsorientierte Alleinstellung und Innovation

Um eine klare Expertenpositionierung erarbeiten zu können, analysierten wir alle aktuellen Studien zum Thema Rückenleiden. Dabei **Die dritte Erfolgs-Säule** fiel uns eines auf: Krankengymnastik, Muskelaufbautraining und die meisten anderen Konzepte zur Behandlung von Rückenproblemen waren sehr einseitig ausgerichtet. Dabei haben Rückenschmerzen fast immer mehrere Auslöser. Wichtige Ursachen sind zum Beispiel permanenter Stress, psychische Probleme, Muskelverspannungen, Nervenblockaden, Haltungsschäden oder widrige Umgebungsbedingungen. Wissenschaftliche Erkenntnisse aus der Ursachenforschung haben gezeigt, dass ein Erfolg bei der Therapie von Rückenschmerzen nur über eine ganzheitliche Vorgehensweise erreicht werden kann. Darin lag die Chance für Physio Aktiv. Das Studio konnte sich von den oberflächlichen Rückenbehandlungen abheben, indem es eine höherwertige und ganzheitliche Lösung mit medizinischem Anspruch anbot. Deshalb entwickelten wir ein ganzheitliches Systemangebot. Neben der üblichen Rückenschule und dem Krafttraining spielten das Mentaltraining, physikalische Reize zur Aktivierung des gesamten Stoffwechsels und ein Nachhaltigkeitsprogramm zur Sicherstellung des schmerzfreien Zustands eine wichtige Rolle.

Ist die Zielgruppe vernetzt?

Kommen wir jetzt zu einem Problem, das die meisten Unternehmer ständig beschäftigt: Wie gewinne ich neue Kunden? Deswegen stellt sich bei der Zielgruppenfindung immer eine ganz wichtige Frage: Ist die Zielgruppe vernetzt? Eine gute Vernetzung kann sehr viel Arbeit und Geld bei der Neukundengewinnung ersparen. In der Energie-Resonanz-Positionierung steht durchgängig die Frage im Raum: Wie erreiche ich mit wenig Aufwand eine schnelle Durchdringung und eine maximale Rückkopplungs-Energie aus dem Markt? Werbung bedeutet immer, Geld für Maßnahmen auszugeben. Viel wichtiger ist allerdings, dass andere Sie empfehlen. Das hat eine viel höhere Glaubwürdigkeit als jeder Versuch, sich selbst anzubieten. Was die Zielgruppe der Menschen mit Rückenschmerzen besonders interessant macht ist, dass sie mit wichtigen Meinungsführern und Empfehlern in Kontakt steht, z. B. mit Ärzten, Krankenkassen und Arbeitgebern. Wenn Sie die Interessen dieser Experten und Meinungsführer berücksichtigen und sie glaubwürdig überzeugen können, ist die Neukundengewinnung automatisch gesichert. Jetzt erkennen Sie auch, welche bedeutende Stellung die unverschämten Ziele haben: Wir wollen, dass Zielgruppen- und Auftragsbesitzer für uns neue Kunden akquirieren. Wir wollen Neukunden zum Nulltarif.

Ein System mit automatischer Neukundengewinnung

Um die Empfehler und Meinungsführer gleich mit ins Boot zu holen, haben wir bei Physio Aktiv die ärztliche Voruntersuchung und am Ende eine ärztliche Erfolgskontrolle gleich in das System integriert. Gemeinsam entwickelten wir ein medizinisch fundiertes „8-Schritte-Rücken-Intensiv-Programm", das die Problematik ganzheitlich aufgriff. Jetzt hatten wir noch ein anderes wichtiges

Problem zu lösen, an dem viele Konzepte scheitern: die Kompetenz-Zuweisung. Damit die Orthopäden ihren Patienten das 8-Schritte-Programm empfehlen konnten, musste es eine sehr hohe Glaubwürdigkeit – einen Goldstandard – haben.

Das Problem war, dass Herr Seidel lediglich eine Ausbildung als Physiotherapeut besaß. Welcher Arzt würde ihm die Kompetenz zuweisen, dass er ein Rückenspezialist ist, der auf Basis internationaler Studien ein ganzheitliches, medizinisch fundiertes 8-Schritte-Rücken-Intensiv-Programm entwickeln kann? Hier war klar, dass nur über eine intelligente Co-Brandingstrategie eine hohe Kompetenz-Zuweisung zu erreichen war. Während der Entwicklungsphase absolvierten die Mitarbeiter von Hartmut Seidel deshalb eine Rückenschulausbildung in der Schmerzambulanz der Universitätsklinik Göttingen. Dabei stellte Herr Seidel dem Leiter des Instituts, Professor Jan Hildebrand, sein neues Programm vor. Als führender Experte für Rückenschmerzen war er davon begeistert, gab uns noch wichtige Hinweise und erklärte sich bereit, mit seinem Namen hinter dem Programm zu stehen.

Nachdem wir alle Nutzenargumente klar herausgestellt hatten, produzierten wir eine vierfarbige Zeitung mit der zentralen Aussage „Nie wieder Rückenschmerzen!" Der Text verriet, dass das Programm in Zusammenarbeit mit Professor Jan Hildebrand erarbeitet war. Dadurch hatten wir eine enorm hohe Kompetenz-Zuweisung bei allen Medizinern erreicht und so die Basis für Weiterempfehlungen geschaffen. Als Nächstes beschäftigte uns die Frage, ob wir den Namen des Unternehmens ändern sollten. Physio Aktiv war in der Region bereits ein bekannter Name, aber die Kompetenzschublade war mit den alten Angeboten belegt. Eine alte Schublade mit neuen Inhalten zu füllen, ist schwierig und aufwändig. Um die Neupositionierung klar zu dokumentieren und nach außen zu signalisieren, wurde das Unternehmen deshalb umbenannt. Es heißt nun RückenVital-Zentrum Bad Laer.

Energiequelle: Die Rückkopplungsenergie aus dem Markt

Auch beim nächsten Schritt spielt ein unverschämtes Ziel eine wichtige Rolle: Die Medien sollten von sich aus über uns berichten. Wann würden sie das auf jeden Fall tun, wann nicht? Sie berichten immer dann, wenn Sie als der Spezialist erkannt werden und einen zwingenden Nutzen anbieten. Zwei Wochen vor der großen Eröffnungsfeier verteilten wir die RückenVital-Zeitungen an etwa 25.000 Haushalte, Arztpraxen, Apotheken, Einzelhändler und Zielgruppennetzwerke. PR-Berichte erschienen in allen wichtigen Tages- und Wochenzeitungen. Wir verschickten persönliche Einladungen an Journalisten, Ärzte, Apotheker, Bürgermeister und andere Multiplikatoren. Die Neueröffnung wurde ein sensationeller Erfolg. Am ersten Tag kamen mehr als 1.300 Interessenten. Am zweiten Tag konnte das Unternehmen bereits 40 Prozent mehr Neukunden verbuchen. Nach einer Woche waren alle Seminare über sechs Monate im Voraus ausverkauft. Zeitungs-, Radio- und TV-Berichte machten das Unternehmen in wenigen Tagen zum Gesprächsthema Nummer 1 in der Region. Aufgrund des enormen Erfolgs wurde das RückenVital-Zentrum Bad Laer für den Großen Preis des Mittelstandes („Oskar für den Mittelstand") nominiert, der als Deutschlands wichtigster Wirtschaftspreis gilt. Der neue Name und das 8-Schritte-Rücken-Intensiv-Programm lösten eine hohe Energie-Resonanz aus.

Schauen wir uns nochmals die wichtigsten Stellschrauben dieser erfolgreichen Positionierung an. Die Recherchen zeigten klar, dass es viele Ursachen für Rückenschmerzen gibt und eine einseitige Behandlung durch Krafttraining nicht zu dem gewünschten Erfolg führen kann. Diese Erkenntnis führte zwingend zu einer Systemlösung, in der alle Ursachen berücksichtigt werden. Daraus entstand das 8-Schritte-Rücken-Intensiv-Programm. In dieses System integrierten wir gleich die Strategie der Neukundengewinnung über die Ärzte. Um unsere unverschämten Ziele zu erreichen, setzten wir eine automatische Sogwirkungsenergie frei. Dazu mussten wir die höchste medizinische Kompetenz, die Ärzte, überzeugen aktiv zu werden. Herr Seidel als Physiotherapeut stand in deren Kompetenzrangliste weit unter dem Fachmediziner. Die Co-Brandingstrategie mit Professor Jan Hildebrand, einem der angesehensten Experten für Rückenprobleme, sorgte für die hohe Glaubwürdigkeit des Systems. Selbst die einheitliche Kleidung der Mitarbeiter wurde den Spielregeln der neuen Positionierung angepasst. Trugen Sie vorher Orange, so betreuten sie ihre Kunden jetzt auch in Weiß – klassische Farbe der Mediziner.

Teilangebote als Trojaner

Das nächste unverschämte Ziel war, ein passives Einkommen bzw. eine Flatrate zu generieren. Statt erneut die Zielgruppe von monatlichen Beiträgen zu überzeugen, boten wir anfangs Kurse für die unterschiedlichen Teilzielgruppen an. Zum Beispiel Abendkurse für tagsüber arbeitende Menschen, Morgenkurse für Mütter, deren Kinder in einem separaten Spielraum betreut wurden, bis hin zu Drei-Wochen-Urlaubs-Kursen. Die Kurse waren von den Kosten und vom Zeitaufwand überschaubar und nahmen die Angst sich langfristig zu binden. Weiterer Vorteil: Die Kunden erlebten nach kurzer Zeit die ersten Erfolge. Sie waren deshalb viel einfacher von der Notwendigkeit eines kontinuierlichen Trainings zu überzeugen. Der letzte Schritt im System war die Nachhaltigkeit. Nach einer erneuten ärztlichen Untersuchung wurde empfohlen, den erreichten Zustand durch ein monatliches Abo aufrechtzuerhalten – natürlich zu höheren Preisen als in einem normalen Fitness-Studio. Damit hatte das Unternehmen eine höhere Wertschöpfung je Kunden erreicht.

Wie man Preisgespräche in Verlustangst umwandelt

Herr Seidel und alle Mitarbeiter vom RückenVital-Zentrum Bad Laer waren begeistert von der neuen Positionierung. Sie waren hoch motiviert und freuten sich auf die Eröffnung. Nur vor einem hatten alle noch eine tief sitzende Angst: Wie sollten sie die scheinbar hohen Kosten für ihre Kurse „verkaufen"? Zwei Wochen vor der Eröffnung setzen wir uns zusammen. Ich erinnerte sie an das unverschämte Ziel „Wir wollen keine Preisgespräche mehr führen" – und brachte ihnen bei, wie sie Preisdiskussionen sehr schnell umgehen konnten. Sie setzten das Gelernte mit viel Begeisterung um. Eine Mitarbeiterin rief mich eine Woche nach der Eröffnung an und erzählte von ihrem Erfolg: „Eine junge Frau meinte, nachdem ich den Nutzen ausführlich beschrieben hatte, dass ihr der Kurs zu teuer sei. Darauf habe ich geantwortet: ,Machen Sie sich jetzt keine Gedanken über den Preis. Die Kurse sind für die nächsten sechs Monate restlos ausgebucht. Bis dahin haben sie noch viel Zeit darüber nachzudenken.' Dieses Entzugsgespräch und das Knappheitsprinzip wirkten sofort. Die junge Frau gestand, dass sie wegen ihrer Eltern da war, die dringend nach einer geeigneten Therapie suchten. Jetzt ging es um die Frage, ob es nicht eine Möglichkeit gab, früher anzufangen als in einem halben Jahr. Der Preis stand überhaupt nicht mehr im Vordergrund." Das Beste daran: Das RückenVital-Zentrum hatte tatsächlich bereits nach einer Woche Wartezeiten von sechs Monaten. Weitere Informationen zu diesem Thema finden Sie im letzten Kapitel dieses Buches bei der Energiequelle „Entzugsgespräche".

„Als wir durch eine Angebotserweiterung in eine Austauschbarkeitsfalle gerieten und fast die Hälfte unserer Kunden verloren hatten, gewannen wir nach der Neupositionierung innerhalb von zwei Tagen 40 Prozent mehr Neukunden. Wir danken Ihnen, Peter Sawtschenko."

Hartmut Seidel, RückenVital-Zentrum Bad Laer
(www.rueckenvital.de

Konsequente Weiterentwicklung Das Beispiel von Hartmut Seidel zeigt: Der erste Schlüssel zum Erfolg liegt nicht in der Erweiterung des Angebots, sondern in der Konzentration auf die aussichtsreichste Leidens-Zielgruppe und in der Spezialisierung. Es zeigt auch, dass eine gute Idee allein nicht ausreicht, um eine hohe und weit sichtbare Strahlkraft zu entwickeln. Besonders kleine Unternehmen leiden darunter, dass ihnen niemand eine hohe Lösungskompetenz zuweist. Deshalb ist es wichtig, mit einer intelligenten Co-Brandingstrategie eine glaubhafte Kompetenz-Zuweisung zu erreichen.

Mit der Einstellung „Wir müssen alles anders machen, aber wollen nichts verändern" bleiben Sie bereits im Ansatz stecken und stehen sich nur selbst im Weg. Wenn Sie sich in einem inflationären Anbietermarkt bewegen, weil an jeder Ecke ein Wettbewerber das Gleiche anbietet, wie z. B. bei Fitnessstudios, Apotheken, Heilpraktikern, Friseuren oder Finanzberatern, bringt es Ihnen nicht viel, der Beste, Sympathischste und Freundlichste zu sein. Irgendwann taucht ein Wettbewerber auf der noch besser, sympathischer und freundlicher ist. Aus der Gefahrenzone bringt Sie nur eine klare Positionierung und Spezialisierung, mit der Sie sich von Ihren Wettbewerbern absetzen.

Nichts bleibt, wie es ist, alles wird sich verändern

> **Unverschämte Ziele durchbrechen die alten Denkblockaden und steigern signifikant das Kreativitätspotenzial.**

Die letzte Hoffnung für das Regenbogenhaus

Das folgende Praxisbeispiel gehörte ebenfalls zu meinen schwierigsten Fällen. Ohne den Glauben an die unverschämten Ziele und daran, dass es immer eine Lösung geben muss und dass alles möglich ist, hätten wir hier alle das Handtuch geworfen. Das Regenbogenhaus ist ein Kinder- und Jugendheim im Odenwald. Die Sparmaßnahmen der öffentlichen Hand brachte die Einrichtung in eine äußerst bedrohliche Situation. Da ein Heimplatz viel Geld im Monat kostet, wägen die Jugendämter sehr sorgfältig ab, ob nicht auch eine Unterbringung zu Hause vertretbar ist. So bekam das Regenbogenhaus kaum noch Kinder. Die Hälfte der Einrichtung stand leer, die Liquidität reichte gerade noch für ein Jahr und der Großteil der Mitarbeiter sollte entlassen werden.

Rettung eines Kinder- und Jugendheims

Nach einem Vortrag sprach mich der Heimleiter an. Herr Schönemann schilderte mir kurz die Situation und wollte wissen, ob ich ihm helfen könnte. Uns beiden war klar, dass es schwierig werden würde, eine Lösung zu finden. Im Workshop konnten wir kein Alleinstellungsmerkmal in der Kernkompetenz finden. Da auch alle Spezialisierungsideen weder finanziell noch zeitlich realisierbar waren, setzten wir unsere ganze Hoffnung auf Gespräche mit den Jugendämtern. Wir fragten viel und hörten sehr genau zu, um herauszufinden, was den Sozialarbeitern die größten Probleme bereitete. Aber: Wir bettelten nicht um Aufträge. Dadurch entstand eine angenehme Atmosphäre und wir brachten einige wichtige Dinge in Erfahrung. Man sagte uns, dass der Odenwald für die Ämter viel zu weit entfernt läge und die Behördenmitarbeiter die Kinder daher auf näher liegende Heime verteilten.

Die Energie der inoffiziellen Entscheider Aufschlussreich waren die Informationen über Kinder, die von der Polizei zwangseingewiesen werden sollten. Die Kinder dachten, das Jugendheim sei eine Art Strafanstalt. Deshalb drohten sie damit, sofort wieder abzuhauen. Das brachte jede Menge Aufregung, Ärger und Papierkram für die Sozialarbeiter mit sich. Genau das wurde der Ansatz, um das Regenbogenhaus zu retten. Wir mussten den Sozialarbeitern helfen, die Kinder von einer Einweisung zu überzeugen. Uns wurde mit einem Schlag klar: Nicht das Jugendamt und dessen Mitarbeiter waren unsere vorrangige Zielgruppe, sondern die Kinder waren unsere Energiequelle und Leidens-Zielgruppe. Deshalb druckten wir auf dickem Karton eine kunterbunte A4-Broschüre über das Regenbogenhaus. Dort waren die vielfältigen Freizeittätigkeiten der Kinder zu sehen: Kanufahren, Klettern, Lagerfeuer. Wir zeigten Jungen und Mädchen, die frech und selbstbewusst die Zunge herausstreckten. Bilder und Texte wurden per Handarbeit in die Broschüre eingeklebt. So entstand eine Art Fotoalbum, das zeigte, wie viel Spaß Kinder im Regenbogenhaus haben konnten. Die Broschüre informierte zudem über die Rechte und Pflichten der Kinder im Regenbogenhaus und darüber, wie viel Taschengeld sie bekommen würden.

Wenn die Kinder sich mit Händen und Füßen gegen eine Einweisung in eine „Strafanstalt" wehrten, so sollte die Broschüre sie motivieren, doch noch einzuwilligen. Nach dem Motto: Wenn ich ins Regenbogenhaus darf, bin ich einverstanden. Der Erfolg war so groß, dass die Broschüre oft und gerne von den Sozialarbeitern genutzt wurde. Innerhalb von nur fünf Monaten war das Regenbogenhaus überbelegt. Als ich Herrn Schönemann fünf Jahre später auf einer Veranstaltung traf, berichtete er mir, dass die Strategie immer noch erfolgreich und das Haus immer noch komplett ausgelastet sei. Auch in diesem Beispiel war alles Wichtige schon da – wir müssen nur lernen, es zu sehen. In diesem Fall ging es um eine inoffizielle Zielgruppe, die – obwohl sie auf den ersten Blick über gar keine Entscheidungsmacht verfügt – zu einer erfolgreichen Positionierung führte.

> „Die Sparmaßnahmen der öffentlichen Hand haben uns in eine existenzbedrohliche Situation gebracht. Durch die Sachkompetenz von Herrn Sawtschenko, sein breites Allgemeinwissen und die Fähigkeit, sich auch in diesen nicht industriellen Arbeitsbereich hineinzuversetzen, ist es gelungen, unsere Arbeit anschaulich und überzeugend darzustellen. Bis heute, also fünf Jahre später, haben wir noch immer eine Vollauslastung unserer Einrichtung. Die Positionierungsstrategien funktionieren in jeder Branche und lassen sich auch im sozialen Bereich anwenden."
>
> Heinz Schönemann, Kinder- und Jugendheim Regenbogenhaus

Was lernen wir aus dem Beispiel? Im Nachhinein ist alles logisch und nachvollziehbar. Doch das alte Businessdenken reichte auch in diesem Fall nicht aus. Das alte Denkmuster wäre gewesen: Die Behörde bezahlt, also sind die Mitarbeiter der Behörde die entscheidende Zielgruppe. Erst dadurch, dass wir uns mit den Problemen der Sozialarbeiter beschäftigten, kamen wir auf die zweite Zielgruppe – die Kinder. Wir haben die Sozialarbeiter von der Zusammenarbeit überzeugt, weil wir ein lebenswertes Haus für ihre Klientel präsentierten und das Vorurteil der Kinder aufbrechen konnten, dass es sich bei Kinderheimen um eine Art Gefängnis für junge Menschen handelt. Die Sozialarbeiter waren deshalb relativ sicher, dass die

Kinder nicht heimlich aus dem Heim verschwinden und ihnen zusätzliche Sorgen und Arbeit machen würden. Durch mehr Werbung oder mehr Vertriebsgespräche hätten wir die amtlichen Barrieren niemals überwunden. Wichtig war hier, dass wir die faktischen und emotionalen Probleme jeder Zielgruppe gelöst haben.

> **Die Hilflosigkeit ist die Schwester der Verzweiflung, und die alten Glaubenssätze sind die Brüder der falschen Hoffnung.**

Wir wollen, dass unsere Kunden unsere Werbung bezahlen

Stellen Sie sich jetzt das nächste unverschämte Ziel vor. Ein Marketingverantwortlicher fordert von seiner Werbe- oder PR-Agentur, dass Kunden nur noch zum Nulltarif gewonnen werden sollen. Mehr noch: Wenn Informationsunterlagen gebraucht werden, soll der Kunde auch noch die Kosten dafür übernehmen. Diese Herausforderung bedeutet: Wenn wir am Ende Werbemaßnahmen benötigen, dann müssen diese Informationen so wertvoll und interessant sein, dass sie nicht als Werbung wahrgenommen werden und die Zielgruppe sogar bereit ist, dafür Geld auszugeben. Das wäre traumhaft, oder? Auch hier gilt: Solange Sie dieses unverschämte Ziel nicht definieren, werden Sie auch keine Lösung dafür suchen. Dieses unverschämte Ziel ist die einzige Chance, wenn ein Unternehmen aus Liquiditätsgründen keine andere Möglichkeit hat, um seine Zielgruppe zu erreichen. Ein Beispiel dafür ist der Schuhhersteller „Der kleine Muck".

Die Trojanerstrategien für die Zielgruppe mit der höchsten Energie Das Unternehmen „Der kleine Muck" befand sich in einer Finanzkrise und hätte sich eigentlich gar keine Werbung leisten können. Als letzte Rettung sprach mich die Geschäftsleitung an und wollte wissen, ob es möglich sei, mit 25.000 Euro die Marke beim Handel und den Endkunden zu stärken. Ein Tropfen auf den heißen Stein, werden Sie denken. Nicht, wenn Sie die Energien der Zielgruppen analysieren. Die Zielgruppe von Kinderschuhen sind die Kinder selbst. Doch die Eltern treffen die Entscheidung, dass ein Kind neue Schuhe benötigt. Sind sie erst einmal im Schuhgeschäft, haben Kinder aber ihren eigenen Geschmack.

Der Weg zu den Eltern und Kindern

Billige Schuhe mit schlechtem orthopädischem Fußbrett, falsch bemessener Abrolllänge und Weite können bei Kindern zu Langzeitschäden führen. Da wir für den „Kleinen Muck" zuvor eine neue 3D-Passform-Garantie entwickelt hatten, mussten wir einen Weg finden, wie wir diese Botschaft an die Eltern bringen. Steht ein Schuh im Regal, hat der Handel alles an Werbung entfernt, was das Design stört. Die Schuhkartons bleiben meist im Lager. Hier war die Frage: Wie schaffen wir es, dass die Eltern die wichtige Information zur Passform-Garantie auf jeden Fall erhalten? Von den Zielgruppen Eltern, Handel und Kinder hatten die Kinder das höchste Energielevel. Kinder sind neugierig und schnell zu faszinieren. Zudem konnten wir durch den Namen „Der kleine Muck" auf das bekannte Märchen aufbauen – eine ideale Voraussetzung.

Mit dem Zaubermalbuch zu einer hohen Energie-Resonanz

Bei der Suche nach etwas Besonderem kam uns eine neue Entwicklung entgegen: Das Zaubermalbuch. Ein bekannter Illustrator skizzierte die Märchenmotive als Strichzeichnung, in die wir dann Lebensmittelfarben integrierten. So konnten die Kinder nur mit Wasser und Pinsel zur Überraschung aller die tollsten Farben auf das Papier zaubern und die Motive ausmalen. Auf der linken Seite des Malbuchs standen für die Eltern alle wichtigen Informationen zu den Schuhen. Auf der rechten Seite waren die Zaubermotive aus dem Märchen „Der Kleine Muck" mit Texten zum Vorlesen. So hatten wir die Chance, dass sich Eltern und Kinder gemeinsam mit

Werbung zum Nulltarif

89

dem Zaubermalbuch beschäftigten. Nachdem wir den Handel überzeugt hatten, dass wir mit dem neuen Zaubermalbuch bei Kindern und Eltern eine hohe Resonanz auslösen würden, waren sie gerne bereit, sich an den Kosten zu beteiligen. Damit war die Finanzierung und Werbung zum Nulltarif gesichert.

Mit einem relativ geringen Budget schafften wir es, innerhalb kürzester Zeit über die Läden und Mund-zu-Mund-Propaganda eine enorme Handlungs- und Kaufenergie auszulösen. Das Zaubermalbuch wurde ein echter Renner, sodass wir mit dem Nachdrucken oft nicht hinterherkamen. Die Kinder erzählten anderen Kindern, dass sie zaubern konnten, und lösten damit eine regelrechte Nachfragelawine aus. Insgesamt wurden mehr als 400.000 Zaubermalbücher an den Handel verkauft. Dieses Beispiel zeigt: Wenn der Nutzen stimmt, sind andere gerne bereit sich zu beteiligen. Statt mit teurer Werbung, Beilagen im Karton oder Anhängern an den Schuhen, erreichten wir die Eltern über einen intelligenten Trojaner.

> Wer seine unverschämten Ziele nicht beschreibt, wird auch nicht danach suchen.

Werte und Lebensqualität

Unverschämte Ziele und Werte hat der Unternehmer auch für sich selbst. Sie haben Auswirkungen auf seine Lebensqualität und auch auf die Lebensqualität seiner Familie und Mitarbeiter. Vor allem bei Unternehmern, die in eine Krise geraten sind, verschlechtert sich die Lebensqualität oft drastisch. Hier spielt die Sinnfrage eine genauso wichtige Rolle wie die Fragen: Wie und wieviel möchte ich in Zukunft arbeiten? Was will ich nie mehr tun? Die Antworten darauf sind wichtige Leitplanken im Neupositionierungsprozess. Bei der Frage, wie viel Urlaub der Inhaber haben möchte, kommt oft die Antwort „vier Wochen" oder „zweimal 14 Tage im Jahr wären schön". Ich lasse dann immer „mindestens sechs Monate" auf das Ziele-Chart schreiben. Es geht aber nicht darum, dass der Inhaber sechs Monate in Urlaub fahren soll. Was zählt ist, Strukturen zu schaffen, mit denen der Unternehmer mindestens ein halbes Jahr ausfallen kann, ohne dass die Firma dadurch gefährdet wird. Das zwingt dazu, Systeme zu schaffen, den Wertschöpfungsprozess zu verbessern und passives Einkommen zu generieren.

Wer in dieser wichtigen Phase seine persönlichen Ziele und Werte nicht neu definiert, bleibt möglicherweise immer der Gefangene seines Unternehmens und der Sklave seiner alten Glaubenssätze. Besonders dramatisch kann es sein, wenn neue Ziele in eine noch tiefere Abhängigkeit führen. Nutzen Sie die Energiequelle „Unverschämte Ziele und Werte", um in der Neupositionierung Unliebsames zu verändern und alten Ballast abzuwerfen. Alles, was in dieser Phase nicht erfasst wird, kann im gesamten Positionierungsprozess nicht berücksichtigt werden.

Positionierung ist kein Hexenwerk

Wenn in einem Workshop mit einem Unternehmen alle Ziele erfasst sind, frage ich in die Runde, wieviel Prozent der Ziele wir wohl am Ende erreichen werden. Die Schätzungen liegen meistens bei 30 bis 50 Prozent. Allerdings schmunzeln viele Teilnehmer, weil sie glauben, dass ich schon irgendwie dafür sorgen werde, dass wir mehr realisieren können. Diese falsche Hoffnung stelle ich allerdings sofort klar. Was am Ende bei einem Workshop herauskommt, hängt von den Teilnehmern ab – davon, wie kreativ sie mitarbeiten, wie engagiert sie lernen, ihr Wissen einbringen und wie offen sie für Veränderungen sind. Ich schließe nur neue Türen auf und helfe, die Chancen und Möglichkeiten zu sehen. Mein Ziel ist es, dass die Teilnehmer selbst zu Positionierungsexperten werden und auch andere Geschäftsbereiche selbstständig weiterentwickeln können. Daher ist es mir sehr wichtig, dass Sie die Spielregeln der Energie-Resonanz-Positionierung verstehen, beherrschen und Ihre unverschämten Ziele erreichen.

Überraschende Ergebnisse

In der Regel entwickelt sich eine unglaubliche Eigendynamik. Doch erst am Schluss, wenn alle erarbeiteten Energiequellen den Veredelungsprozess und den Energie-Resonanz-Prüfstand durchlaufen haben, offenbaren sich alle Erfolgspotenziale und Denkfehler. Am Ende sind die Ergebnisse meist verblüffend einfach. Und für das Unternehmen ist es eine Erleichterung, endlich einen Weg gefunden zu haben, um sich dem Marktdruck zu entziehen. Besonders spannend wird es, wenn wir uns zum Abschluss des Workshops noch einmal die unverschämten Ziele ansehen, die wir ganz am Anfang festgelegt haben. Wir gehen dann jedes einzelne Ziel durch – jeder Teilnehmer muss dazu sagen, ob er glaubt, dass wir das Ziel erreichen können, wenn alle Schritte aus dem anschließenden Projektmanagement umgesetzt sind. Es ist dann eine so hohe Energie im Raum, dass es regelrecht knistert. Bei Gruppen, die die Energieprinzipien verstanden haben, werden in der Regel zwischen 90 und 99 Prozent der Ziele als erreichbar eingeschätzt. Wenn ich dann leuchtende Augen sehe, bin ich glücklich und erleichtert. Auch ich weiß nie, welche Ergebnisse bei einem Workshop herauskommen – das ist für mich aufregender als ein Krimi. Und es ist verblüffend, wie viele Nischen darauf warten, entdeckt zu werden. Die meisten Nischen und Alleinstellungspotenziale sind da, man muss nur lernen, sie zu sehen. Die Energie-Resonanz-Positionierung macht Sie zu einem Pionier in Ihrer Branche. Ein amerikanischer Marketingexperte sagte einmal auf einem Kongress: „Positionierung ist das erfolgreichste Marketing auf unserem Planeten."

Wichtige Tipps und Denkanstöße zur Energiequelle Unverschämte Ziele und Werte

■ Setzen Sie sich unverschämte Ziele. Es geht hier nicht darum, mehr Kunden, mehr Umsatz oder einen höheren Deckungsbeitrag zu erreichen. Vorrangig geht es darum, die Sogwirkung auf Ihr Unternehmen bzw. Ihre Angebote zu steigern. Dann erreichen Sie die anderen Ziele automatisch.

■ Wenn Sie ein unverschämtes Ziel nicht beschreiben, werden Sie auch nicht nach einer Lösung suchen.

■ Beschreiben Sie immer erst einen traumhaften Zustand und suchen Sie dann erst den Weg dorthin.

■ Übernehmen Sie die unverschämten Ziele aus dem Anfang des Kapitels. Sie sind die Basis in allen meinen Workshops.

■ Unverschämte Ziele erhöhen signifikant das Kreativitätspotenzial und führen Sie in die Tiefen Ihrer Branche. Denn: In jeder Branche gibt es nach wie vor viele unentdeckte Nischen, Alleinstellungen und Innovationspotenziale. Selbst in Krisenzeiten tun sich ständig neue Chancen auf.

■ Verlassen Sie Ihr Branchengefängnis. Durchbrechen Sie alte Glaubenssätze, wie: „Das haben wir immer so gemacht. Das machen andere auch. Anders geht es nicht und deswegen kann ich nicht nach neuen Möglichkeiten suchen."

■ Wenn Sie ein Gefangener und Sklave Ihres Unternehmens sind, beschreiben Sie, wie Sie in Zukunft leben und arbeiten wollen. Stellen Sie dabei Ihre persönlichen Ziele und Werte in den Vordergrund.

■ Werden Sie Unternehmer. Schaffen Sie Strukturen in Ihrem Betrieb, damit er auch ohne Sie funktionieren kann.

93

An welchen Stellschrauben aus der Energiequelle „Unverschämte Ziele und Werte" müssen Sie noch arbeiten? Was wollen Sie in Zukunft konkret verändern? Listen Sie hier bitte alle To-dos auf.

_____

_____

_____

_____

_____

_____

_____

_____

_____

_____

_____

Der Energie-Resonanz-Navigator

Wie Sie selbst zu einem
Positionierungs-Experten werden

Bevor ich mit Ihnen in das nächste Kapitel einsteige, lassen Sie uns einen Zwischenstopp einlegen. Die meisten meiner Anfragen waren Krisenfälle, in denen wir schnell eine Lösung finden mussten. Dadurch war ich gezwungen, ein System zu entwickeln, mit dem ich mit Unternehmen in nur wenigen Tagen Hunderte von relevanten Informationen, Zukunftspotenziale und Ideen zusammentragen und schnell eine Entscheidungsbasis schaffen konnte. Aufgrund meiner praktischen Erfahrung habe ich daraus den Energie-Resonanz-Navigator mit allen notwendigen Bausteinen entwickelt, der zu diesem Buch erscheint. Dort finden Sie alle Praxis-Bausteine, Handlungsanleitungen und notwendigen Unterlagen, die eine sofortige Umsetzung ermöglichen. Es sind die Praxis-Bausteine, mit denen auch ich grundsätzlich arbeite.

Das Energie-Wertmodell

Der Energie-Resonanz-Navigator enthält einen umfangreichen Fragebogen, mit dem Sie am Ende die Energiehöhe und die Erfolgschancen Ihrer Positionierung bewerten können. Dabei beurteilen Sie alle sieben Energiequellen und die drei Erfolgssäulen auf einer Energie-Skala. Hier fließen die verschiedensten Faktoren mit ein – beispielsweise die Anziehungskraft auf die potenzielle Zielgruppe und die Medien, die bisherigen Lösungen im Markt, der Vergleich mit Ihren wichtigsten Wettbewerbern, die Höhe des Nutzens, der Neuheits- und Innovationswert, die Markenenergie oder die interne und externe Kompetenzzuweisung. So bekommen Sie einen Gesamtblick über Ihr Unternehmen und Ihre Angebote. Sie sehen, welche Aspekte Sie bei der Kommunikation in den Vordergrund stellen sollten. Sie erkennen, wo Sie noch Nachholbedarf haben oder wo Sie nur Energie verschwenden.

Die Praxis-Bausteine der Energie-Resonanz-Positionierung

Die Schritte der Energie-Resonanz-Positionierung bauen logisch und nachvollziehbar aufeinander auf. Sie müssen nicht studiert haben und kein Wirtschaftsexperte sein, um Ihre Positionierung zu verbessern. Folgen Sie Ihrem gesunden Menschenverstand, Ihrer Intuition und den einzelnen Bausteinen der Energie-Resonanz-Positionierung. Wenn Sie die richtigen Fragen kennen, finden Sie automatisch die richtigen Antworten. Das belegt auch ein Tagesseminar, das ich mit 20 Mitgliedern eines Unternehmerclubs, durchgeführt habe. Ich beschrieb den Teilnehmern die Krisensituation von olina und stellte ihnen die Aufgabe, die erfolgversprechendste Zielgruppe zu suchen. Keiner kannte das Ergebnis. Je vier Unternehmer arbeiteten an den vorgegebenen Fragen. Am Abend präsentierten die Teams ihre Resultate. Die Überraschung war riesengroß: Alle hatten die Tierbesitzer als energiereichste Zielgruppe herausgefiltert. Als ich ihnen danach den großartigen Markterfolg von olina vorstellte, waren die Teilnehmer begeistert und beeindruckt, wie treffsicher sie mit den Prinzipien der Energie-Resonanz-Positionierung die richtige Zielgruppe entschlüsselt hatten. Deshalb kann ich jedem Unternehmer nur empfehlen, mit der Energie-Resonanz-Positionierung zu arbeiten. Ich bin sicher, dass Sie mit dem entsprechenden Wissen eine tragfähige Neupositionierung für Ihr Unternehmen finden werden. Mehr noch: Ich bin davon überzeugt, dass viele Krisen und Konkurse vermieden werden könnten, wenn Unternehmer mit der Schlüsselkompetenz der Energie-Resonanz-Positionierung arbeiten würden.

> **Wenn Sie die richtigen Fragen kennen, finden Sie auch die richtigen Antworten.**

Wechseln Sie in die Helikopterperspektive

Der Energie-Resonanz-Navigator ist ein ganzheitliches Workshop-System, mit dem Sie aus der Helikopterperspektive Ihre Angebote optimal an die Nachfrage Ihres Markts und Ihrer Zielgruppe anpassen können. Gleichzeitig können Sie bedarfsorientiert neue Geschäftsideen, Produkte und Dienstleistungen entwickeln. Es ist das effektivste und kompakteste System, um neue Chancen zu erkennen und anstehende Bedrohungen schnellstens zu umschiffen. Vor allem vor wichtigen Entscheidungen ist der Energie-Resonanz-Navigator ein wertvolles Hilfsmittel. Damit können Sie Fehlentscheidungen vermeiden, Problemfelder analysieren, interne und externe Engpässe aufdecken und potenzielle Gefahren richtig einschätzen.

Sie haben mehrere Möglichkeiten, mit dem Energie-Resonanz-Navigator zu arbeiten. So können Sie erst einmal selbst den ganzen Prozess durcharbeiten. Sie können frei bestimmen, wann und wie lange Sie sich mit jedem Schritt beschäftigen wollen. Wenn Sie merken, dass Ihre Ausbeute sehr mager ist, kann es gut sein, dass Sie sich selbst im Wege stehen. Dann empfehle ich Ihnen, andere hinzu zu nehmen. Sie brauchen diese Impulse von anderen. Denn eigene unbewusste Komfortzonen, festgefahrene Gedanken, Betriebsblindheit, alte Glaubenssätze, die Angst vor Veränderungen, bisherige Fehlentscheidungen oder sonstige Gründe können dazu führen, dass Sie nur einen Bruchteil der vorhandenen Potenziale sehen können. Wenn Sie zum Beispiel ein Einzelkämpfer sind und fest stecken, nehmen Sie eine oder mehrere vertraute Personen hinzu. Das kann ein Freund, ein guter Kunde oder auch Ihr Partner sein. Sie werden sehen, das eröffnet Ihnen ganz neue Perspektiven.

Es gibt immer mehrere Wege zum Ziel

Wie Sie das Kreativitätspotenzial signifikant steigern

Wenn Sie mehrere Mitarbeiter in Ihrem Unternehmen haben, sollten Sie den Navigator erst allein durchgehen und danach den gesamten Positionierungs-Prozess in der Gruppe erarbeiten. Ob Geschäftsleitung, Produktentwicklung, Einkauf, Marketing, Vertrieb oder Forschung und Entwicklung: Wichtig ist, dass alle Schlüsselpositionen im Unternehmen zusammenarbeiten. Wenn jeder Teilnehmer aus seinem Blickwinkel nach Lösungen sucht, eröffnen sich die unterschiedlichsten Perspektiven und Ideenpotenziale. Falls Sie schnell handeln müssen oder in einer Krise stecken, empfehle ich Ihnen, sich für einige Tage aus dem Unternehmen herauszuziehen und in einem unbelasteten Umfeld alle Schritte nacheinander durchzuarbeiten.

Im Energie-Resonanz-Navigator finden Sie alle wichtigen Hinweise, wie Sie eine Gruppe zusammenstellen, worauf Sie dabei achten müssen, wie viel Zeit Sie einplanen sollten und wie Sie den Prozess erfolgreich moderieren. Damit haben Sie einen Leitfaden, mit dem Sie in zwei bis fünf Tagen einen kreativen und professionellen, aber auch konsequenten Gruppenprozess durchführen können. In einem gruppendynamischen Workshop mit allen Abteilungen ergeben sich auch ganz neue Perspektiven für die interne Zusammenarbeit. Ich erlebe oft, dass erst in den Workshops klar wird, weshalb der Vertrieb manche Produkte nicht so erfolgreich verkauft oder die Marketingleute den Kundennutzen nicht auf den Punkt bringen können. Die Ursache ist meist die mangelnde oder unklare Kommunikation innerhalb des Unternehmens. Deshalb ist der erste positive Effekt in den Workshops schon die Tatsache, dass alle an einem Tisch sitzen und unvoreingenommen miteinander sprechen.

> „Erfolg ist eine Frage der Energie. Es hat mich beeindruckt, zu erleben, was Menschen erreichen können, wenn sie an einem Strang ziehen. Dadurch erhielten die Mitarbeiter eine Vorstellung des Gesamtziels, zu dem sie beitragen und wieder sehen können, was wichtig ist."
>
> Prof. Dr. Heike Bruch, Direktorin am Institut für Führung und Personalmanagement und Ordinaria an der Universität St. Gallen

Wenn Sie Mitarbeiter haben und trotzdem allein an Ihrer Positionierung arbeiten, stehen Sie wahrscheinlich vor einem Problem: Sie werden ein einsamer Missionar sein. Wenn Ihre Mitarbeiter die Schritte und Hintergründe der Positionierung nicht nachvollziehen können, wird keine kollektive Handlungsenergie freigesetzt – und am Ende bleibt alles an Ihnen hängen. Vor allem wenn zwingende Veränderungen anstehen, verzweifeln viele Verantwortliche an der mangelnden Bereitschaft der Mitarbeiter, die neue Ausrichtung mitzutragen. Doch nur wenn die Mitarbeiter verstehen, warum die geplante Umorientierung wichtig ist, kann eine kollektive Motivationswelle das Unternehmen von unten nach oben und von oben nach durchfluten.

> Wenn alle wissen, wohin die Reise geht, kann jeder ein Zugpferd werden.

Die Zukunftschancen finden Sie immer unter der Oberfläche

Eine Vorstellung davon, welche enorme Informationsmenge Sie in wenigen Tagen erarbeiten können und warum die Gruppendynamik so wichtig ist, gebe ich Ihnen mit einem Beispiel. Für eine börsennotierte Aktiengesellschaft arbeiteten wir vier Tage mit zwölf Entscheidungsträgern aus dem In- und Ausland. Der Preisverfall in der gesamten Branche hatte zu einer Krisensituation geführt. Aufgrund der unterschiedlichen Länder, Handelsstrukturen, Planungsgesellschaften und Kooperationen gehörte der Workshop zu den komplexesten, die ich je erlebt habe. Unser Raum im Hotel war etwa 80 qm groß. Nach vier Tagen waren alle Wände von der Decke bis zum Fußboden voller Charts mit Informationen. Alle Informationen zu jedem Baustein waren für jeden sichtbar, sodass jeder im nächsten kreativen Prozess immer wieder darauf zurückgreifen konnte. Am letzten Tag waren alle beeindruckt von den unglaublich vielen, aber strukturierte Informationen, die in dieser Tiefe und Gesamtheit noch nie jemand erarbeitet hatte. Was alle am Ende überraschte: Die Grundidee für die bessere Positionierung hatte bereits am ersten Tag auf dem Chart gestanden. Aber erst durch die unter-

Um die Komplexität zu reduzieren, benötigen Sie viele Informationen.

schiedlichen Sichtweisen und die neuen Ideen konnten wir am Ende ein Alleinstellungs-System entwickeln.

> **Das Wissen des Einzelnen ist wie ein Tropfen in einem Ozean. Gemeinsam können die Tropfen eine Welle auslösen.**

Das Beispiel zeigt, wie wichtig es ist, in einem gruppendynamischen Prozess kreativ und bis in alle Informationstiefen der verschiedenen Bausteine zu arbeiten. Jeder Teilnehmer sollte zu jeder Zeit auf alle erfassten Gedanken zurückgreifen können. Zudem sollte jeder aus seinem Blickwinkel und seinem Verantwortungsbereich nach Lösungen suchen. Vor allem neue Führungskräfte oder Mitarbeiter, die noch frei von unbewussten Komfortzonen, festgefahrenen Gedanken und betrieblichen Traditionen sind, bringen oft interessante Ansätze ein. In so einem Prozess muss jeder Gedanke zugelassen und erfasst werden. Dadurch muss sich jeder mit den Ideen aller anderen beschäftigen. Das erweitert nach jedem Baustein die eigenen Perspektiven und bringt oft überraschende Lösungsmöglichkeiten ans Licht.

Bevor Sie Ihren Workshop starten noch ein wichtiger Hinweis: Achten Sie darauf, dass jeder Teilnehmer dieses Buch gelesen hat, damit alle die Hintergründe und Vorgehensweise verstehen. Mit Wissenden zu arbeiten, ist bedeutend erfolgreicher. Sie können dieses Buch im Buchhandel oder im Internet kaufen. Wenn Sie es direkt unter www.positionierungszentrum.de bestellen, erhalten Sie als Käufer exklusiv als pdf eine kostenlose Kurzübersicht aller Energiequellen und Erfolgs-Säulen zu diesem Buch.

Den Energie-Resonanz-Navigator mit den System-Bausteinen können Sie nur über das „P.ZET.W Positionierungszentrum für die Wirtschaft" beziehen. Mehr dazu erfahren Sie unter: www.positionierungszentrum.de/Navigator

> Der Energie-Resonanz-Navigator füllt die Lücke zwischen allen bisherigen Bewertungstools und Strategien. Er ist das einzige ganzheitliche System, das von der Ideen- und Entscheidungsfindung bis zur Marktdurchdringung alle Positionierungs-Bausteine berücksichtigt.

Viele Unternehmer begehen einen strategischen Fehler, weil sie nicht bereit sind, das eigene Geschäftsmodell zu hinterfragen. Was würde passieren, wenn alle Verantwortlichen aus jeder Abteilung zusammen kontinuierlich am Unternehmen arbeiten, die Positionierung ständig verbessern und weiterentwickeln? Ich bin mir sicher, dass das wie ein Turbolader für Ihr Unternehmen wirken würde. Im Sanierungs- und Restrukturierungsprozess ist es übrigens eine sehr effektive Methode, durch Gruppenarbeit allen Abteilungen und Mitarbeitern die notwendigen Veränderungen zu vermitteln und sie darauf einzustimmen.

Jede Abteilung sollte den Positionierungsprozess beherrschen

Die Erfahrung aus meinen Workshops zeigt: Nach dem Positionierungsprozess verbessert sich in allen Unternehmen die Nutzen-Kommunikation bei allen Werbemaßnahmen und auch im Internetauftritt. Nicht mehr das Angebot, sondern der Nutzen steht jetzt im Vordergrund. Auch das gesamte Marketing profitiert von der schärferen Positionierung. Die Mitarbeiter lernen, mit welchen Strategien sie die Kompetenz-Zuweisung und die Marken-Energie verbessern können. Davon profitiert auch der Vertrieb. Die Verkaufsgespräche der Mitarbeiter werden besser. Die Analyse der Leidens-Zielgruppe, Problem-Dominanz und Alleinstellungsargumente können zu einer deutlich höheren Abschlussquote führen. Darüber hinaus bietet die Positionierung für die Forschung- und Entwicklungsabteilung die idealen Voraussetzungen, um Innovationen gezielt und bedarfsorientiert zu entwickeln.

Wenn Spannungen unter den Abteilungen bestehen

Unabhängig von der Größe leiden viele Unternehmen darunter, dass der Begriff Ab-Teilungen sehr wörtlich genommen wird. Vor allem, wenn Spannungen auftreten, wird hier sehr viel wertvolle Energie vergeudet. In extremen Fällen werden sogar externe Moderatoren beauftragt, um die Kommunikation wieder ins Gleichgewicht zu bringen. Probleme dieser Art können mit der Energie-Resonanz-Positionierung oft gelöst werden. Mit ihr wird ein neues gemeinsames Bewusstsein geschaffen – das ist häufig viel wirkungsvoller als Konfliktbewältigungsstrategien zu lernen oder die Kommunikationskultur wieder auszubalancieren. Die Energie-Resonanz-Positionierung ist gleichzeitig eine wichtige Weiterbildungsmaßnahme. Wenn bei kleineren Unternehmen auch Auszubildende teilnehmen, lernen sie unternehmerisch zu denken und zu handeln. Sie verstehen danach besser die Zusammenhänge im Unternehmen und trauen sich auch mehr zu.

Der Energie-Resonanz-Navigator löst viele weitere Aufgaben und Probleme im Unternehmen

Betrachten wir die unterschiedlichen Gründe, weshalb Unternehmen mich nach Hilfe fragten, dann erkennen wir auch, warum der Navigator ein wichtiges marktorientiertes Management-System ist, mit dem sich gleichzeitig viele Aufgaben und Probleme lösen lassen. Zum Beispiel eine Wertsteigerung vor einem geplanten Unternehmensverkauf – wie im Beispiel von Herrn Allgäuer (olina), der erst nach der Neupositionierung und der Veredelung einen interessanten Erlös erzielte. Immer mehr Investoren nutzten den Positionierungsprozess bei anstehenden Beteiligungen und Übernahmen, um ihre Entscheidungen und die Erfolgsaussichten abzusichern. Sehr viele Anfragen erhalte ich von Unternehmern, die eine neue Geschäfts- oder Produktidee vorab auf den Positionierungsprüfstand stellen wollen. Vor allem im Food-Sektor, der mit einer hohen Floprate zu kämpfen hat, ist dieses Vorgehen stark im Kommen.

104

Über einen 3-Tage-Workshop bei Ihnen mit dem Thema Reha-Sport in Verbindung mit einer altersgerechten Immobiliennutzung habe ich mich erstmalig mit dem Thema Positionierung aktiv beschäftigt. Die Herausarbeitung konkreter Positionierungsstrategien zur Durchsetzung vorher definierter Ziele hat mir gezeigt, dass großes Potenzial im eigenen Unternehmen Jahre lang brachliegen kann, sofern man selber nicht definiert, was man kann, wen man überhaupt ansprechen möchte und wie man diese Menschen erreicht. Die Übertragung dieser mit Ihnen zusammen erarbeiteten Strategien hat sich positiv auf viele Bereiche meines Unternehmens ausgewirkt.

Dr. Ing. René Mertens, Dr. Mertens Ingenieure GmbH

In einer Zeit, in der sich die Märkte immer rascher wandeln, wird Positionierung zur strategischen Daueraufgabe. Positionierung zählt heute zu den erfolgreichsten marktorientierten Unternehmensstrategien. Spätestens wenn ein Wettbewerber Ihr Alleinstellungsmerkmal oder Produkt kopiert oder sogar optimiert, endet die Erfolgsgeschichte. Jeder, der ein Unternehmen führt, braucht deshalb ein Navigationssystem, das ihn zur stetigen Anpassung an die Märkte und Zielgruppen befähigt. Ich empfehle daher, in regelmäßigen Abständen – mindestens einmal im Jahr – an der Positionierung zu arbeiten.

Stellen Sie einmal im Jahr Ihre Positionierung auf den Prüfstand

Der Energie-Resonanz-Navigator eignet sich auch für Dienstleister. Unternehmensberater können bei ihren Kunden mit dem Navigator gezielt an den Potenzialen im Markt arbeiten, statt in Krisen an der Kostenschraube zu drehen. Wenn Sie als Berater die Fähigkeit beherrschen, einen gruppendynamischen Workshop durchzuführen, können Sie mit dem Energie-Resonanz-Navigator neue berufliche Perspektiven für sich entdecken. Wenn Sie an einer Ausbildung zum zertifizierten Energie-Resonanz-Positionierer Interesse haben, senden Sie ein Mail an: www.positionierungszentrum.de/Ausbildung.

Vorteile für viele Berufszweige

Franchisesysteme sind ein wichtiger und wachsender Wirtschaftszweig. Dennoch kämpfen viele hoffnungsvolle Franchise-Ideen ums Überleben oder bleiben auf der Strecke. Besser wäre es auch hier, die Geschäftsidee rechtzeitig auf den Prüfstand zu stellen. Positionie-

Franchisesysteme – ein wachsender Wirtschaftszweig

105

rung ist ein Muss für jeden Franchisegeber in der Gründungs- oder Wachstumsphase. Unerlässlich ist der Energie-Resonanz-Navigator auch, wenn durch starken Wettbewerb, mangelnde Alleinstellung und unzufriedene Franchisenehmer dringender Handlungsbedarf besteht.

Bis zu 80 % aller Neugründungen scheitern Eine Zielgruppe, der ich den Energie-Resonanz-Navigator besonders ans Herz legen möchte, sind die Tausende von Neugründern. Immer noch scheitern erschreckend viele, weil ihnen das nötige Markt- und Positionierungswissen fehlt. Wenn Sie mit dem Energie-Resonanz- Navigator Schritt für Schritt an Ihrer Selbstständigkeit arbeiten, können Sie Ihre Geschäftsidee absichern und Fallen bereits im Vorfeld erkennen. Bis zu 80 % aller Neugründungen müssen in den ersten fünf Jahren aufgeben – doch der wahre Grund für die meisten Schließungen steckt bereits im Businessplan.

Spezialisierung für Werbe- und PR-Agenturen Die beste Werbekampagne wird ein Unternehmen nicht retten, wenn seine Positionierung nicht stimmt. Der Navigator bietet somit auch Werbe- und PR-Agenturen ideale Voraussetzungen, um mit ihren Kunden gemeinsam die Nutzen-Kommunikation, die Markenenergie und die Kompetenz-Zuweisung zu schärfen, die Leidens-Zielgruppen und die Problemlösung auf den Prüfstand zu stellen und neue Wege zur Marktdurchdringung zu finden. Kunden und Agenturen haben dadurch enorme Vorteile. Die Kunden können sicher sein, dass die Maßnahmen erfolgversprechend sind. Und die Agenturen arbeiten professioneller und können sich von ihren Wettbewerbern absetzen.

Profil für Trainer, Berater und Coaches Da viele Unternehmen ihr Weiterbildungsbudget kürzen, bewerben sich immer mehr Trainer, Coaches und Berater um immer weniger Aufträge. So klafft die Schere zwischen Angebot und Nachfrage extrem weit auseinander. Durch ein Überangebot sind die Anbieter erpressbar geworden, sodass sich die Tagessätze zum Teil mehr als halbiert haben. Sich selbst prägnant und glaubwürdig zu positionieren, wird künftig über Erfolg und Existenz von Trainern, Coaches und Beratern entscheiden. Im Beratungs- und Trainerbereich ist es wie in allen anderen Märkten: Trotz Überangebots und Budgetkürzungen herrscht eine große Nachfrage – nach denjenigen, die sich spezialisiert haben.

Positionierung – die Schlüsselkompetenz im 21. Jahrhundert

Egal aus welcher Branche Sie kommen, egal wie groß oder klein Ihr Unternehmen ist: Positionierung ist die Schlüsselkompetenz im 21. Jahrhundert. Allerdings wird dieses Wissen an keiner Universität und in keiner Weiterbildungsstätte praxisorientiert gelehrt. Deshalb nutzen Sie den Energie-Resonanz-Navigator. Werden Sie selbst zum Positionierungsexperten. Lernen Sie, wie Sie Krisen meistern und Ihr Wachstum erfolgreich steuern.

www.positionierungs-zentrum.de

Nutzen-
Kommunikation

**Die schlummernden Goldadern
eines jeden Unternehmens**

Der Unterschied zwischen Nutzen- und Merkmals-Kommunikation ist für den Erfolg Ihres Unternehmens entscheidend. In der Außendarstellung beweihräuchern sich die meisten Firmen selbst. Doch: Das interessiert den Kunden nicht. Er will wissen, welchen Vorteil er hat, wenn er Ihre Produkte kauft. Damit er das erkennt, müssen Sie zielgenau den Nutzen Ihrer Produkte oder Dienstleistungen beschreiben. Wie das geht? Das lesen Sie in diesem Kapitel. Zudem erfahren Sie, wie Sie typische kommunikative Fallen erkennen und sicher umgehen.

Dieses Kapitel geht einer der wichtigsten Ursachen für eine schlechte Auftragslage auf den Grund. Es zeigt Ihnen, warum Sie bei Ihrer Zielgruppe und bei potenziellen Neukunden mit Ihrem Angebot nur eine geringe Resonanz freisetzen. Bevor ich mit Unternehmen die Nutzen-Kommunikation auf den Prüfstand stelle, höre ich sehr oft, dass alle mit tiefer Überzeugung hinter ihren Produkten und Dienstleistungen stehen. Sie wissen sogar, dass sie besser sind als die Mitbewerber. Sie verzweifeln aber daran, dass niemand draußen das erkennt. Nachdem wir die Nutzen-Kommunikation erarbeitet haben, staunen alle, welche Potenziale hier brachliegen. Schlagartig wird ihnen klar, warum die bisherigen Maßnahmen so wenig Erfolg brachten. Nach dieser Phase ändert sich bei allen Unternehmen die gesamte Kommunikation.

Das Geheimnis der Nutzen-Kommunikation

Das Geheimnis der Nutzen-Kommunikation liegt auf der Hand: Ihre Zielgruppe muss sofort die Vorteile Ihres Angebotes erkennen. Oder anders gesagt: Sie verkaufen kein Handy, sondern Erreichbarkeit. Sie verkaufen keine Nachtcreme, sondern Schönheit. Und: Sie verkaufen kein Auto, sondern Freude am Fahren!

Weil kaum ein Anbieter die Nutzen-Kommunikation wirklich beherrscht, können Sie sich mit einer professionellen Ausarbeitung deutlich von Ihren Wettbewerbern absetzen und die Türen zu Ihren vielversprechendsten Zielgruppen öffnen. Marken brauchen Energie. Die Nutzen-Kommunikation ist der Schlüssel zu einer erfolgreichen Markenpolitik, die dem Produkt ein starkes Image, einen guten Ruf und eine hohe Emotionalität verleiht.

Sysmat GmbH: Eine Erfolgsgeschichte wie aus dem Bilderbuch

Das folgende Beispiel steht stellvertretend für viele Betriebe. Das Besondere daran: Das Unternehmen hatte eine Weltalleinstellung, erkannte sie aber nicht. Die Sysmat GmbH beweist, wie viel Resonanz eine gute Nutzenbeschreibung bei den Medien und den Zielgruppen freisetzen kann. Sie zeigt auch, dass Alleinstellungspotenziale in vielen Unternehmen bereits schlummern und nur noch auf die beste Zielgruppe abgestimmt werden müssen.

1994 gründete Rainer Schulz die Firma Sysmat GmbH in Mainhausen. Seine Kernkompetenz: modulare, frei konfigurierbare Standard-Materialflusslösungen zur Steuerung von automatischen Hochregallagern. Aufgrund der hohen Komplexität war die Sysmat-Software nur schwer zu erklären. Das machte die Umwandlungsquote von Anfragen in Aufträge sehr mühsam. Die Werbemaßnahmen beschränkten sich auf eine aufwändige Broschüre, diverse Produktblätter, Anzeigen in Fachzeitschriften und Mailings an potenzielle Kunden. Eine wichtige Präsentationsplattform war ein kleiner Messestand auf der LogiMAT, Europas größter jährlich stattfindender Intralogistikmesse.

Wenn es die Oma versteht, versteht es auch der Manager Nachdem Rainer Schulz einen meiner Vorträge in der Frankfurter Oper gehört hatten, war ihm schlagartig klar geworden, dass seiner Firma etwas Erfolgsentscheidendes fehlte: die richtige Positionierung seiner Software. Deshalb wollte er unbedingt noch vor der Messe einen Workshop mit mir durchführen. Die Sache war extrem eilig – uns blieben nur 14 Tage bis zur LogiMAT. Ehrlich gesagt konnte ich mir nicht vorstellen, dass wir in so kurzer Zeit einen richtigen Energieturbo finden und auch noch alle notwendigen Maßnahmen für die Pressearbeit und den Messestand umsetzen konnten. Dennoch machte ich mich ans Werk. Im Vorfeld des Workshops analysierte ich die bisherigen Kommunikationsmedien und die wichtigsten Wettbewerber. Doch: Ein einmaliger Nutzen und eine klare Alleinstellung waren nicht ersichtlich. Deshalb fragte ich zu Beginn des Workshops gezielt nach. Aber weder Herr Schulz noch seine Mitarbeiter schafften es, die Vorteile ihrer Software kurz und knapp zu benennen.

Interessant war allerdings die bisherige Referenzliste mit namhaften Unternehmen wie DHL, Olympus, Danzas, Intersport, John Deere oder Sharp. Diese Kunden konnten nur durch lange, zähe Verhandlung überzeugt werden. Sobald sie jedoch die Software eingesetzt hatten, waren sie restlos begeistert. Dennoch empfahlen die Kunden die Produkte von Sysmat nicht weiter. Woran lag das? Keiner konnte den Nutzen des Programmes erklären. Das mussten wir ändern! Fast einen Tag lang haben wir alle Software-Bausteine analysiert, mit einfachen Worten zusammengefasst und den Nutzen verständlich auf den Punkt gebracht. Was dabei ans Tageslicht kam, war eine Weltneuheit und Gänsehaut pur: Steuern und Optimieren von komplexen automatischen Anlagen – ohne Programmieren!

Eine echte Weltneuheit

Herrn Schulz war es gelungen, die extrem komplexen Systeme zur Steuerung von automatischen Hochregallagern so zu vereinfachen, dass auch Nicht-Programmierer damit arbeiten können. Sogar bei der Installation sind keine Software-Experten nötig. Ähnlich wie bei einem Bildbearbeitungsprogramm ist alles so vorinstalliert, dass die Software bereits nach wenigen Klicks startklar ist. Zudem können die Anwender der Software von Sysmat den Zeit- und Kostenaufwand für die Inbetriebnahme um bis zu 70 % reduzieren. Spätere Änderungen und Anpassungen sind mühelos möglich. Wir hatten den Energieturbo gefunden! Nach dem letzten Tag des Workshops

113

blieben nur noch zehn Tage bis zur Messe. Aber jetzt konnte ich alle wichtigen Texte für Pressemitteilungen, Broschüre und Messestand diktieren – und das, obwohl ich ein absoluter IT-Laie bin.

Die unglaubliche Resonanz auf und nach der Messe Die Messe wurde ein voller Erfolg. Die wichtigste Fachzeitschrift sicherte sich bereits am ersten Tag drei Exklusivberichte über die einzigartige Software von Sysmat. Drei Statements von Herrn Schulz wurden in der Sonderausgabe zur Messe veröffentlicht. Viele andere Fachjournalisten zogen nach, sodass sich in Windeseile herumsprach, dass es am Sysmat-Stand eine echte Weltneuheit gab. Der Vorstand eines großen Anlagenbauunternehmens brachte den Stellenwert der Alleinstellung mit einem Satz auf den Punkt: „Das ist genau das, worauf die ganze Branche immer gewartet hat." Zwei einfache Zauberworte setzen eine unglaubliche Handlungsenergie frei. Sie lauteten: „ohne Programmieren". Die potenziellen Kunden zeigten bereits während der Messe großes Interesse an der Software. Danach folgten Anfragen aus der ganzen Welt – angefangen bei großen Pharma-Unternehmen bis hin zu Anlagenbauern, die damit liebäugelten, ihre eigene Software gegen die von Sysmat auszutauschen. Von nun an musste Sysmat keine langwierigen Verkaufsgespräche mehr führen, um neue Aufträge an Land zu ziehen. Im Gegenteil: Die Kunden kamen automatisch. In den nächsten Monaten war Herr Schulz rund um die Uhr damit beschäftigt, Angebote zu erarbeiten und seine Software bei den Interessenten zu präsentieren.

„Ohne eine Neupositionierung hätten wir als kleines Unternehmen weiter vor uns hinvegetiert. Dank Peter Sawtschenko haben wir heute eine absolute Alleinstellung und den Mut, die Marktführerschaft anzustreben. Mit der Neupositionierung verzeichneten wir innerhalb von vier Monaten einen Anfragezuwachs von mehr als 450 Prozent, konnten die Wertschöpfung je Kunde um etwa 60 Prozent steigern und haben heute ein Auftragspolster von über einem Jahr. Der Workshop war für uns eine große Investition. Jedoch haben alle uneffektiven Marketingaktionen, Pressearbeit und Messeauftritte der vergangenen drei Jahre bedeutend mehr gekostet. Es war DIE Investition in die Zukunft unserer Firma, die sich nachhaltig auszahlt."

Rainer Schulz, Geschäftsführer Sysmat GmbH (www.sysmat.de)

Das Beispiel soll Ihnen Hoffnung machen, dass es nicht immer darauf ankommt, ständig Neues zu entwickeln. Vielmehr lohnt es sich, erst einmal genau hinzuschauen, was Sie bereits haben, und in die Tiefen der Nutzenbeschreibung einzutauchen. Gerade bei scheinbar komplexen Systemen sind die bedeutendsten Alleinstellungen sehr selten erarbeitet worden. Die Nutzenbeschreibung führt automatisch zur Steigerung der Attraktivität und Anziehungsenergie des kompletten Unternehmens.

Viele Verkaufsgespräche scheitern nicht allein, weil kein klarer Kundennutzen kommuniziert wird. Es gibt noch einen zweiten wichtigen Grund, weshalb es nicht zum Abschluss kommt: Die Verkäufer konzentrieren sich nur auf eine Entscheider-Zielgruppe. Bei Sysmat richteten sie ihre ganze Energie allein auf die IT-Abteilungen – frei nach dem Motto: „Wenn die IT-Leute unsere Produkte gut finden, werden sie die Abteilungsleiter und die Geschäftsführung davon überzeugen, unsere Software zu kaufen!“ Deshalb wählten sie für die Info-Materialien auch die IT-Sprache. Dabei wurde etwas Wesentliches übersehen: Die IT-Verantwortlichen haben die allergrößten Probleme damit, den Nutzen von Softwareprodukten einfach und verständlich zu erklären. Zudem stehen sie neuen Lösungen meist sehr skeptisch gegenüber, da eine Umstellung der Software in der Regel mit viel Aufwand und hohen Fehlerrisiken verbunden ist.

Natürlich hätten wir nun alle Verkaufsbemühungen ausschließlich auf die Geschäftsführung ausrichten können. Doch: Auch das hätte nichts gebracht. Wenn die Entscheider von der Software überzeugt sind, aber mit der Ablehnung der Abteilungen konfrontiert werden, hat auch das beste Produkt im Unternehmen keine Chance. Was war die Lösung? Die hohe Kunst der Kommunikation ist es, die Probleme, Vorbehalte und Wünsche in den einzelnen Entscheiderebenen zu erfassen. Der nächste Schritt ist, den zwingenden Nutzen für jede Entscheiderebene klar herauszuarbeiten. Zum Schluss muss dann jede Gruppe gezielt in den Verkaufsprozess eingebunden werden.

> Eine professionelle Nutzenbeschreibung sollte immer zu einer kollektiven Resonanz aller Entscheiderebenen führen.

Die Stärken-Falle

Warum so viele Strategieprozesse scheitern

Am Anfang meiner Selbstständigkeit habe ich mich sehr intensiv mit dem Thema Strategie beschäftigt. Deshalb erarbeiteten wir in der Zusammenarbeit mit den Unternehmen immer zuerst die besonderen Stärken des Betriebs. Allerdings steckt schon in der Frage nach den Stärken ein großes Problem: Die Antwort führt sehr oft in eine gefährliche Selbstbeweihräucherungsfalle. Die Ergebnisse waren immer egozentriert. Das Unternehmen stand im Vordergrund – und nicht der Nutzen für die Kunden. Die Frage nach den Stärken ergab meist nichts als Eigenlob und Merkmalsbeschreibungen. Machen Sie sich bitte immer wieder bewusst: Den Kunden interessiert nicht, was für ein toller Hecht Sie sind. An erster Stelle steht immer sein eigenes Interesse. Weil ich damals noch nicht erkannt hatte, wie wichtig es ist, diesen Aspekt an den Anfang eines Strategieprozesses zu stellen, waren die Ergebnisse der ersten Workshops nicht besonders ergiebig. Manchmal waren sie sogar extrem frustrierend. In der gängigen Literatur wird immer wieder empfohlen, eine „Stärken-Analyse" zu erstellen. Auch Berater arbeiten gern damit. Ich halte nichts mehr davon. Ganz im Gegenteil: Ich erlebe immer wieder, dass sich Unternehmen dabei im Kreise drehen und nichts damit anfangen können. Warum Stärken Sie in die Falle führen, möchte ich Ihnen an einem typischen Beispiel deutlich machen, das sich wie ein roter Faden durch die meisten Selbstdarstellungen zieht.

Merkmal und Nutzen: Wo liegt der Unterschied?

Was will der Kunde wirklich wissen?

Eine typische Merkmalsbeschreibung lautet: „Wir sind seit 20 Jahren im Markt und bieten einen exzellenten Service und individuelle Leistungen. Unsere Ingenieure sind Top-Spezialisten auf ihrem Ge-

116

biet und wir gehören zu den führenden Unternehmen in der Branche. Unsere langjährige Erfahrung und unsere breite fachliche Ausrichtung bieten Ihnen die Grundlage für eine professionelle Ausführung Ihrer Projekte. Alle Standorte verfügen über eine moderne EDV-Ausstattung. Wir verfolgen stets das Ziel, optimierte Lösungen für unsere Auftraggeber zu erarbeiten. Qualität und Termintreue stehen dabei an erster Stelle." Dann folgt der Versuch einer Nutzenbeschreibung: „So können wir unseren Kunden eine technisch und wirtschaftlich optimierte Planung und Bauüberwachung garantieren. Unser Bestreben ist eine hohe Kundenzufriedenheit. Wir sichern Ihnen allerhöchste Qualität unserer Produkte zu." Danach kommt in der Regel die Auflistung der Fachbereiche, wie z. B. Erschließungsmaßnahmen, Verkehrsanlagen, Kanalbauprojekte, Regenwasserbehandlungsanlagen, Hochwasserschutz usw.

Die meisten Unternehmen versuchen so eine Kompetenz-Zuweisung zu erreichen. Viele Firmenbroschüren und Internet-Auftritte starten mit der Erfolgsgeschichte des Gründers, der Präsentation des Firmengebäudes oder der Vorstellung der Mitarbeiter. Aber der Kunde sucht meist vergeblich nach dem besonderen Nutzen, den Alleinstellungsmerkmalen des Unternehmens und guten Gründen dafür, warum er sich ausgerechnet für diesen Anbieter entscheiden soll. Diese Art der Selbstdarstellung sollten Sie vermeiden. Sie ist gut für das Ego und das eigene Museum. Vermeiden Sie Aussagen, die nur Luftschlösser sind. Zum Beispiel: „Wir bieten einen exzellenten Service." Wenn schon, dann beschreiben Sie konkret, was der exzellente Service bedeutet. Auch lese ich oft die Aussage. „Wir haben nur ein Ziel: Sie erfolgreicher zu machen." Diese Aussage ist nicht nur oberflächlich. Sie wird peinlich, wenn das Angebot rein gar nichts mit den Erfolgsfaktoren eines Unternehmens zu tun hat.

Merkmalsbeschreibungen verbrennen jährlich Umsatzpotenziale in Milliardenhöhe

Bevor ich mit einem Kunden zusammenarbeite, analysiere ich unter anderem die Internetseiten der wichtigsten Wettbewerber. Dabei entsteht meistens der Eindruck, dass irgendwie alle voneinander abgeschrieben haben. Oftmals geben die Kunden oder Texter sogar zu, dass sie sich an den Wettbewerbern orientiert und die Texte leicht modifiziert übernommen haben. Ganz Dreiste schreiben sogar Wort für Wort von den Erfolgreichsten ab und wundern sich dann, wenn sie eine Abmahnung bekommen und dem Urheber der Texte Schadensersatz zahlen müssen. Nach mehr als 30 Jahren Erfahrung in der Kommunikation bin ich überzeugt, dass über 95 Prozent aller Werbebotschaften nicht die zentrale nutzenorientierte Kernbotschaft transportieren. Die meisten Unternehmen versuchen, ihre Produkte oder Dienstleistungen zu verkaufen. Der Nutzen spielt in ihrer Kommunikation keine Rolle. Genau das ist ihr größter Fehler. Solange Produkte und Dienstleistungen vergleichbar sind, werden die Interessenten nach dem Preis entscheiden oder gar nicht kaufen.

Kunden suchen händeringend nach einem Unterscheidungsmerkmal. Jeder wünscht sich das gute Gefühl, die beste Kaufentscheidung getroffen zu haben. Wenn der Nutzen gegenüber anderen Angeboten als hoch wahrgenommen wird, ist der Kunde auch bereit, dafür einen höheren Preis zu bezahlen. Deswegen wiederhole ich gerne immer wieder den wichtigen Hinweis: Fangen Sie nicht an, Ihre besonderen Stärken und Fähigkeiten zu beschreiben. Dann laufen Sie nur in die Falle der Merkmalsbeschreibung.

Konzentrieren Sie sich auf die Nutzen-Kommunikation. Sagen Sie Ihren Kunden klipp und klar, was sie davon haben, dass es Sie gibt. Selbst wenn Sie sich als Angestellter für einen Job bewerben, beschreiben Sie immer den Nutzen, den Sie einem potenziellen Arbeitgeber bieten können.

> **Wer die Nutzen-Kommunikation beherrscht kann seine Wettbewerber ganz schön ins Schwitzen bringen**

Viele Experten haben das Bedürfnis, Kunden mit ihrer Fachsprache zu beeindrucken. Doch: Meistens versteht der Inhaber, der das Budget freigeben muss, kein Wort. Stellen Sie sich einmal Folgendes vor: Vier Wettbewerber geben ein Angebot ab. Drei überschütten Sie mit Fachkauderwelsch. Nur einer erklärt Ihnen alles in einer klaren, verständlichen Sprache. Für welchen Anbieter entscheiden Sie sich? Die Antwort liegt auf der Hand: Wer den Nutzen seiner Produkte nicht klar vermitteln kann, hat schlechte Karten. Der Kunde entscheidet sich so gut wie immer für den Anbieter, der den Nutzen am besten auf den Punkt bringt.

Als ich mit dem Unternehmen NET Integration Informationsmanagement GmbH arbeitete, waren die Teilnehmer überrascht, wie viele interessante Teilzielgruppen und Alleinstellungspotenziale darauf warteten, endlich entdeckt zu werden. Was sie aber am meisten erstaunte, war die Tatsache, dass bereits die verbesserte und vereinfachte Nutzen-Kommunikation zu einer deutlich höheren Umwandlungsquote von Angeboten in Aufträge führte. Dazu schrieb Dieter Schumann, der Geschäftsführer des Unternehmens:

> „Nachdem wir gemeinsam ermittelt haben, dass unsere IT-Dienstleistungen auf keine speziellen Branchen reduzierbar sind und wir es hauptsächlich mit Geschäftsführern mittelständischer Unternehmen zu tun haben, war es ein Leichtes, die Bedürfnisse unserer „Zielgruppe" zu erkennen. In unseren Gesprächen mit dieser Zielgruppe stellte sich sehr schnell heraus, dass diese mit den vielen Fachbegriffen, welche oft ja auch noch mit drei oder vier Buchstaben abgekürzt werden, nichts oder kaum etwas anfangen konnten. Das heißt für uns: Wir müssen unsere komplette Ansprache, von unseren Marketingunterlagen über Angebote bis hin zur Abrechnung mit einer verständlichen klaren Formulierung versehen. Dieser Prozess bedeutete, die gesamte Kundenkommunikation umzustellen. In diesem Prozess sind wir bereits ein großes Stück vorangekommen – aber es fallen nahezu täglich neue Unterlagen auf, die es zu überarbeiten gilt. Durch die neue Sichtweise auf unsere Zielgruppe fallen uns laufend neue Ideen und Produkte ein, die wir weiter verbessern und mit denen wir uns von unseren Mitbewerbern unterscheiden können. Die Zusammenarbeit mit Herrn Sawtschenko hat unsere Sicht- und Denkweise maßgeblich beeinflusst und dauerhaft verändert. Es waren sehr wertvolle Tage.
>
> Dieter Schumann, Geschäftsführer NET Integration Informationsmanagement GmbH

Ein guter Nutzen kann zum erfolgreichen Firmenverkauf führen

Nachdem NET Integration bei Ausschreibungen immer mehr Angebote in Aufträge umwandeln konnte, wurden die Mitbewerber immer unruhiger. Den Grund, warum der Betrieb so erfolgreich war, hatte keiner erkannt. Der stärkste Konkurrent von Herrn Schumann machte ihm deshalb ein so gutes Angebot, dass der seine Firma verkaufte. Wir lernen daraus: Wenn Sie mehr Angebote in Aufträge umwandeln wollen, arbeiten Sie mit Ihrem Vertrieb und Marketing zuerst an der Nutzen-Kommunikation. Und: Falls Sie die Braut schmücken wollen, um Ihr Unternehmen zu einem guten Preis verkaufen, dann ist die Nutzen-Kommunikation unentbehrlich.

Was verraten Werbeunterlagen? Wenn ich mir die Differenz der Umsätze vor und nach der Ausarbeitung einer besseren Nutzen-Kommunikation anschaue, dann haben Unternehmen vorher auf enorme Mehrumsätze verzichtet. Interessant ist auch, dass Mängel in diesem Bereich zwangsläufig die Werbeausgaben erhöhen, wohingegen eine Verbesserung der Nutzen-Kommunikation die Kosten drastisch reduziert. Das erklärt auch das „Milliardengrab" Werbung.

> „Die Kommunikation mit dem Markt muss sich grundlegend von derjenigen der Wettbewerber unterscheiden, damit die Signale des guten Unternehmens verstanden werden."
>
> Andreas Hadler, Hadler GmbH

Nutzenbeschreibungen decken weitere Einnahmequellen auf

Wie sich durch eine gute Nutzenbeschreibung interessante Einnahmequellen auftun können, zeigt das folgende Beispiel: Ein Schweizer Tiefbau-Unternehmen mit etwa 30 Mitarbeitern bat mich um

Hilfe. Durch ein Überangebot an Wettbewerbern gab es in der Branche einen ruinösen Preiskampf. Die meisten Aufträge waren nur noch Arbeitsbeschaffungsmaßnahmen. Gewinne wurden so gut wie gar nicht mehr erwirtschaftet. Je tiefer ich bei der Nutzenbeschreibung die Kompetenzpotenziale und die Zufallsanfragen für andere Dienstleistungen hinterfragte, desto mehr neue Geschäftsfelder und lukrative Zielgruppen taten sich auf. Mit den vorhandenen Maschinen konnte man nämlich nicht nur Großbaustellen bedienen, sondern auch Baumwurzeln entfernen, Teiche graben oder Pools anlegen. Zudem konnte man die Maschinen auch verleihen. Private Kunden hatten immer wieder bei dem Unternehmen deswegen angefragt. Wenn die Firma solche Aufträge annahm, erwirtschaftete sie damit höhere Deckungsbeiträge. Allerdings hatte sie sich diesen Bereich nie näher angeschaut, sondern bislang nur auf Anfragen reagiert.

Wenn die eigene Frau nicht versteht, was der Mann für ein Unternehmen hat

Ein anderes Beispiel: Nach einem Vortrag auf einem Kongress rief mich der Marketingleiter eines neu gegründeten Unternehmens aus der Softwarebranche an: Seine beiden Vorstände hätten gerne Antworten auf einige Fragen. Wir trafen uns. Doch bei diesem Gespräch habe ich zuerst nicht viel verstanden. Da beide Vorstände Softwareexperten waren und viele neue Begriffe und Abkürzungen erfunden hatten, war es kaum möglich, ihren Ausführungen zu folgen. Ich habe mich dadurch gerettet, dass ich viele Fragen gestellt und immer wieder an den entscheidenden Stellen nachgehakt habe. Am Abend waren alle sehr begeistert von meiner Fachkompetenz. Deshalb fragten sie mich, ob ich sie auf dem Weg zu ihrem ersten großen Messeauftritt mit allen Maßnahmen unterstützen könnte. Da ich damals noch meine Werbeagentur besaß, war das Angebot verlockend.

Auf dem Rückweg kam ich zu dem Entschluss, den Auftrag abzulehnen, weil ich mich damit in eine komplett neue Welt hineinarbeiten müsste. Dann las ich in den mitgegebenen Unterlagen einen kürzlich veröffentlichten Pressebericht, den ich überhaupt nicht verstand. Kurzerhand rief ich den Chefredakteur der Fachzeitschrift an. Ich wollte wissen, was er über das neue Geschäftsfeld dachte. Er gestand mir, dass er – obwohl er über Software schreibt – nichts verstanden hatte. Dennoch hatte er den Inhalt der Pressemeldung interessant gefunden und ihn deswegen veröffentlicht. Danach traf ich die Entscheidung, es doch mit dem Kunden zu versuchen. Ich wollte mir beweisen, dass am Ende alles einfach ist. Die besondere Herausforderung in diesem Fall: Die Entscheider waren die Vorstände großer Konzerne, die von Softwaresprache keine Ahnung hatten. Als ich mich tiefer in die Materie eingearbeitet hatte und jeden Nutzen mit einfacher Sprache erklären konnte, schrieb ich eine Imagebroschüre, einen PR-Bericht und entwarf den Messeauftritt. Nachdem ich die Imagebroschüre vorgestellt hatte, rief mich einer der Vorstände an: „Herr Sawtschenko, damit konnte ich zum ersten Mal meiner Frau erklären, was wir anbieten." Daraus kann man eine wichtige Regel in Sachen Nutzen-Kommunikation ableiten: Wenn ihre Frau oder ihr Mann ihre Produktbeschreibungen nicht versteht, dann versteht der Kunde sie erst recht nicht!

> Betrachten Sie Ihre Nutzen-Kommunikation als einen Diamanten, den Sie immer wieder bearbeiten müssen, bis er seine schönste Form gefunden hat.

Die Aufzugspositionierung

Um dem Kundennutzen auf die Spur zu kommen, bitte ich alle Teilnehmer meiner Workshops darum, eine Aufzugspositionierung auszuarbeiten. Dazu gebe ich ihnen eine scheinbar einfache Aufgabe: „Stellen Sie sich vor, Sie sind in einem Bürogebäude und warten auf den Aufzug. Der Aufzug kommt, und mit Ihnen steigt ein Mann ein, der mit seinem Handy telefoniert. Sie bekommen mit, dass er sehr ärgerlich ist, weil die Zusammenarbeit mit seinem wichtigsten Lieferanten eine echte Katastrophe ist. Er beendet das Gespräch. Das ist

Ihre Chance. Denn: Sie haben genau das Produkt, das er sucht. Jetzt fahren Sie 30 Sekunden gemeinsam mit dem Aufzug nach oben. Womit überzeugen Sie ihn?" Ich gebe den Teilnehmern fünf Minuten Zeit, um aufzuschreiben, wie sie den Mann im Aufzug von ihrem Unternehmen, ihrem Produkt oder ihrer Dienstleistung überzeugen. Aber das ist noch nicht alles: Die Teilnehmer müssen den Nutzen für den potenziellen Kunden so gut auf den Punkt bringen, dass er sie am Ende von sich aus nach ihrer Visitenkarte fragt.

Wenn die fünf Minuten um sind, werden alle Beiträge auf ein Flipchart geschrieben. Dabei zeigt sich: Viele Workshop-Teilnehmer haben große Schwierigkeiten damit, den Nutzen klar zu benennen. Manche stellen noch nicht einmal sich oder ihr Unternehmen vor. Die wichtigste Erkenntnis ist aber: Obwohl alle Teilnehmer aus demselben Unternehmen kommen, bringt jeder etwas völlig anderes zu Papier. Jeder hat sein eigenes Verkaufsgespräch. Jeder beschreibt sein Unternehmen und den Nutzen anders. Inhaber oder Management haben keinerlei Kontrolle darüber, was ein Kunde über die Firma denkt.

Ein Unternehmen – viele Verkaufsgespräche

Besonders erschreckend sieht es bei Franchise-Konzepten aus. Obwohl dort normalerweise eine einheitliche Vertriebsschulung erfolgt, habe ich noch nie erlebt, dass alle Partner ein einheitliches Verkaufsgespräch führten. Bei einem Franchise-Unternehmen in Tschechien führte die Aufzugspositionierung sogar dazu, dass der Franchise-Geber nach dem ersten Workshoptag die Hälfte seiner Partner nach Hause schickte. Was war passiert? Ihre Verkaufsgespräche waren trotz intensiver Schulung so miserabel, dass es aussichtslos erschien, weiter mit den Partnern zusammenzuarbeiten. Gerade bei Unternehmen, die ihre Produkte oder Dienstleistungen über Vertriebsmitarbeiter vermarkten, müssen beim Thema Nutzen-Kommunikation die Alarmglocken ganz laut schrillen. Hier sind einheitliche Verkaufs- und Positionierungsgespräche sind ein absolutes Muss. In dem begleitenden Energie-Resonanz-Navigator habe ich Ihnen einige wichtige Regeln zum Aufbau einer Aufzugspositionierung zusammengestellt.

> **Je höher der Nutzen Ihres Angebots, desto höher ist die Resonanz bei Ihrer Zielgruppe.**

Lernen Sie, den Nutzen hinter Ihrem Angebot selbst zu beschreiben

Ich möchte Ihnen bewusst machen, dass nicht allein die Texter oder Werbeagenturen, sondern auch Sie als Unternehmer für eine mangelnde Nutzen-Kommunikation verantwortlich sind. Wenn Sie selbst nicht die Fähigkeit beherrschen, Ihre Produktvorteile zu beschreiben, wie sollen dann andere das auf den Punkt bringen? Wie soll der Vertrieb erfolgreich verkaufen, wenn das Nutzen-Briefing nicht aus dem Unternehmen kommt? Warum sollten Kunden Sie weiterempfehlen, wenn Sie das Besondere Ihres Angebotes selbst nicht erklären können? Natürlich brauchen Sie die Unterstützung von Textern und PR- oder Werbeagenturen. Doch: Zunächst sind Sie in der Bringschuld. Damit die Agenturen einen guten Job machen können, müssen Sie ihnen eine gute Grundlage liefern. Deshalb ist es unerlässlich, dass jeder Unternehmer den Nutzen seiner Angebote kurz und knapp erklären kann.

Leider sind gute Texter, die sich nicht nur mit der Nutzen-Kommunikation, sondern auch mit der Positionierung von Unternehmen auskennen, rar gesät. Eine der wenigen Texterinnen, die beides beherrscht, ist Claudia Franz von der Agentur Text-it! Sie arbeitet schon viele Jahre mit mir zusammen und meint:

> „Je besser die Unternehmen vorarbeiten, desto klarer können die Agenturen den Nutzen in Web-Auftritten, Flyern, Broschüren oder Mailings kommunizieren. Und das lohnt sich! Die Umsatzsteigerungen, die wir für unsere Kunden mit einer guten Nutzen-Kommunikation erzielen, sind enorm!"
>
> Claudia Franz, Text-it! (info@text-it.org)

> Verkaufen Sie niemals ein Produkt oder eine Dienstleistung sondern immer den Nutzen dahinter. Produkte oder Dienstleistungen sind nur Mittel zum Zweck.

Kürzlich rief mich der Inhaber einer Werbeagentur an: „Herr Sawtschenko ich habe Ihre Bücher gelesen und mir ist klar geworden, warum ich oft Bauchgrimmen bekomme, wenn ich einen Auftrag annehme. Es gibt Kunden, die sind in ihr Produkt verliebt und glauben, dass es ausreicht, wenn wir ihre Begeisterung in Werbemaßnahmen umsetzen. Sitzen wir dann an den Ideen, merken wir sofort, dass die Reaktion im Markt mager ausfallen wird. Am liebsten würden wir uns, so wie Sie es in Ihren Büchern beschrieben haben, intensiv mit diesen Kunden beschäftigen, deren Produkte auseinandernehmen und eine ordentliche Nutzenbeschreibung erarbeiten. Aber dafür haben die Kunden kein Budget vorgesehen. Eigene Vorlagen können sie uns leider auch nicht liefern. Wenn wir die Kunden dazu bringen könnten, sich intensiv mit der Nutzen-Kommunikation zu beschäftigen, könnten wir wesentlich erfolgreichere Werbemaßnahmen erarbeiten. Zudem hätten wir dann auch noch eine klare Alleinstellung gegenüber anderen Agenturen."

Ich bestätigte ihm gern seine Sichtweise und wies darauf hin, dass es dringend erforderlich ist, dass die Kunden den Agenturen eindeutige Vorgaben für die Nutzenbeschreibung liefern. Deshalb: Machen Sie sich mit den Grundregeln der Nutzen-Kommunikation vertraut. Lernen Sie, wie Sie den Unterschied zwischen einem Merkmal und dem Kundennutzen erkennen. Und: Erarbeiten Sie ein glasklares Nutzenprofil für jedes Ihrer Angebote. Wenn ich mir vorstelle, dass jedes Unternehmen einen Nutzenübersetzungsbeauftragten hätte, wäre diese Person ein wahres Profitcenter. Natürlich verstehe ich, dass nicht jedes Unternehmen einen eigenen Nutzenübersetzungsbeauftragten einstellen kann. Mehr dazu erfahren Sie im Energie-Resonanz-Navigator in diesem Buch.

Nutzenbeschreibung ist ein wahres Profitcenter

> Es ist bedeutend erfolgreicher, selbst an den Grundlagen
> seiner Nutzen-Kommunikation zu feilen, anstatt dies
> anderen zu überlassen.

Der kollektive Virus „Sprachlosigkeit"

Ein weiteres typisches Beispiel dafür, wie Unternehmen wertvolle
Liquidität vernichten oder vor sich hin dümpeln, ist die Sprachlosigkeit. Sie zeigt uns, dass wir wieder lernen müssen, alles kritisch zu
hinterfragen und unserem gesunden Menschenverstand sowie den
Energie-Resonanz-Prinzipen zu vertrauen. In der klassischen Werbung, besonders in der TV-Werbung, wird immer mehr mit Sprachlosigkeit geworben. Stimmungsvolle Musik, schöne Bilder und
emotionalen Szenen: Viele Werber behaupten, dass wir nur noch
Emotionen zu transportieren brauchten – und schon würden die
Kunden scharenweise kaufen. Sprache störe da nur. Selbst das Logo
und der Claim werden oft nur sparsam und kurz am Ende der Werbespots eingeblendet. Kein Wunder, wenn sich die Zuschauer selbst
nach vielen Wiederholungen nur noch an den Clip oder die Musik
– aber nicht mehr an das Produkt, den Firmennamen und die Botschaft erinnern können.

Untersuchungen haben bereits mehrfach bestätigt, dass der Erfolg
eines Werbespots erheblich größer ist, wenn das Logo bereits am
Anfang gezeigt wird. Wenn der Verstand schon weiß, um was und
wen es geht, ordnet er alle Aussagen gleich richtig ein. Auch wenn
am Anfang der Nutzen des Werbespots beschrieben wird, entsteht
ein bedeutend höherer Informationstransfer. Gleiches gilt für alle
anderen Medien. Werber versuchen, mit witzigen Werbespots Aufmerksamkeit zu erregen. In der Sendung „Die ultimative Chart
Show" mit den erfolgreichsten Werbesongs leuchteten jedes Mal die
Augen der musikaffinen Co-Moderatoren, wenn ein bekannter
Song gespielt wurde. Interessant war auch hier, dass sich kaum einer
an die damit verbundene Marke erinnern konnte.

Das musste auch ein Kunde von mir bitter erkennen. Er beauftragte eine renommierte Videoproduktionsagentur, einen Film für die internationale Vermarktung eines innovativen, patentrechtlich geschützten Produkts zu erstellen. Auch hier empfahl die Agentur, statt Worten nur Emotionen zu zeigen, dann verkaufe sich das innovative Produkt von allein. Die Agentur präsentierte ihr Video mit schönen, beeindruckenden 3D-Animationen, Lichteffekten, raffinierten Kameraeinstellungen und eingängiger Musik. Am Ende wurden für zwei Sekunden das Logo des neuen, unbekannten Unternehmens sowie der Claim eingeblendet.

Der Kunde war zuerst beeindruckt, wie toll das Produkt auf dem Bildschirm aussah. Als er das Video dann neutralen Personen vorstellte, verstand niemand, was das Besondere an der Innovation war. Keiner wusste, warum er sich das Produkt unbedingt kaufen sollte und wo er es bekommt. Zudem konnte sich niemand an den Namen des Produktes oder an den Claim erinnern.

Schönheit schlägt Kaufmotive

Ähnlich erging es dem Kunden mit den Print-Kampagnen. Die zuständige Agentur machte einen riesigen Aufstand, als der Kunde erklärenden Text in den Anzeigen einforderte. Auch hier sollte er überzeugt werden, dass die Wortlosigkeit eines schönen Bildes völlig ausreichend sei. Der Text zerstöre nur das schöne Layout. Am Ende stellte sich heraus: Der Agentur ging es gar nicht darum, das Produkt an den Mann zu bringen. Sie wollte einen Award für diese Anzeigen gewinnen. Das wäre nicht möglich, wenn Texte die Reduktion auf die Ästhetik zerstören. Dem Kunden half das natürlich nicht weiter. Er wollte keinen Schönheitspreis gewinnen, sondern seine Innovation, in die er viel Geld gesteckt hatte, verkaufen.

Der Auslöser für eine Resonanz im Markt und beim Kunden ist in erster Linie der Nutzen hinter einer Botschaft. Mit Sprachlosigkeit zu werben, hat sich wie ein kollektiver Virus verbreitet und vernichtet jährlich Unsummen an Werbebudget. Bilder, Szenen und Musik können sehr machtvoll sein und spielen nach wie vor eine große Rolle bei der Aktivierung von Resonanzenergie. Sie sind Wirkungsverstärker, steigern die Wahrnehmung und erhöhen die Kaufentscheidungs-Energie. Aber: Ohne den Empfänger mit Worten, also über den Verstand auf die emotionale Botschaft vorzubereiten und seine Interpretation zu lenken, verlaufen sprachlose Kampagnen im Nirwana. Die Nutzen-Kommunikation ist der stärkste Wirkungsverstärker, erst danach folgen alle weiteren Mittel.

> **Der Virus Sprachlosigkeit führt zu einem ohrenbetäubenden Schweigen in der Kommunikation und ist die Ursache eines betriebswirtschaftlichen Desasters.**

Sehen lernen fängt bei der eigenen Kritikfähigkeit an

Schauen Sie sich bitte immer wieder bewusst Anzeigen und Werbespots an. Sie werden überrascht sein, wie viel dabei dem Zufall überlassen wird. Doch das führt zu hohen Streuverlusten. Wenn Sie trotzdem glauben, Sie sollten es den Großen mit den großen Werbebudgets nachmachen, dann dürfen Sie sich nicht wundern, wenn Ihre Botschaft eine leere Schublade im Kopf der potenziellen Kunden hinterlässt und Sie über kurz oder lang in eine Liquiditätskrise schlittern.

Bei großen Unternehmen werden die Werbebudgets ein Jahr vorher bestimmt und die Etats müssen auch komplett ausgegeben werden – sonst wird das Geld fürs nächste Jahr gekürzt. Für die Budgetverantwortlichen ist eine Kürzung wie eine Niederlage. Mit Weniger mehr zu erreichen, passt noch immer nicht in ihr Weltbild. Fragen Sie die Verantwortlichen nach dem messbaren Erfolg, wissen nur die wenigsten eine Antwort. Ausreden gibt es wohl: Brachten die Kampagnen keinen spürbaren Effekt, sprechen die Verantwortlichen von einer „immerhin erreichten Imagestärkung". Sinkt der Erfolg, sind die Wettbewerber, veränderte Verbrauchergewohnheiten oder die wirtschaftlichen Rahmenbedingungen schuld. Warum die Kampagnen keine Kaufentscheidungs-Energie auslösten und den erwünschten Return on Investment nicht gebracht haben, wird nicht hinterfragt.

Die aufgerollte Energie der Abteilungen

Das gemeinsame Arbeiten an der Energie-Resonanz-Positionierung hat einen entscheidenden Vorteil für alle Mitwirkenden. Jede Abteilung lernt, dass sie ein wichtiges Zahnrad in der Marktorientierung des gesamten Unternehmens ist. In den Workshops arbeiten wir nicht nur an einer besseren Kommunikation zwischen den Abteilungen, sondern schauen uns dabei auch sehr genau an, welcher Stellenwert und welche Nähe zum Markt besteht. Wenn zum Beispiel der Innendienst, die Produktion oder Produktentwicklung mit dem Außendienst Konflikte hat, dann ist es dringend erforderlich, auch aus der Sicht des kundennahen Außendienstes die Probleme zu verstehen. Wer gemeinsam eine klare Nutzen-Kommunikation erarbeitet, kann sicher sein, dass zumindest jeder diese Argumente kennt. Im Idealfall wird sie von allen Unternehmensbereichen gleichermaßen getragen und permanent weitergedacht.

> Es ist alles schon da. Sie müssen nur lernen, die Energie dahinter zu erkennen

Nutzen-Kommunikation als Wegweiser zur Alleinstellung

Ich möchte Sie bei dieser Energiequelle dafür sensibilisieren, hinter jedem Nutzen die Energie zu erkennen. Ich will auch zeigen, warum die Nutzen-Kommunikation die Türen zu ihrer bisher verborgenen Alleinstellung öffnet. Das folgende Beispiel darf ich aus Geheimhaltungsgründen nur umschreiben, die neue Nische ist tabu. Aber es wird Ihnen deutlich machen, wie wertvoll die Nutzen-Kommunikation sein kann. Sie ließ in diesem Unternehmen, das Produkte für den Gesundheitsmarkt vertreibt, eine „Energie-Bombe" platzen.

Die Produkte der Firma entfalten sehr viele positive Wirkungen. Deshalb hatte man schon viele Hintergrundinformationen darüber zusammengetragen. Eine Wissenschaftlerin beschrieb Erkrankungen, bei denen die Wirkstoffe besonders gut anschlugen. Beispielsweise war eine Reihe von Präparaten in der Lage, die Nebenwirkungen von anderen lebensnotwendigen Medikamenten zu minimieren. Die Wissenschaftlerin erwähnte auch, dass viele Ärzte nicht wissen, dass diese Nebenwirkungen zu Mangelerscheinungen beim Patienten und damit zu weiteren Erkrankungen führen. Diese Aussage stand beim Workshop auf dem Chart. Ich ging davon aus, dass sie bei allen Teilnehmern ein kreatives Feuerwerk auslösen würde, um die Produkte für diese Leidens-Zielgruppen neu zu positionieren.

Als wir später zu den Leidens-Zielgruppen kamen, war ich verblüfft. Jeder Teilnehmer nannte die aus seiner Sicht besten Zielgruppen. Doch: Die Patienten mit den Nebenwirkungen tauchten nicht auf. Ich ging zum Flipchart, schrieb ganz groß die Aussage der Wissenschaftlerin auf und bat alle, die Energie hinter diesen Worten zu interpretieren. Es dauert eine Weile, bis der Erste sich an den Kopf fasste und meinte: „Wenn die Ärzte und Patienten wüssten, wie sie mit einfachen Mitteln die Nebenwirkungen reduzieren könnten, würde sich der Abverkauf der Produkte deutlich erhöhen." Daraufhin wurden die Produkte den Leidens-Zielgruppen zugeordnet und neu positioniert. Warum bringe ich dieses Beispiel? In den meisten meiner Workshops lieferte die Nutzen-Kommunikation die entscheidenden Hinweise für die richtige Zielgruppenauswahl und die besten Alleinstellungschancen. In diesem Fall vernebelte die Betriebsblindheit den Weg dorthin. Erst das Hinterfragen öffnete den Blick für den wahren Wert einer bestehenden und bekannten Information. Dieses und viele anderen Beispiele bestätigen immer wieder: Die Nutzen-Kommunikation ist eine wertvolle Schatztruhe, um Ihr Geschäftspotenzial zu erkennen und zu nutzen.

Die Betriebsblindheit ist eine Augenerkrankung, die den Verstand vernebelt und das Sichtbare unsichtbar macht.

Die Energie des Erlebten

Um mit Reizüberflutungen fertig zu werden, verfügt unser Gehirn über einen sehr komplexen Selektionsfilter. Je nach Erziehung, sozialem Umfeld, psychischen und physischen Grundmustern, persönlichen Interessen und Leidensdruck werden die Botschaften entweder gleich ignoriert oder im Kurz-, Mittel- oder Langzeitgedächtnis gespeichert. Je klarer Ihre Botschaft bzw. Geschichte also auf den Nutzen für die Zielgruppe ausgerichtet ist, desto größer ist die Chance, dass die Information im Mittel- oder Langzeitgedächtnis landet. Wenn wir eine Auflistung von Nutzenvorteilen hören, können wir uns maximal drei bis fünf Vorteile merken. Trifft Ihre Botschaft auf eine hohe Wahrnehmungsresonanz, besteht die Chance, dass die Information in das Langzeitgedächtnis gespeichert wird.

Wenn die Nutzenvorteile zusätzlich in eine Geschichte verpackt sind, wächst die Wahrscheinlichkeit, dass wir diese Information schneller speichern und anderen erzählen können. Enthält eine Geschichte Themen, die der Gesprächspartner selbst erlebt hat und die seine Gefühle berühren, erhöht sich deutlich die Energieresonanz und hinterlässt bleibende emotionale Spuren. Ob negativ oder positiv – je persönlicher („das habe ich auch schon erlebt") die Erinnerung ist, desto intensiver ist die bewusste Wahrnehmung. Denn die neuen Informationen werden in eine bestehende Erfahrungskette integriert.

Besonders im Empfehlungsmarketing ist es wichtig, dass Sie bei den Kunden emotionale Geschichten mit eigenen Erfahrungsinhalten hinterlassen. Zudem gilt: Je größer die Polarität zwischen negativen Erlebnissen und positiven Lösungen ist, desto mehr wächst die Aufmerksamkeit. Jeder gute Spielfilm oder Krimi lebt von der Spannung zwischen Gut und Böse, Gerechtigkeit und Ungerechtigkeit. Deshalb: Verpacken Sie Ihre Nutzen-Kommunikation in eine emotionale, nachvollziehbare Geschichte mit einer hohen Polarität. Wie das funktioniert? Das zeigt Ihnen das folgende Beispiel:

Produkte und Dienstleistungen brauchen eine Nutzengeschichte

Der ultimative Herrenanzug

Diese bemerkenswerte Geschichte hat sich tatsächlich so zugetragen. Ich erzähle sie auch gerne bei meinen Vorträgen. Meine Frau und ich waren zu Besuch bei Bekannten und nutzten den Nachmittag für einen Einkaufsbummel. Kurz vor Ladenschluss gingen wir in ein Modegeschäft, weil ich einen Gürtel brauchte. Der Laden war komplett leer – keine Kunden weit und breit. Der Verkäufer stand einsam neben den Kleiderständern. Als er uns hereinkommen sah, nahm er uns genau ins Visier. Er war auf der Jagd nach Kunden und hatte an diesem Tag offensichtlich noch keinen guten Umsatz gemacht. Sein Blick verriet nichts Gutes. Er signalisierte: Du bist meine Beute – Dich krieg ich! Meine Frau murmelte leise: „Nichts wie weg hier, lass uns gehen!" Ich sagte: „Bleib hier am Eingang, ich sehe mich nur kurz nach einem Gürtel um." Dann nannte ich dem Verkäufer meinen Wunsch, doch er antwortete nur: „Sehen Sie sich erst einmal um, ich komme gleich zu Ihnen." Er tat geschäftig, schob ein paar Sakkos hin und her, ließ mich durch den Laden gehen und folgte mir schließlich mit etwas Abstand.

Jetzt war es Zeit für meinen Bist-du-ein-Berater-oder-Verkäufer-Test. Ich holte das hässlichste Hemd, das ich finden konnte, aus dem Regal. Wie erwartet, kam der Verkäufer auf mich zugeschossen und sagte: „Das steht Ihnen bestimmt richtig gut!" Ich drehte mich langsam um, schaute ihn an und sagte: „Ich hasse lilablassblaue Hemden!" Der Mann erkannte, dass ich kein Kunde bin, dem er alles aufs Auge drücken kann. Auf dem Rückweg durch den Laden sprach er mich nicht mehr an. Als ich auf den Ausgang zuging und meine Frau schon die Tür geöffnet hatte, rief er plötzlich: „Stopp! Bleiben Sie stehen. Ich habe hier den ultimativen Digel-Anzug für Sie!" Genau neben dem Ausgang prangte ein Ständer mit Anzügen, mit dem er kaufunwillige Kunden am Verlassen des Ladens hindern wollte. Jetzt musste ich meinen Ärger loswerden: „Sorry, Sie haben mir noch nicht mal einen Gürtel gezeigt – und jetzt wollen Sie mir auch noch einen Anzug verkaufen?!"

Er ignorierte meinen Einwand, nahm einen Anzug und warf ihn vor meiner Frau und mir auf den Boden. Wir blieben stehen und warteten gespannt, was jetzt kommen würde. Der Verkäufer nahm ein Glas Wasser und schüttete es auf den Anzug. Wir trauten unseren Augen nicht: Das Wasser perlte einfach ab – kein Tropfen blieb darauf zurück. Jetzt hatte er unsere Aufmerksamkeitsenergie gesteigert.

Drei Geschichten, die eine spontane Kaufabschlussenergie freisetzten

Der Trick mit dem Wasser war erst der Anfang. Nun erzählte uns der Verkäufer drei Geschichten. Die erste: „Stellen Sie sich vor, Sie sind auf einer Party und jemand schüttet Ihnen ein Glas Rotwein über den Anzug. Was passiert? Der Wein perlt einfach ab – es bleiben keine Flecken zurück. Weil der Anzug nanobeschichtet ist, sehen Sie nach wie vor tipptopp aus!" Dann kam die zweite Geschichte: „Haben Sie schon mal gesehen, wie zerknittert die meisten Anzüge sind, wenn Sie nach längerem Sitzen aufstehen? Stellen sie sich vor, Sie sind auf einer Party und sturzbesoffen …" Jetzt wurde mir der Verkäufer zu dreist und ich konterte: „Ich bin aber nie betrunken!" Er lächelte nur und fuhr fort: „Deshalb gehen Sie mit dem Anzug ins Bett. Am nächsten Morgens stehen Sie auf. Sie haben zwar einen Kater, aber keine Knitterfalten. Der Anzug sitzt tadellos, und die Bügelfalte ist genau da, wo sie sein soll." Dann kam die Hauptgeschichte: „Stellen Sie sich vor, Sie sind im Hotel und haben eine Schnake an der Decke." Er hob die Hose auf, machte einen Knoten in das eine Bein, nahm das andere Bein als Verlängerung und schlug den Knoten gegen die Decke. Dann fuhr er fort: „Was passiert jetzt? Blut spritzt an die Decke und die Schnake ist mausetot. Aber Ihr Anzug bleibt absolut sauber und knitterfrei!" Dabei öffnete er den Knoten und tatsächlich sah ich keine einzige Knitterfalte. Meine Frau und ich waren restlos überzeugt.

Durch diese drei Nutzengeschichten hatte er bei uns eine spontane Kaufbereitschaft freigesetzt. Wenige Minuten später verließen wir den Laden mit einer riesigen Tüte, in der mein neuer rotweinresistenter, knitterfreier, schnakenfangtauglicher Anzug lag, den ich gleichzeitig als Schlafanzug nutzen konnte! Ich hätte mir an diesem Tag sicher keinen Anzug gekauft, besonders nicht von einer mir bis dato unbekannten Marke. Doch der Hersteller hatte einen zwingenden Nutzen eingebaut. Und der Verkäufer machte mir nicht den Anzug, sondern diesen ganz besonderen Nutzen schmackhaft. Ein Kunde schrieb mir dazu:

> „In der Positionierungsstrategie müssen die Produktangebote emotionalisiert werden. Nicht der faktische Nutzen, sondern der emotionale Nutzen ist in den Vordergrund zu stellen. Gute und verlässliche Produktangebote aller Anbieter werden heute seitens der Zielgruppe vorausgesetzt. Entscheidend ist, ob die Zielgruppe für sich persönlich relevante Mehrwerte oder einzigartige Problemlösungen mit dem Angebot verbindet. Diese zu definieren, ist Aufgabe der Positionierung und letztlich der Kommunikation. Je überzeugender diese persönlich relevanten Mehrwerte oder einzigartigen Problemlösungen für die Zielgruppe sind, desto niedriger ist der Werbe- und Vertriebsaufwand in der Kommunikation. Je höher die Energie des Produktangebotes, desto höher ist automatisch die Anziehungskraft, die Kaufenergie und der Bekanntheitsgrad."
>
> Michael Lenz, Verkaufsleiter der Fa. ter Hürne Holzwerke GmbH & Co. KG

Auch die Art und Weise, wie jemand etwas sagt, ist von Bedeutung

Wenn Menschen etwas suchen, wollen sie das Gefühl haben, dass der Verkäufer genau weiß, wovon er spricht. Während ich dieses Kapitel schreibe, sitze ich an der Ostsee in unserem Wohnmobil. Gestern waren meine Frau und ich auf Hiddensee in einem verträumten Fischerort. Dort wollten wir in einem kleinen Café ein Stück von dem berühmten Sanddornkuchen kaufen, der an jeder Ecke angeboten wird. Was der Inhaber des Cafés aus unserer Frage nach dem Kuchen machte, war sensationell. Er schaute uns sehr selbstbewusst an. Dann sagte er laut und pointiert: „Diesen Original-Kuchen bekommen Sie nur in diesen wenigen Quadratmetern in diesem Ort. Kein Bäcker hat ihn jemals so backen können." Zudem erzählte er uns noch etwas von einem Geheimrezept für einen Sanddornsaft. Er hat uns so neugierig gemacht, dass wir fast jeden Preis für seinen Kuchen und den Sanddornsaft bezahlt hätten. Am Ende kosteten die beiden Säfte und zwei kleine Stückchen Kuchen fast 15 Euro. Doch für unser Geld bekamen wir nicht nur einen Kuchen und einen Saft, sondern ein einmaliges Ohren-, Augen- und Geschmackserlebnis. Mag sein, dass der Kuchen woanders genauso gut geschmeckt hätte. Aber das wollten wir gar nicht wissen. Der Bäcker hatte uns mit seiner Geschichte von seinem Sanddorn- kuchen und dem Geheimrezept in seinen Bann gezogen und uns ein unvergessliches Urlaubserlebnis beschert. Dieses Beispiel zeigt, dass Nutzen nicht nur rational vorhanden sein muss. Der Bäcker hatte es verstanden, mit seinem selbstbewussten Erzählen von seinem Ge- heimrezept Neugierde bei uns zu wecken und bescherte uns ein un- vergessliches Urlaubserlebnis.

Wichtige Tipps und Denkanstöße zur Energie-Quelle

Nutzen-Kommunikation

- Eine klare Nutzensprache und eindeutige Botschaften sind der Schlüssel, um neue Schubladen im Kopf der Zielgruppe zu öffnen und Kauf-Energien freizusetzen.

- Die Nutzen-Analyse ist der erste Schritt, um Ihre schlummernden Alleinstellungen aufzudecken.

- Verkaufen Sie niemals ein Produkt oder eine Dienstleistung, sondern immer den Nutzen dahinter.

- Nehmen Sie Ihre Werbematerialien und Ihren Internet-Auftritt genau unter die Lupe. Wandeln Sie dabei alle Merkmalsbeschreibungen in Nutzenbeschreibungen um. Formulieren Sie alles so, dass der Kundennutzen konsequent im Mittelpunkt steht.

- Halten Sie Ihre Kommunikation so einfach wie möglich. Vermeiden Sie überflüssige Fremdwörter oder unverständliche Fachausdrücke.

- Stimmen Sie Ihre Kommunikation exakt auf die Entscheiderebenen ab, die Sie ansprechen wollen. Erst dann erreichen Sie eine kollektive Resonanz.

- Erstellen Sie einen kurzen Text, mit dem Sie Ihr Unternehmen und den Nutzen Ihres Angebots in 30 Sekunden vorstellen können.

- Achten Sie darauf, dass alle in Ihrem Unternehmen einheitlich kommunizieren.

- Vermeiden Sie den Virus „Sprachlosigkeit".

- Bauen Sie sich Stück für Stück eine Nutzen-Kommunikations-Datenbank für unterschiedliche Entscheiderebenen auf.

FRAGEN AN DEN LESER

An welchen Stellschrauben aus der Energiequelle „Nutzen-Kommunikation" müssen Sie noch arbeiten? Was wollen Sie in Zukunft
konkret verändern? Listen Sie hier bitte alle To-dos auf.

_____

_____

_____

_____

_____

_____

_____

_____

_____

_____

_____

_____

_____

Marken-Energie und Kompetenz-Zuweisung

Veredeln Sie Ihr Unternehmen und Angebot zu einem Goldstandard

Der Aufbau einer energiereichen Marke sowie die Strategie der Kompetenz-Zuweisung ist jetzt die nächste spannende Aufgabe. Wie können Sie Ihr Unternehmen, ihre Produkte oder Dienstleistungen mit Energie aufladen und eine höhere Rückkopplungs-Energie bei Ihrer Zielgruppe bewirken? Jedes Unternehmen, jede Person, jedes Produkt und jede Dienstleistung kann zu einer wertvollen Marke werden. Warum der Markenaufbau und Kompetenz-Zuweisung so wichtig ist und mit welchen Strategien Sie das Ziel erreichen, erfahren Sie in diesem Kapitel.

Beim Markenaufbau lassen sich große Unternehmen von teuren Agenturen beraten. Lassen Sie sich nicht beeindrucken von den Riesenkampagnen und millionenschweren Werbebudgets, mit denen viele kleine und mittelständische Unternehmen nicht mithalten können! In die Welt der großen Marken hineinzuschauen, ist trotzdem manchmal lehrreich, besonders wenn man feststellt, dass auch dort nur mit Wasser gekocht und selbst da einiges Lehrgeld für falsche Hoffnung bezahlt wird. Erschreckend ist, dass es trotz Millionen Euro an Werbebudget viele Unternehmen oder Produkte nie geschafft haben, eine erfolgreiche Marke zu werden; auch, dass viele Unternehmen einmal eine starke Marke waren und dann vom Markt verschwanden. Es kommt also nicht darauf an, ein hohes Werbebudget zu besitzen. Die Ursache für mangelnde Marken-Energie und Kompetenz-Zuweisung sind eine schlechte Positionierung und das fehlende Wissen über dieses Thema.

Die Positionierung einer energiereichen Marke ist das strategische Herzstück der Markenpolitik. Dabei ist es unerlässlich, die konkrete Positionierung bzw. Alleinstellung in jeder Nutzen-Kommunikation mit dem Markennamen zu verbinden, um die Vermittlung der Markenidentität zu etablieren. Alle Maßnahmen, wie Produkt-, Preis-, Vertriebs- und Kommunikationspolitik, müssen zielgerichtet aufeinander abgestimmt werden. Auch kleine und mittelständische Unternehmen sollten auf die Macht der Marke setzen, um von deren nicht unerheblichen Wettbewerbsvorteilen zu profitieren. Positionierung hilft Unternehmen nicht nur, schwarze Zahlen, ein leistungsstarkes Produkt oder eine Dienstleistung mit hoher Sogwirkung zu erarbeiten, sondern ebenso, ein überzeugendes Image, einen sauberen Ruf und die Kraft einer emotional starken Marke aufzubauen. Ist die Positionierungsstrategie vorhanden, so können daraus die notwendigen Marketingmaßnahmen abgeleitet werden. Umgekehrt vorzugehen und mit dem Marketing zu beginnen, bevor man sich überhaupt über die Positionierung im Klaren ist, hieße, das Pferd vom Schwanz her aufzäumen.

Marken und Kompetenz mit Energie aufzuladen, erfordert kein Elite-Wissen

Ich möchte Ihnen zeigen, dass dieses Thema kein Elitewissen erfordert. Alles unterliegt den Gesetzmäßigkeiten von Ursache und Wirkung. In diesem Kapitel möchte ich Ihnen die unterschiedlichen Sicht- und Herangehensweisen beschreiben, damit Sie die Hintergründe verstehen. Im Energie-Resonanz-Navigator habe ich Ihnen alle Möglichkeiten strukturiert zusammengestellt. Besonders die KMU haben hier noch einen großen Nachholbedarf an Wissen, aber auch brach liegenden Chancen. Der Nutzen beschreibt die Vorteile Ihres Angebotes. Eine hohe Marken-Energie und Kompetenz-Zuweisung beweisen, dass Sie der beste Urheber sind. Beide sind wichtigste Wirkungsverstärker Ihrer Positionierung. Sie erhöhen das Vertrauen in Ihr Unternehmen und Ihr Angebot. Sie steigern die Sogwirkungs-Energie bei Ihrer Zielgruppe. Sie veredeln Ihr Angebot in den Köpfen der Zielgruppe. Damit können Sie die Außenwahrnehmung Ihrer Markenaura und die Markenenergie steigern und im Gedächtnis der Verbraucher eine nachhaltige Präsenz erzeugen.

Dass der Aufbau einer energiereichen Marke kein Hexenwerk ist, möchte ich Ihnen an zwei Beispielen zeigen. Hier steckte die Marken-Energie bereits in den Produkten, aber keiner hatte sie erkannt. Die beiden Praxisfälle belegen erneut, dass Sie nur lernen müssen, zu sehen und Fragen zu stellen. Antworten finden Sie aber nur, wenn Sie die richtigen Fragen kennen und wissen, mit wem und wie man sie erarbeitet.

Vom austauschbaren Produkt zu einer weltweit energiereichen Marke

Dow Corning, weltweit die Nummer eins in Silikon, entwickelte auf Alkoxy-Basis eine neue Technologie, die mittelfristig die alte auf Essig-Basis ablösen sollte. Da man wusste, dass Mitbewerber ebenfalls an einer neuen Technologie arbeiteten, wollte man zuerst auf dem Markt sein. Eile war also geboten. Nachdem die Positionierungsvorschläge aus dem eigenen internationalen Agenturnetzwerk keine Begeisterung ausgelöst hatten, erhielten wir den Auftrag, die Positionierung zu entwickeln.

Die systematische Analyse aller Positionierungsmöglichkeiten brachte nicht den erwünschten Erfolg. Eine neue Silikon-Technologie ohne eine besondere Alleinstellung wird niemals eine hohe Marken-Energie erreichen. Deshalb baten wir die Forscher und Entwickler von Dow Corning, die Patentschriften unter Marketinggesichtspunkten zu analysieren und auf jede Besonderheit zu achten. Sie freuten sich über diese Aufgabe, um die sie noch nie jemand gebeten hatte. Ich bat sie auch darum, alle Erkenntnisse so einfach zu formulieren, dass sie auch Oma bzw. ich sie verstehen kann. Der Erfolg ließ nicht lange auf sich warten.

In einer Telefonkonferenz erklärten uns die Forscher und Entwickler sehr stolz und in verständlicher Sprache, dass sie eine Alleinstellung gefunden hatten – ein patentiertes Alleinstellungsmerkmal von unglaublicher Tragweite. Jedes Silikon braucht für die Vernetzung der Moleküle nach der Verarbeitung einen Katalysator, der nach der Reaktion im Silikon verbleibt und einen lebenslangen »Fugenschlaf« hält. Während andere Hersteller mit Zink forschten, hatte Dow Corning einen Titanium-Katalysator mit einer ungewöhnlichen Eigenschaft patentieren lassen: Der Katalysator bleibt auch nach der Reaktion ständig aktiv und sorgt so für eine Langzeitelastizität, sogar bei extremster Temperaturschockbehandlung. Mit einem auffälligen Siegel auf allen Produkten und dem Claim »Gibt nach – ohne aufzugeben« entwickelten wir eine Werbekampagne und Vertriebsunterlagen mit Anzeigen, Presseberichten, Broschüren etc. Dank einer breit angelegten Anzeigen- und PR-Kampagne verzeichnete der Vertrieb innerhalb von zwei Monaten einen Auftragszuwachs von über 60 Prozent – und das in einem stagnierenden Markt! Das Typische an diesem Beispiel: Auch hier steckte die Marken-Energie bereits im Produkt.

> „Innovationen müssen sich an den Bedürfnissen der Kunden orientieren, bzw. im Idealfall sollte der Kunde sehr früh in den Innovationsprozess mit eingebunden werden. Dabei ist aber ebenso zu berücksichtigen, dass sich Durchbruchsinnovationen sehr häufig aus den Kernkompetenzen des Unternehmens ergeben und nicht vom Kunden artikuliert werden. Die Idee sucht sich die Zielgruppe im Markt. Dabei nimmt die Kommunikation einen wichtigen Bestandteil im Prozess der Positionierung ein, insbesondere im Aufbau der Bekanntheit und Etablierung des angestrebten Images. Der nachhaltige Erfolg stellt sich aber nur dann ein, wenn es zu einer Deckung von Nutzenversprechen und Produkterfahrung kommt."
>
> Ralf Klippel, Dow Corning GmbH,
> Commercial Manager Construction Industry

Lernen Sie bestehende Marken-Energie erkennen

Normalerweise wird in der Entwicklungsabteilung ein Produkt oder neue Technologie entwickelt und eine Zulassung erwirkt. Die Geschäftsleitung, Forscher und Entwickler sind glücklich und übertragen die Verantwortung für den Erfolg an die nächsten Abteilungen, wie Marketing und Vertrieb. Die Marketingabteilung bzw. eine Werbeagentur entwickelt die Werbestrategie. Der Vertrieb wird geschult und erhält alle notwendigen Unterlagen. Soweit ist alles in Ordnung – doch dann kommt oft das große Erwachen. Die Werbemaßnahmen und Vertriebsaktivitäten bringen nicht den gewünschten Erfolg. Die Geschäftsleitung, Forscher und Entwickler werfen ihrem Marketing und Vertrieb Unfähigkeit vor. Der Vertrieb fordert, dass man in Zukunft doch bitte Dinge entwickeln soll, für die auch ein Bedarf besteht. In meiner gesamten Laufbahn habe ich noch nie erlebt, dass der Marketingverantwortliche, die Werbeagentur und der Vertriebsleiter sich vorher mit den Forschern und Entwicklern an einen Tisch gesetzt haben. In meinen Workshops mit Unternehmen sind immer alle Abteilungen vertreten. Ausnahmslos alle sind überrascht, was wir am Ende gemeinsam an schlummernden Potenzialen aufgedeckt haben. Jeder Teilnehmer ist dankbar, weil zum ersten Mal gemeinsam das Thema Positionierung analysiert und die neuen Potenziale entdeckt wurden. Allen ist danach klar, dass sie es auch in Zukunft immer wieder tun werden.

In dem zweiten Beispiel geht es ebenfalls um eine neue Technologie. **Positionierung einer neuen Produktkategorie** Hier offenbarte die Analyse der Patente, die Art der Herstellung und Technologie anfangs keinerlei Alleinstellungsmöglichkeit. Die Produkt-Positionierungsstrategie beruht nicht immer darauf, unbedingt etwas Neues oder Einmaliges zu finden. Sie verbindet auch vorhandene Gedanken und Wissen, gestaltet sie um und verknüpft sie zu neuen Assoziationen. Als bei einem Tochterunternehmen von Dow Corning ein Silikon-Produktwechsel anstand, waren sich alle Experten aus Marketing und Vertrieb einig, dass beim Austausch des alten Produktes ein Verlust von Marktanteilen unvermeidbar sei. Von Bedeutung war, dass das bekannte Altprodukt einen hohen Stellenwert bei den Verarbeitern hatte und mit über 50 Prozent der Hauptumsatzträger war.

Der erste Schritt bestand auch hier darin, die Entwickler zu bitten, die Patente und das Herstellungsverfahren unter Marketinggesichtspunkten zu analysieren. Außer einer patentierten Haftverstärker-Technologie und der für Laien schwer verständlichen chemischen Zusammensetzung hatte das neue Produkt scheinbar keinerlei Alleinstellungsmerkmale – damit auch wenig Energie. Erst als wir über unsere Fragen immer tiefer bis in die Molekularstruktur vordrangen, kam der entscheidende Hinweis: Das Produkt hatte aufgrund des Herstellungsverfahrens kürzere Molekülketten als andere Silikone. Für den Verarbeiter war das erst einmal nichts Besonderes – für den Positionierungsprozess war es eine Perle. Was lässt sich mit einem Silikon aus kurzkettigen Molekülen anfangen? Wir haben es als das weltweit erste »micro-vernetzte« Silikon positioniert und damit eine neue Produktkategorie geschaffen. Als Nächstes galt es, die besonderen Produktvorteile zu erarbeiten. Die Kombination von micro-vernetztem Silikon mit der neuen Haftverstärker-Technologie führte uns zu einer bildhaften Beschreibung, wie hochaktive Andockmoleküle sich elastisch und dauerhaft mit den Oberflächenmolekülen von Glas, Metallen, Holzbeschichtungen, PVC und mineralischen Untergründen zu einem elastischen »Verbundnetzwerk« verbinden.

Was dann noch fehlte, war eine optische und demonstrativ darstellbare Alleinstellung. Der Extremtest-Beweis war eine gute Möglichkeit, besondere Leistungsfähigkeit zu demonstrieren. Im technischen Labor des Unternehmens wurde das Silikon den bis dahin extremsten Belastungen ausgesetzt – mit verblüffenden Ergebnissen. Jetzt hatten wir aus einem neuen Produkt ohne Alleinstellung eine neue Produktkategorie und damit eine Marke mit einer hohen Energie entwickelt. Um nichts dem Zufall zu überlassen und schnell eine hohe Akzeptanz zu erreichen, benötigten wir noch eine externe Kompetenz-Zuweisung. Dazu wurde mit meinungsbildenden und kritischen Verarbeitern ein breit angelegter Feldtest durchgeführt. Das neue Produkt erhielt die Note »sehr gut«.

Auch hier folgte die Energie der Information

Die Produkteinführung mit Mailings, Anzeigen, Broschüren und technischen Datenblättern für den Vertrieb war ein großer Erfolg. Ein Fachpressebericht stellte das Produkt auf drei Seiten als Weltneuheit vor. Die Umstellung vom alten auf das neue Produkt wurde schneller als erhofft erreicht. Trotz Rezession in der Bauwirtschaft stieg sogar der Umsatz, und man gewann neue Marktanteile hinzu.

Das neue micro-vernetzte Silikon erreichte in der Fachwelt ein hohes öffentliches Interesse und einen so gigantischen Stellenwert, dass sogar Architekten und Planer, die Glasfassaden an Hochhäusern konzipieren, anriefen und wissen wollten, ob das Wundersilikon auch für Extrembelastungen an Hochhäusern geeignet sei. Das Produkt wurde als komplett neue Silikon-Generation wahrgenommen.

Der Erfolg ist ein weiterer Beweis dafür, dass vor jeder Marketingaktion oder Einführung eines neuen Produktes die Analyse des Produkts steht. Denn darin steckt meistens schon die Marken-Energie. Die externe Kompetenz-Zuweisung durch meinungsbildende und kritische Verarbeiter war ein wichtiger Wirkungsverstärker. Wer die Gesetze der Energie-Resonanz-Positionierung anwendet, sollte die verborgenen Alleinstellungen finden. Ohne Marken-Energie hätte sich der Vertrieb sehr schwer getan, das neue Produkt erfolgreich im Markt zu etablieren.

Werden Sie zum Anwalt Ihrer Kunden

Betrachten Sie Ihr Unternehmen, Ihr Produkt oder Ihre Dienstleistung immer aus den Augen Ihrer Zielgruppe und werden Sie zum Anwalt Ihrer Kunden. Die Energie-Resonanz-Positionierung hat zum Ziel, dass Sie als der Goldstandard in Ihrer Branche oder Ihrem Einzugsgebiet erkannt zu werden. Deswegen ist es wichtig, alle Vorbehalte, Zweifel oder Vergleichbarkeiten bereits im Vorfeld zu berücksichtigt und auszuräumen. Kommen Sie in einem Verkaufsgespräch in Erklärungsnot oder verkauft sich Ihr Angebot nicht wie gewünscht, kann das an einer mangelnden Marken-Energie und schlechten Kompetenz-Zuweisung liegen. In dieser Energiequelle geht es darum, den Blick zu schärfen für das, was bereits da ist oder als Schatztruhe irgendwo schlummert. Die Frage nach der Steigerung der Marken-Energie und Kompetenz-Zuweisung schwebt wie eine ständige Herausforderung über dem gesamten Positionierungsprozess.

Ich werde Ihnen in diesem Kapitel einige Möglichkeiten der Veredelung vorstellen. Grob unterscheide ich hier zwei Strategien: den Aufbau einer energiereichen Marke und eine intelligente Kompetenz-Zuweisung als wichtigen Wirkungsverstärker. Die Kompetenz-Zuweisung berücksichtigt zwei Richtungen. Die Externe sucht die von außen zugewiesenen oder zugekauften Besonderheiten, z. B. neutrale Bewertungen wie Prüfsiegel, Stiftung Warentest, Vergleiche mit anderen Wettbewerbern, eine Zwei-Marken-Strategie oder Kooperations-Know-how. Die interne Zuweisung umfasst hausinterne Besonderheiten, wie spezielle Kompetenzen, Verarbeitung, Bearbeitung, Herkunft, Tradition, Technologien, etc.

Eine Fundgrube für Kompetenz-Zuweisungspotenziale

In der Zusammenarbeit mit dem ELB Eloxalwerk in Ludwigsburg offenbarte bereits die Analyse der Nutzen-Kommunikation und Kompetenz-Zuweisung ein Feuerwerk an Alleinstellungsmerkmalen. Aluminium ist das häufigste Metall in der Erdkruste. Es ist leicht, seine Bedeutung als Werkstoff ist riesengroß und nimmt ständig zu. Um Gewicht einzusparen, wie zum Beispiel in der Automobilindustrie, suchen die Ingenieure nach immer leichteren Alternativen. Dabei spielt die Legierung und Oberflächenbehandlung eine wichtige Rolle. In der Zusammenarbeit offenbarte sich ein neues Verfahren als besondere Alleinstellung. Es wurde bereits als Patent angemeldet und zugelassen. Mit dem Verfahren ist das Unternehmen in der Lage, mikrovernetze Nanohybrid-Oberflächen zu erstellen. Diese Art Oberfläche zählt heute zu den fünf härtesten Materialien der Welt. Sie erreicht Laufzeiten, die um den Faktor 10.000 größer sind als das klassisch oberflächenveredelte Aluminium. Das Besondere in diesem Unternehmen ist, dass es mit seinen modernsten Technologien die Oberfläche von Aluminium für nahezu jegliche Anforderung modifizieren kann. Die Produkte finden sich als dekorative Highend-Oberfläche in Luxusfahrzeugen, als konkurrenzlos langlebige verlässliche Komponente im Maschinenbau, in der Raumfahrt, Medizintechnik und in vielen anderen Bereichen.

Die Anlagentechnik bei ELB befindet sich auf höchstem Niveau, alle Prozesse sind automatisiert und 100-prozentig reproduzierbar. Das Werk ist heute in puncto Oberflächentechnik und Verschleißschutz für Aluminium der Ansprechpartner Nummer 1. Die nobelsten Automarken arbeiten deshalb mit ELB zusammen, weil die dortigen Verantwortlichen ELB eine höhere Kompetenz als den Mitbewerbern zugewiesen haben.

> „Im Rahmen unseres Workshops „Positionierung" mit Peter Sawtschenko und der nachfolgenden Projektarbeit wurde uns durch die intensive Aufarbeitung unserer Möglichkeiten bewusst, welche einzigartigen Leistungen wir erbringen und welche Alleinstellungsmerkmale diese im Markt bereits haben und in Zukunft noch erreichen können. Rückblickend betrachtet, schärfte Peter Sawtschenko unser gemeinschaftliches Bewusstsein und veränderte dadurch nachhaltig unsere interne Kommunikation sowie die Kommunikation nach außen, vor allem zum Kunden. Wir sind durch den Workshop heute viel besser in der Lage, unseren Kunden zu vermitteln, welchen Nutzen sie aus unseren Oberflächen und Dienstleistungen für ihre Produkte ziehen können und welche Alleinstellungsmerkmale sie selbst damit im Markt erreichen. Wir verzichten in unserer Kommunikation auf technischen Ballast und konzentrieren uns auf wesentliche Dinge wie Ertrags- oder Entwicklungspotenzial. Es geht darum, die eigenen Kompetenzen für den Kunden interessant zu machen."
>
> Geschäftsführer Jörg Zerrer, Helmut Zerrer GmbH,
> Eloxalwerk – Ludwigsburg

Die Bedeutung der Marke bei der Kaufentscheidung

Die Macht der Marken ist unbestritten. Positiv kommt hinzu, dass das Markenbewusstsein stetig ansteigt. Eine Marke hilft dem Verbraucher, über den eigentlichen Nutzen hinaus, sich selbst zu definieren und seine Identität zu beschreiben. Darüber hinaus helfen Marken, Kaufentscheidungen zu treffen. Supermärkte mit 30.000 und mehr Artikeln, aber ohne Verkaufspersonal, konfrontieren den Kunden mit der Qual der Wahl. Der Markenname wird hier immer mehr zu einem stummen Verkäufer, denn es wird nicht mehr verkauft, sondern gekauft. Vor den Regalen finden täglich hochkomplexe Kaufentscheidungen statt. Produkte, die nicht schon im Vorfeld Akzeptanz finden, haben wenig Chancen – höchstens über den Preis.

Es wird immer mehr gekauft als verkauft
Das Verkaufen ohne Verkäufer schwappt wie eine unaufhaltsame Welle durch alle Branchen. Märkte werden große Supermärkte. Waren werden bergeweise gelagert, zum Zugreifen arrangiert und zu einem guten Preis angeboten – aber immer weniger verkauft. Was man sich anfangs kaum vorstellen konnte, gehört mittlerweile zum Handelsalltag: der Kauf per Internet. Während die einen um ihren Job bangen, machen andere kräftige Gewinne mit weniger Aufwand. Der Markenname repräsentiert das Produkt. Die Höhe der Marken-Energie entscheidet über die Wahrnehmung, aber auch über die Höhe des Preises. Liegt ein T-Shirt mit unbekanntem Logo neben einem der Marke Nike, Boss oder Versage, dann steuert die Marken-Energie die Wahrnehmung. Der Verkaufsprozess ist bereits mehr oder weniger in der Marke enthalten. Unternehmen nutzen die Marken-Energie, um Kaufentscheidungen in ihrem Sinne zu steuern und ihre Produkte zu einem höheren Preis zu verkaufen.

Wer sich die mangelnde Marken-Energie und Kompetenz-Zuweisung anschaut, versteht auch das Warum. Viele Unternehmer glauben immer noch, dass die Anmeldung eines Markennamens ausreicht, um damit eine Markenwelt aufzubauen. Ein Markenname ist aber zunächst nur ein Mäntelchen ohne Inhalt und Wert. Erst wenn der Mehrnutzen die Wahrnehmungsenergie gegenüber den Wettbewerbern steigert, weist Ihnen Ihre Zielgruppe automatisch einen Markenwert zu und Sie können eine wertvolle Marke schaffen.

Geschäftsmodell, Marke und Kompetenz-Zuweisung

Ein Schnäppchenmarkt mietet eine Halle und verkauft auf Paletten oder Tischen günstige Waren aus Überproduktionen oder Versteigerungen. Aushilfen füllen die Regale oder bedienen die Kasse. Hier liegt der Gewinn im Einkauf und geringen Nebenkosten. Als ich in

150

den ersten Aldi-Läden einkaufte, standen Paletten mit geöffneten Kartons an den Wänden und im mittleren Bereich. Nicht selten waren Verpackungen kaputt und der Inhalt lag verstreut auf dem Fußboden. Auch hier war das Geschäftsmodell einfach und zwingend logisch. Mit günstigen Produkten des täglichen Verbrauchs erreichte man eine hohe Frequenz von Kunden, einen schnelleren Abverkauf und die Personalkosten waren gering. Hier kam es darauf an, schnellstmöglich viele Läden zu eröffnen. Dann konnte man bessere Einkaufskonditionen erreichen, die Qualität steuern und eigene Marken entwickeln.

Baumärkte gibt es wie Sand am Meer. Ein Baumarkt ohne Fachpersonal ist eine Lagerstätte mit Schwerpunktabteilungen, in denen Kunden ihre Ware in den Einkaufwagen legen und an der Kasse bezahlen. Also ein reiner Selbstbedienungsladen. Hier kaufen Kunden, die selbst wissen, was sie wollen. Für sie spielen Nähe, Preis und Verfügbarkeit eine wichtige Rolle. Hier stehen Marken, Produktauswahl und Preis im Vordergrund. Ein anderer Baumarkt beschäftigt ausgebildetes Fachpersonal wie Installateur, Elektriker, Gärtner, Schreiner etc. und wirbt mit exzellenter Beratung. Hier wird der Markenname mit der fachlichen Beratungskompetenz verbunden.

Um sich den Wettbewerbern und dem Preisdruck zu entziehen, hatte ein ehemaliger Kunde seinen Elektrohandel anfangs sehr erfolgreich auf Schwarzarbeiter und Heimwerker ausgerichtet. Vorrangig auf jene also, die ein Haus bauen, umbauen und alle Elektroarbeiten selbst machen wollen. Für die Abnahme elektrischer Leitungen und Anlagen ist jedoch immer ein Meister erforderlich. Deshalb stellte der Händler Elektromeister als Verkäufer und Berater ein. Sie berieten die Kunden, auch vor Ort, wie sie die Kabel verlegen müssen. Am Ende prüfte der Meister alles, schloss die Kabel im Sicherungskasten an und erstellte ein meisterliches Abnahmeprotokoll.

Jedes Geschäftsmodell hat seine Vor- und Nachteile

Jeder der genannten Märkte ist eine Marke. Beachten Sie bitte die Energie hinter jedem dieser Märkte. Jeder hat seine Zielgruppen und jeder hat eine unterschiedliche Marken-Energie für unterschiedliche Zielgruppen. Jedes Geschäftsmodell hat Vorteile und Nachteile. Wenn die Konjunktur schwächelt und der Umsatz zurück geht, haben Modelle mit hohen Personal- und Fixkosten als Erstes ein Problem. Der Schnäppchen-Virus und die schnelle Preisvergleichsmöglichkeit per Handy machen das Leben von Unternehmen mit Fachberatung immer schwieriger. Kunden lassen sich beraten und kaufen dann beim Günstigsten. Der Bedarf an Beratungskompetenz und Service wird zwar wachsen, jedoch wird der Schnäppchen-Virus, besonders durch das Internet, so manche Branche in Schwierigkeiten bringen.

In der Zusammenarbeit mit einem kleinen mittelständischen Möbelhaus mit drei Niederlassungen mussten wir nach einem neuen Geschäftsmodell suchen. Die Firma hatte sich auf Designermöbel spezialisiert. Die Kunden ließen sich beraten, fotografierten ihre Lieblingsmodelle – ein App erkennt sofort den Hersteller – und suchten dann im Netz nach dem günstigsten Anbieter. Das ist nur ein Beispiel dafür, wie Kompetenz ausgenutzt wird und Geschäftsmodell oder Markenname wieder vom Markt verschwinden können. Wie bei den tiertauglichen Küchen von olina haben wir aber mit der Energie-Resonanz-Positionierung für das Möbelhaus tatsächlich eine Nische entdeckt, die gerade realisiert wird. Ich freue mich schon auf den Markteintritt.

Was ist eigentlich eine Marke?

Lassen Sie uns den Begriff »Marke« einmal näher betrachten. Zuerst einmal ist jeder Eigenname ein Markenname. Jeder Mensch positioniert sich jeden Tag in seinem Umfeld aufs Neue. Jeder hat seine Werte, seine Art zu reden, zeigt mehr oder weniger Mitgefühl, ist ehrgeizig, bescheiden, forsch, zurückhaltend, ängstlich oder mutig. Die Eigenschaften sind vielfältig. Jeder Mensch ist ein Unikat. Jeder von uns steht mit seinem Namen und damit, wie er handelt, denkt und reagiert, für etwas Bestimmtes – privat wie geschäftlich, positiv oder negativ. Wird ein Eigenname mit einer besonderen Kompetenz in Verbindung gebracht und erreicht er eine breite Öffentlichkeit, so steigt die Bedeutung des Markennamens. Marken wie wir sie kennen, sind entweder Produkte, die irgendwo auf Bügeln hängen, wie Boss, Versage etc., oder in Regalen stehen, wie Ferrero, Coca Cola, Persil etc. Sie können Dienstleistungen und Software sein, wie Microsoft, oder Internetplattformen, wie Google, Facebook etc. Doch das ist nur ein Teil der Markenwelt. Ein anderer nicht unwesentlicher Teil sind die vielen produzierenden Hersteller und Zulieferer für Bau- und Ersatzteile; Handwerker, Serviceunternehmen, Händler, Banken, Versicherungen oder Krankenhäuser; Einzelpersonen wie z. B. Berater, Politiker, Ärzte, Künstler, ja sogar Non-Profit-Organisationen wie Universitäten, Museen und Kirchengemeinden. Auch sie müssen sich als Marke sehen und verstehen!

Wie stark ein Name jedoch im Gedächtnis der Zielgruppe wird und welche Energie-Resonanz sie auslöst, hängt von der Höhe des Nutzens und der Kompetenz-Zuweisung ab, die ihm eine Zielgruppe zuweist. Energielose Marken und Unternehmen mit energielosen Angeboten werden es in Zukunft immer schwerer haben, zu überleben. Sie verlieren in der Wahrnehmung bei ihrer Zielgruppe und potenziellen Neukunden an Aufmerksamkeit und Image. Markendenken und der „Branding-Prozess" sollten als übergeordnetes Ziel in jedem Unternehmen, das Positionierungs-Denken steuern.

> In der Positionierung steht als Einziges das Ziel im Vordergrund, den Wert und die Aufmerksamkeitsenergie einer Marke zu steigern, im Gedächtnis der Verbraucher eine nachhaltige Präsenz zu verschaffen und damit den langfristigen Erfolg zu sichern.

Qualitätsanspruch und Vertrauen als Wettbewerbsfaktoren

Qualitätsanspruch und Vertrauen können sehr starke Wettbewerbsfaktoren sein und die Energie einer Marke aufladen. Nur einige Beispiele. Ein Unternehmer kann die persönliche Verantwortung für die Qualität und Reinheit seiner Produkte übernehmen – wie Claus Hipp, der mit seinem Namen für die biologische Unbedenklichkeit seiner umfassend getesteten Babynahrung bürgt. Ein Hersteller kann sich selbst eine externe Zertifizierung oder Qualitätskontrolle auferlegen – wie Frosta für seine biologischen und zusatzfreien Tiefkühlprodukte. Bei gesellschaftlichen Veränderungen und Wertewandel können auch kollektive Gemeinschaften Produkte pushen, wenn diese hohe Symbolkraft besitzen – die Bionade war so ein Beispiel, sie wurde zur Trend-Limonade der Umweltschützer.

Jeder Mensch, jedes Unternehmen und jedes Angebot sollte einen Standpunkt vertreten

Jedes Unternehmen hat auch innere Werte. Marken-Energie und Kompetenz-Zuweisung sind immer auch mit der eigenen Wertzuweisung gekoppelt. Es wird unterschätzt, welche Kraft und Energie das Vertrauen zu sich selbst frei setzt. Sich selbst zu folgen und zu vertrauen, ist der erste Schritt zu mehr Selbstachtung, mehr Selbstbewusstsein, Selbstsicherheit und Selbstvertrauen – sie führen letztendlich zur Selbstbestimmung.

Ich mache es jedem recht. Wenn es sein muss, kann man mit mir auch über den Preis reden – solche Einstellungen finden sich in fremdbestimmten Unternehmen. Deswegen folgen Sie immer den Fragen: Wofür stehen Sie? Wie möchten Sie gesehen werden? Wie zelebrieren Sie Ihr Unternehmen, ihre Produkte oder Dienstleistungen? Auf was legen Sie besonderen Wert? Was macht Sie anders als andere? Warum ist Ihr Angebot besser als das der Mitbewerber? Warum sind Sie teurer als andere? Welche Kompetenz-Schublade haben Sie bereits belegt, welche ist noch frei? Können Sie einen Expertenstatus aufbauen und bei wem lösen Sie damit eine hohe Resonanz aus? In jeder Branche gibt es Kompetenzfelder, die noch nicht belegt sind. Energiereiche Unternehmen, Produkte und Dienstleistungen brauchen eine hohe Kompetenz-Zuweisung. Ein Kunde brachte das Problem mit einer klaren Aussage auf den Punkt:

> „Wichtig ist die Definition der Kernkompetenz eines Unternehmens. Unter Kernkompetenz definieren wir die Summe von Einzelkompetenzen, welche durch ihre Zusammenfügung zur Kernkompetenz des Unternehmens wird. Die richtige Kombination von Einzelkompetenzen im Sinne des Kundenproblems zur Kernkompetenz ist oft von entscheidender Bedeutung für den Erfolg des Unternehmens."
>
> Norbert Samhammer, Vorstand der Samhammer AG

Wenn die Marken-Energie bereits in Design und Funktion steckt

Ein weiterer entscheidender Faktor, der hohe Marken-Energie auslöst, sind Energien, die durch unsere Emotionen und Gefühle entstehen. Wenn Ihre Produkte eine einheitliche Designsprache haben, die bei Ihren Kunden positive Emotionen und Gefühle auslösen, ist das ein Wirkungsverstärker. Wenn eine einheitliche Designsprache dann noch weltweit eine hohe Energie-Resonanz freisetzt, dann ist das die ganz hohe Schule der Positionierung. Erinnern wir uns an das Beispiel Apple. Was fasziniert an diesen Smartphones und Tablets? Nicht nur der technische Fortschritt, sondern auch der Name und das Design versetzen die Zielgruppe global in nachhaltige Schwingungen bzw. Resonanz.

Ein mittelständisches Unternehmen aus dem Odenwald setzt weltweit Kauf-Energien frei

Ein Musterbeispiel für höchste Marken-Energie ist die Erbacher Designschmiede Koziol. Ihre Kernkompetenz ist die Herstellung von Kunst für den täglichen Gebrauch. Obwohl Koziol eine breite Produktpalette anbietet und immer wieder ungewöhnliche Objekte entstehen, zieht sich das Design wie ein roter Faden durch alle Produkte. Es ist das Dach und die Klammer über der klaren Spezialisierung im Markt. Die Produkte werden als etwas ganz Besonderes und Edles wahrgenommen, obwohl sie eigentlich „nur" aus Kunststoff produziert werden. In der Zusammenarbeit mit einem solchen Unternehmen können Sie sich der Energie nicht entziehen. Ganz im Gegenteil: Ich fuhr mit mehr Energie nach Hause als ich bei der Ankunft hatte. Denn Koziol ist Energie pur, angefangen beim Inhaber über die Mitarbeiter bis zu den Produkten und Designs.

Koziol – ist Kunst und Marken-Energie pur

Gebrauchsgegenstände als Kunstobjekte Koziol ist ein außergewöhnliches Unternehmen mit außergewöhnlichen Produkten und außergewöhnlichen Erfolgen. Bekannt wurde Koziol 1950, als Firmengründer Bernhard Koziol die Traumkugeln erfand. Seit damals gibt es in fast jedem deutschen Haushalt diese vielgestaltigen Kugeln, in denen aufgeschüttete „Schneeflocken" langsam zu Boden rieseln. Mittlerweile hat sich viel verändert. Koziol hat eine unverwechselbare Designsprache geprägt. Mit kunterbunten, originellen und ästhetisch ungewöhnlichen Produkten für Wohnen, Küche, Bad und Büro verschönern Menschen auf der ganzen Welt ihr Zuhause. Die fröhlichen Haushalts- und Bürohelfer aus Kunststoff werden heute in über 2.800 Premium-Geschäften in 50 Ländern verkauft, sie stehen auch in den edelsten Kaufhäusern wie Harrods in London, den Galeries Lafayette in Paris oder bei Bloomingdale's in New York. Selbst Prinz William und seine Frau Catherine schätzen das Design, die Funktionalität und das positive Lebensgefühl von Koziol. Welchen Stellenwert Koziol in einem Königshaus hat, unterstrich Herzogin Kate, indem sie sich mit einem Produkt auf der Titelseite einer renommierten Zeitschrift abbilden ließ.

Viele prämierte Koziol-Produkte sind in Design-Museen oder Kunstkatalogen zu finden. Das Faszinierende: Der Firmeninhaber ist ein Meister im Erkennen von Fähigkeitspotenzialen. Sind die Fähigkeiten im Haus nicht vorhanden, kauft er sie draußen ein. Zum

156

Beispiel, indem er weltweit angesehene Designer für sich arbeiten lässt, die ihm garantieren, dass seine Produkte unverwechselbar bleiben. Die Designer sind Profis genug, um die Koziol-Designlinie perfekt fortführen zu können. So erkennt jeder Käufer auch ohne Logo, dass es sich um ein Koziol-Produkt handelt. Doch eines hat sich nicht geändert: Seit jeher wird bei Koziol auf Qualität made in Germany, soziale Verantwortung, Nachhaltigkeit und Umweltschutz gesetzt. Dieses Konzept geht auf: Koziol gehört zu den wenigen Firmen, die ausschließlich in Deutschland produzieren und ihren Umsatz – allen Krisen zum Trotz – Jahr für Jahr steigern können.

Das erfolgreiche Unternehmen engagierte mich, weil es noch weiter an seinen Potenzialen arbeiten wollte, vor allem in den Bereichen Positionierungsanalyse, Optimierung der Wertschöpfungskette, POS-Strategien, Kommunikation unter den Abteilungen, Vertrieb, Export, Sortimentsveredelung und neue weltweite Vertriebswege. Koziol ist ein klassischer Fall von einem Unternehmen, das schlummernde Zukunftspotenziale im Überfluss besitzt. Um die Produkte und die Philosophie von Koziol hautnah zu erleben, besuchte ich vor unserem Workshop das firmeneigene Museum. Danach verstand ich, warum Besucher oft mehr einkauften als ins Auto passt, und Menschen auf der ganzen Welt Koziol lieben: Es macht einfach Spaß, die Gegenstände in die Hand zu nehmen, sie zu benutzen oder sie einfach nur anzusehen. Koziol bietet die perfekte Mischung aus Form, Farbe und Funktion. Das zu wissen, war eine gute Grundlage für den Workshop. Wir arbeiteten an einer klareren Kommunikation der Koziol-Philosophie, einer gezielteren Ansprache der Händler, an neuen Vertriebswegen und verkaufsunterstützenden Maßnahmen, an Intel-inside-Konzepten, innovativen PR-Strategien und einer besseren Wahrnehmung der Wertigkeit der Produkte: Gemeinsam setzten wir viel neue kreative Energie frei und sammelten jede Menge Zukunftspotenziale für die nationalen und internationalen Märkte. Jedoch: Je größer solche Potenziale, desto wichtiger wird es, sich auf das Wesentliche zu konzentrieren.

Zukunftspotentiale im Überfluss

157

Koziol als Kultmarke Koziol ist ein Musterbeispiel für eine erfolgreiche Energie-Resonanz-Positionierung. Faszination ist die höchste Stufe der vollkommenen Markenidentifikation und Energie-Resonanz. Koziol spricht eine Zielgruppe an, die die kleinen und schönen Dinge des Lebens wahrnimmt und sich darüber freuen kann. Die emotionale Energie folgt der Liebe zum Design. Untersuchungen haben ergeben: Je mehr Koziol-Produkte im Haushalt stehen, desto lieber wird nachgekauft. Küche, Bad, Garten oder Büro – die Kunden sind so begeistert, dass sie ihr gesamtes Leben „koziolisieren", es auf diese Weise bunter und schöner gestalten Die Marke weckt allerdings nicht nur bei den Kunden positive Resonanz, sondern auch bei Kooperationspartnern. Das Interesse von Firmen, die nach besonderen Incentives oder Prämien suchen, ist riesig. So warb Ferrero mit großem Aufwand mit Koziol. Das Unternehmen schaltete mehrere Wochen lang Fernsehspots für eine Sammelpunktaktion, bei der sich die Kunden eine exklusiv designte Koziol-Trinkflasche sichern konnten. Um die Milchschnitte und andere Produkte auch im Sommer gut zu verkaufen, wurde von Koziol sogar eine spezielle Snackbox mit Kühlkissen entwickelt.

> „Mit Ihrer Erfahrung und Ihrem Wissen haben Sie mir die fehlende Theorie dafür geliefert, dass das, was ich in der Praxis für gut und wichtig gehalten habe, auch tatsächlich einer wissenschaftlichen Prüfung standhält. Im operativen Geschäft fehlt oft der notwendige Abstand, um zu erkennen, was sich im Laufe der Jahre an Stärken, Wissen und Fähigkeiten im Unternehmen entwickelt hat und wo die größten Chancen für die Zukunft liegen. Dank Ihrer Methode, der jahrzehntelangen Erfahrung und dem Grundlagenwissen war es ein Vergnügen, Zukunftsszenarien zu entwickeln und Schwerpunkte zu setzen."
>
> Stephan Koziol

Mit Systemangeboten aus der Preisfalle

Wenn Sie sich nicht mit einer gefährlichen Bauchladen-Strategie verzetteln wollen, dann betrachten Sie Ihre Angebote einmal unter dem Aspekt der Bündelung. Dabei steht folgende Frage im Mittelpunkt: Wie können Sie die verschiedenen Angebote zu einem neuen Angebot oder System kombinieren und verbessern? Vergleichbare Leistungen und Produkte führen dazu, dass die Kunden sich bei der Kaufentscheidung vom Preis leiten lassen. Systeme dagegen werden als höherwertig und durchdachter wahrgenommen und entziehen sich dem Preisvergleich. Sie verfügen über eine höhere Kompetenz-Zuweisung.

Gerade in einem Wettbewerbsumfeld kann Kompetenz-Zuweisung entscheidend sein. Ein Physiotherapeut, der mit seinen Kollegen ständig um neue Kunden bei orthopädischen Ärzten buhlte, schaffte es, dass sich die Winter-Olympiamannschaft unter anderem auch von ihm behandeln ließ. In seinen Praxisräumen hängen überall Bilder von den Athleten. Mit dieser externen Kompetenz-Zuweisung wurde er von Ärzten deutlich häufiger empfohlen. Dahinter steht der Gedanke, dass die Verantwortlichen der Winter-Olympiamannschaft sich nicht irren können, wenn sie mit diesem Physiotherapeuten zusammen arbeiten. Es kommt nicht immer darauf an, ob sie von einer Zielgruppe existieren können, sondern welche anderen Zielgruppen sie damit automatisch anziehen.

Kompetenzzuweisung durch die Zielgruppenauswahl

Als Unternehmer sollten Sie sich immer das Gesetz der Wirtschaft bewusst machen. Vor allem wenn Ihr Unterscheidungsmerkmal scheinbar nur noch der Preis ist, sollten Sie diesen Einkaufsakt unterbrechen. Sorgen Sie dafür, dass Ihr Kunde sich auf Ihre besonderen Leistungen und den Mehrwert konzentriert.

Unterbrechen Sie den Preisvergleichs-Einkaufsakt

> „Es gibt kaum etwas auf dieser Welt, das nicht irgend jemand ein wenig schlechter machen und etwas billiger verkaufen könnte, und die Menschen, die sich nur am Preis orientieren, werden gerechte Beute solcher Machenschaften. Es ist unklug, zu viel zu bezahlen, aber es ist noch schlechter, zu wenig zu bezahlen. Wenn Sie zu viel bezahlen, verlieren Sie etwas Geld, das ist alles. Wenn Sie dagegen zu wenig bezahlen, verlieren Sie manchmal alles, da der gekaufte Gegenstand die ihm zugedachte Aufgabe nicht erfüllen kann. Das Gesetz der Wirtschaft verbietet es, dass Sie für wenig Geld viel Wert erhalten. Nehmen Sie das niedrigste Angebot an, müssen Sie für das Risiko, das Sie eingehen, etwas hinzurechnen. Und wenn Sie das tun, dann haben Sie auch genug Geld, um für etwas Besseres zu bezahlen."
>
> John Ruskin, engl. Sozialreformer (1819 – 1900)

Besser als das berühmte Zitat von John Ruskin kann man das Gesetz der Wirtschaft nicht erklären. Das Problem dabei ist aber, das die wenigsten Unternehmen in der Lage sind, den Unterschied zu den schlechteren Angeboten glaubhaft zu kommunizieren.

Zelebrieren Sie wo immer möglich den Wert Ihres Angebotes. Mit „Genuss in höchster Vollendung" präsentiert Lindt in seinen Werbespots einen Schokolatier, wie er jede einzelne Praline von Hand herstellt, obwohl es Massenprodukte sind. Mit dieser Suggestion werden auch Pizzen und andere Produkte beworben. Beispiel Aquavit Linie: Der Schnaps fährt viereinhalb Monate von Norwegen über den Äquator nach Australien, bevor er sich so nennen darf. Durch das ständige Schaukeln des Schiffes verändert sich tatsächlich der Geschmack. Die Seereise gibt diesem Schnaps eine besondere Markenaura. Der Kunde nimmt den Schnaps dadurch als edler, exklusiver und wertvoller wahr.

Ähnlich funktioniert das bei dem Whisky, der zwölf Jahre lagert und vor dessen Fässern die Mitarbeiter täglich Karten spielen. Oder bei der Piemont-Kirsche für Mon Chérie, um die Ferrero eine Markenwelt geschaffen hat, obwohl die verwendeten Kirschen auch aus anderen Ländern stammen. Es gibt zahlreiche Möglichkeiten, über Herkunft und Tradition eine Kompetenz-Zuweisung und Marken-Energie aufzubauen. Menschen suchen den Reiz der Besonderheit, idealerweise mit einer Geschichte dahinter, die den höheren Preis rechtfertigt. Wenn wir Gäste haben, belegen wir manchmal das Fleisch oder die Erdbeeren mit feinem Blattgold, das sie mitessen müssen. Wir erzählen dazu immer eine Geschichte, in welchem Königshaus zu besonderen Anlässen Blattgold als Beigabe serviert wird. Das Erlebnis bleibt für immer im Gedächtnis unserer Gäste. Das hört sich verschwenderisch an – dabei kostet eine Tasse Kaffee mehr als das hauchdünne Blattgold auf ein paar Erdbeeren. Dazu die leidenschaftliche Stellungnahme eines Kunden.

160

> „Menschen glücklich zu machen, ist die größte Belohnung für unsere Arbeit. Will man das erreichen, muss es die Kundschaft merken, dass sie im Mittelpunkt allen Denkens und Handelns steht. Das bedeutet, dass wir uns mit den Problemen der Kundschaft voll identifizieren."
>
> Bruno Saftschek, Geschäftsführer der Christian Seemann Clienting GmbH

Die Mehrwert-Nutzen-Positionierung

„Nimm Zwei" ist für mich ein Stück Zucker mit Geschmack und Vitaminen. Für die kaufenden Eltern bietet das Bonbon einen gesundheitlichen Zusatznutzen. Persil setzte sich durch die Einführung der Megaperls erfolgreich vom Wettbewerb ab. Calgonit bietet mit den Power-ball-Taps einen „Mehrnutzen" an, der das Geschirr zum Edelstein macht mit dem Claim „Ganz nah am Diamanten".

Bei Koziol wird die Kaufentscheidungs-Energie durch den Mehrfachnutzen der perfekten Mischung aus Form, Farbe und Funktion gesteigert. Da bereits beim Anblick der Produkte positive Emotionen und Gefühle geweckt werden, entsteht ein hoher emotionaler Nutzen im Kopf der Zielgruppe. Die Produkte sind energiereiche stumme Selbstverkäufer, die eine hohe Resonanz auslösen. Sie erhalten über die Edelkaufhäuser und die Frau von Prinz William eine indirekte Kompetenz-Zuweisung auf höchstem Niveau. Immer wenn Experten, Prominente oder noble Verkaufsstätten ein Produkt bevorzugen, versteht der Kunde dies als Indikator für Überlegenheit in Qualität, Design und Lebensgefühl. Analysieren Sie deshalb die Energie hinter Ihrer Designsprache. Sie müssen nicht unbedingt Koziol nacheifern. Eine energiereiche Designsprache lässt sich dennoch in vielen Bereichen aufbauen. Achten Sie einmal genau darauf, welche Energie Ihre Produkte, Ihre Dienstleistungen, Ihre Werbeunterlagen oder Ihre Homepage bei Ihren Kunden wecken. Steigern Sie die positive Energie in Ihrer Designsprache. Denn: Positive Energie erzeugt positive Resonanz.

Kompetenzzuweisung über Bilder, Verpackung und Umfeld

Ein weiterer wichtiger Erfolgsfaktor ist die Produktoptik. Wenn Sie Verkaufsstrategien bewusst verfolgen, werden Sie feststellen, dass die Macher versuchen, ihr Produkt in seiner Wertigkeit zu erhöhen. Sündhafte Naschereien werden durch Vollkornoptik, Vollmilch, Honigtopf und schöne Landschaften in wertvolle Lebensmittel verwandelt – natürlich nur in der Wahrnehmung der Verbraucher. Eine Platzierung im Kühlregal neben Joghurt, Butter und Käse kann die Kompetenz durch den Frischeaspekt sogar steigern. In Amerika suggerieren Bilder mit glücklichen Rindern auf endlosen Weiden die Qualität der Produkte. In Wahrheit stehen die meisten Rinder auf riesigen graslosen Koppeln, werden mit Mais gefüttert und Antibiotika schützen sie vor Ansteckungen.

Auch die Art der Verpackung spielt eine große Rolle. Immer mehr Produkte tragen als Oberbegriff die Bezeichnung „Gourmet". Goldene Sterne, klare Farben und ein Goldrand veredeln das Produkt optisch. Bei Tests in der Fleischabteilung eines Discounters, bei einem Metzger und einem Delikatessenladen wurde festgestellt, dass einige Produkte vom gleichen Lieferanten kamen. Der Discounter verkaufte sie billig, weil die Schublade im Kopf der Verbraucher ihn dazu zwang. Der Metzger als Handwerksbetrieb lag im mittleren Preissegment. Der Delikatessenladen war am teuersten, weil es von ihm auch erwartet wird. Das heißt: Auch die Auswahl des Umfeldes spielt bei der Preisgestaltung und Kompetenzzuweisung eine wichtige Rolle.

In jedem Unternehmen steckt ein kleines Kraftwerk Wenn Sie alle brach liegenden Kompetenzpotenziale als Energiereserve für das Unternehmen betrachten, so steckt in jedem Unternehmen ein kleines Kraftwerk. Es gibt zahlreiche Möglichkeiten, eine Kompetenz-Zuweisung aufzubauen und dadurch Alleinstellungen zu erreichen. Zum Beispiel über Verarbeitung, Anbau, Verfahren, Reinheit, Rohstoff, Handarbeit, Lagerzeit, Bearbeitung, Herkunft, Tradition, Technologie, Patente, Erfolgsreferenzen etc. Eines hat sich in meiner langjährigen Praxis durchgängig gezeigt: Bereits die Kombination der Nutzen-Kommunikation mit der Kompetenz-Zuweisung steigerte immer deutlich die Resonanz auf die Angebote und die Umwandlungsquoten. Unternehmen haben oft schon beeindruckende Potenziale an Kompetenz-Zuweisung, kommunizieren sie aber schlecht, unverständlich oder oberflächlich. Dabei suchen die Menschen gerade den Reiz der Besonderheit, die den höheren Preis rechtfertigt. Berücksichtigen Sie das, und Sie werden erheblich erfolgreicher werden.

> „Um seine Kernkompetenzen selbst zu erkennen, ist eines unbedingt notwendig: sich mit sich selbst zu beschäftigen. D.h. ich muss mir klar darüber werden, was kann ich viel besser als andere, was weniger und was gar nicht".
>
> Dr. Ing. René Mertens, Geschäftsführer der Dr. Mertens Ingenieure GmbH

Hohe Energie-Resonanz durch eine Weltneuheit

Eine Weltneuheit löst immer eine hohe Wahrnehmungsenergie aus. Doch was ist eine Weltneuheit? Alles, was es bis dahin nicht gab. Leider nutzen die meisten Unternehmen nicht die Chance, um damit ihre Kompetenz-Zuweisung zu erhöhen. Die Verantwortlichen von drei Abteilungen bei Dow Corning, Weltmarktführer in diversen Technologien, wollten wissen, wie sie ihre drei neuen Produkte auf einer Messe positionieren sollten. Sie wollten die Resonanz testen. Sie brachten die technischen Datenblätter auf PC mit, und wir analysierten die besonderen Alleinstellungspotenziale. Ich war überrascht: Alle drei Produkte waren absolute Weltneuheiten, aber keiner sprach darüber. Bis dahin waren die Anti-Graffiti-, die Drei-D-Plasmabeschichtung und eine wasserabweisende Langzeitschutz-Technologie unveröffentlichte und patentierte Entwicklungen gewesen. Der Messestand mit der großen Aussage „Weltneuheiten" war die meist besuchte Anlaufstelle in den Messehallen. Dow Corning wurde dadurch automatisch eine hohe innovative Kompetenz zugewiesen.

Nicht immer ist Qualität nachgewiesen – der Nutzen entsteht im Kopf

Der Markterfolg eines Produktes hängt nicht immer von einer nachweisbaren Qualität ab. Diejenigen, deren Produkte austauschbar oder sogar schlechter sind, haben trotzdem eine Chance, sich im Markt zu behaupten. So fristen manche qualitativ hervorragenden Produkte ein geduldetes Schattendasein oder werden wieder vom Markt genommen. Andere Produkte mit durchschnittlicher oder schlechter Qualität hingegen werden erfolgreich. Woran liegt das? Es liegt daran, dass Qualität bei den meisten Produkten sehr schwer wahrnehmbar ist. Der Verbraucher kann mit seinen fünf Sinnen die geringfügigen Qualitätsunterschiede der meisten Warengruppen immer weniger beurteilen. So kommt es, dass schlechtere Produkte, wenn sie besser und glaubwürdiger positioniert sind, insgesamt erfolgreicher vermarktet werden können.

Es ist nicht verwunderlich, dass die meisten Benutzer von hochpreisiger Zahn- oder Kosmetikcreme felsenfest davon überzeugt sind, dass ihr Produkt besser ist als das günstigere Wettbewerbsprodukt – auch wenn das wissenschaftlich nicht bewiesen ist. Die Freunde von bestimmten Bier- oder Zigarettenmarken sind sich sicher, dass ihre Marke besser schmeckt als andere – obwohl im Blindtest kaum jemand einen Unterschied erkennt. Dies führt zu der wichtigen Erkenntnis: In den Köpfen der Verbraucher ist ein virtueller Produktnutzen häufig genauso real und befriedigend wie ein faktisch nachweisbarer Produktnutzen – und zwar nicht nur kurzfristig, sondern auch auf Dauer. Positionierung mit all ihren Facetten ist die Geheimwaffe, um eine nachhaltige Markenaura mit hoher Kompetenz-Zuweisung zu erreichen. Werbemaßnahmen sind nur Mittel zum Zweck, um die Zielgruppe zu erreichen. Eine hohe Resonanz lösen Sie nur aus, wenn Ihr Produkt richtig und glaubhaft positioniert ist.

Je bekannter eine Marke ist, desto höher ist die Kompetenz-Zuweisung, je unbekannter, desto geringer ist sie. Die hohe Schule der Energie-Resonanz-Positionierung bei kleinen und mittelständischen Unternehmen mit geringem Werbebudget besteht darin, um den Nutzen herum eine hohe Kompetenzaura aufzubauen. Genau darum geht es in diesem Kapitel. Die Gesetze von Ursache und Wirkung sind überall gleich, Sie müssen nur die Spielregeln beachten. Je höher die Energie-Resonanz auf ein Angebot ist, desto stärker werden der Nutzen, die Kompetenz und der Mehrwert gegenüber dem Wettbewerb wahrgenommen.

Kompetenz-Zuweisung über Innovation

Reflektieren wir nochmals die Situation der Firma Hadler GmbH. Als ein wichtiger Kunde ankündigte, seinen Bedarf künftig bei einem anderen Unternehmen zu decken, fielen mit einem Schlag fast 25 Prozent des Umsatzes weg. Während eines gemeinsamen Positionierungsworkshops sollte eine Lösung gefunden werden, um den Umsatzverlust zu kompensieren. Bisher waren neue Entwicklungen immer viel zu leise und bescheiden im Markt bekannt gemacht worden, sodass sie im Kampf mit der Konkurrenz sang- und klanglos untergingen. Aus den unzähligen Entwicklungen von Hadler filterten wir insgesamt vier echte Weltneuheiten heraus. Diese Innovations-Highlights stellten wir auf der light-&-building-Messe vor, flankiert durch Presseberichte und Anzeigen. Der Messestand mit den Weltneuheiten erregte bei den Besuchern großes Aufsehen. Hadler zeigte damit allen hohe Innovationskompetenz. Die Produkte wurden schnell zu Verkaufsschlagern, kompensierten mit interessanten Deckungsbeiträgen innerhalb von nur sechs Monaten den kompletten Umsatzverlust und brachten eine zusätzliche Steigerung von etwa zehn Prozent.

Kompetenz-Zuweisung über die Intel-inside-Strategie

Die Intel-inside-Strategie der zwei Marken beruht darauf, einem Produkt oder einer Dienstleistung etwas hinzuzufügen, das die Qualität bzw. den Stellenwert und die Markenenergie des Produktes steigert. Viele unbedeutende oder im Verdrängungswettbewerb stehende Marken suchen deshalb die Kooperation mit etablierten oder bedeutungsvollen Marken. Die Strategie ist, sich mit fremden Federn zu schmücken und dadurch aufgewertet zu werden. Anfangs war der Intel-inside-Prozessor ein Zusatz, um Computer zu beschleunigen. Trotz ständiger Weiterentwicklung unterschieden sich die PCs kaum voneinander; lediglich die Schnelligkeit wurde ein immer größerer Kaufentscheidungsfaktor. Das war die Chance von Intel-inside. Innerhalb kurzer Zeit mauserte sich der Prozessor von einer Marke zu einer „Wert-Marke" und wurde Weltmarktführer. Viele PC-Hersteller veredelten ihr Produkt mit dieser zweiten Marke und beschleunigten dadurch gleichzeitig den Markenprozess von Intel-inside um ein Vielfaches. Nicht die PC-Marke, sondern die Prozessorleistung wurde der Maßstab und der Kaufentscheidungsfaktor einer neuen PC-Generation.

Für die Intel-inside-Strategie gibt es zwei Ansatzpunkte. Die erste: Sie ergänzen Ihre Marke durch eine bereits bekannte Marke mit hohem Stellenwert, die einen zusätzlichen Nutzen bietet. Zum Beispiel setzen Seifen-, Creme- oder Spülmittelhersteller Aloe Vera hinzu. Aloe Vera gilt als die Kaiserin der Heilpflanzen und ist als Marke weltweit bekannt. Auch GoreTex, das Wasser abweisende und atmungsaktive Material fand als Zweitmarke in vielen Produkten Einzug und bietet einen zusätzlichen Nutzen.

Mit eigener Zweitmarke zur Intel-inside-Strategie Der zweite Ansatz: Sie entwickeln selbst eine neue virtuelle oder faktische Marke mit hohem Nutzen, die das Produkt aufwertet. Ferrero machte z. B. die bis dahin unbekannte Kirsche aus dem Piemont zu einer Marke. Wenn ein Mercedes-Fan begeistert von seinen AMG-Felgen spricht, meint er eine Zweitmarke, mit der Mercedes seine Fahrzeuge veredelt. Bei einem Schuhhersteller haben wir das Body-Balance-System – der Schuh, der auf den ganzen Körper wirkt – als Zweitmarke etablieren können und dadurch eine neue Wahrnehmung erzeugt. Mit dieser Strategie können Sie ohne weiteres auch in einer Krise austauschbare Produkte oder Dienstleistungen nach vorne katapultieren. Die Suche nach einer bedeutungsvollen

166

Zweitmarke oder deren Entwicklung kann Ihrem Produkt oder Ihrer Dienstleistung einen neuen Schub verleihen. Wenn Sie eine eigene Zweitmarke entdeckt haben, suchen Sie einen passenden Kategorienamen und lassen ihn markenrechtlich schützen.

Die Falle „Bauchladen" verbrennt kostbares Geld

Es gibt aber auch Unternehmen, die über eine hervorragende Kompetenz-Zuweisung verfügt haben und sie durch eine Bauchladen-Strategie so verwässerten, dass sie in finanzielle Probleme gerieten. Beispiel: Ein Computerhersteller mit eigener Marke hatte sich auf die Herstellung von individuellen PCs innerhalb von 90 Minuten spezialisiert und bot dafür ein umfangreiches Garantie- und Servicepaket an. Bei unserer Zusammenarbeit erzählte er mir, dass er sehr viel Lehrgeld bezahlen musste, als er in die Bauchladenfalle lief. Da er viele Beilagen in diversen Fachzeitschriften einlegen ließ, kam er auf den Gedanken, auch noch andere Elektrogeräte, wie DVDs, Antennen etc. mit anzubieten. Also erweiterte er sein Lager, stellte neue Arbeitskräfte ein und erhoffte sich davon ein Zusatzgeschäft. Doch er erreichte genau das Gegenteil. Jahrelang hatte er seine Marke als PC-Manufaktur für schnelle und leise Geräte aufgebaut. Mit den zusätzlichen Elektrogeräten verwässerte er sein Markenprofil – der Markt nahm ihn plötzlich unter MediaMarkt und Co. wahr. Die Kunden begannen die Preise zu vergleichen und kauften dann beim Billigsten. Heute konzentriert er sich wieder erfolgreich auf seine Kernkompetenz und steigerte dadurch seine Kompetenz-Zuweisung.

Wenn Sie Ihre Kernkompetenz immer weiter verlassen und Ihr Angebot zu breit aufstellen, können Sie das nur schlecht kommunizieren. Sie müssen den potenziellen Kunden dann ganze Romane erzählen – und das stiftet Verwirrung. Ein Markenaufbau ist so fast unmöglich. Die Faustregel, die in der Aufzugspositionierung gilt, gilt auch in der Öffentlichkeitsarbeit: Wer es nicht innerhalb von 30 Sekunden schafft, seine Fähigkeit und die Vorteile seines Angebots

Breit aufgestellte Angebote sind schwer zu verkaufen

167

zu erklären, wird Probleme bekommen, wenn er Kunden für sich begeistern will. Wenn Sie Ihr Unternehmen erfolgreich positionieren wollen, müssen Sie Ihre Kernkompetenz genau einkreisen und sich konsequent von den Dingen trennen, die Ihren Erfolg verzögern oder sogar verhindern. Das Ganze ist oft nicht einmal mit großen strukturellen oder organisatorischen Veränderungen verbunden. Ja, manchmal brauchen Sie nicht einmal eine neue Alleinstellung, um Erfolg zu haben. Sie müssen nur die Spielregeln der Energie-Resonanz-Positionierung beherrschen.

Bauchladen-Strategien verunreinigen die Markenaura Die Bauchladenstrategie ist ein gefährliches Manöver, das zu einer Angebotsverzettelung führt und keineswegs zur Existenzsicherung beiträgt. Oder glauben Sie, dass die Verantwortlichen bei Harley Davidson auf die Idee kämen, einen Kleinwagen zu bauen, um aus der Reputation der Dachmarke Profit zu schlagen? Bestimmt nicht! Mit jedem zusätzlichen Angebot, mit jedem neuen Produkt und jeder neuen Dienstleistung verliert die Kompetenz-Zuweisung an Energie. Die Firma verliert zunehmend ihr Profil. Das verwirrt die Kunden. Irgendwann weiß niemand mehr, wofür Sie stehen und warum er ausgerechnet bei Ihnen kaufen soll. Deshalb gehört zur Konzentration auf die Kernkompetenz auch die Suche nach den Stellen, an denen Sie sich mit einer breiten Produktpalette oder einem ausfernden Angebot an Dienstleistungen verzettelt haben. Denn: Wer kein klares Markenprofil hat, kommt leicht unter die Räder des Wettbewerbs.

> Um eine wertvolle Marke aufzubauen, muss das Produkt oder das Unternehmen für etwas Besonderes stehen. Jede Marke braucht eine Kompetenz-Zuweisungsaura.

Die Marke mit dem Nutzen und der Kompetenzaura vermittelt den Kern und die »Seele« des Unternehmens. Sie definiert die langfristigen Markenziele, bestimmte rationale und emotionale Differenzierungsaspekte. Sie ist die Voraussetzung für jegliche Kommunikation und immer eine strategische Aufgabe. Wer undifferenziert dasselbe anbietet wie alle anderen, wer nicht unverwechselbar ist, kann seine

168

Produkte, seine Dienstleistungen oder sein Unternehmen nur schwer als Marke positionieren.

Jedoch sollten wir das Fähigkeitspotenzial und die Konzentration aufs Kerngeschäft nicht als Dogma verstehen. Das kann in den sich schneller wandelnden Märkten gefährlich sein, vor allem wenn Produkte einem ständigen technologischen Verfallsdatum unterliegen. Ein einfaches Beispiel ist die Firma Kodak. Sie lebte jahrelang davon, Filme für Fotoapparate herzustellen. Heute fotografiert fast jeder Mensch digital. Filme sind – zumindest in Deutschland – kaum noch erhältlich.

Die Konzentration aufs Kerngeschäft sollte kein Dogma sein

Produkt-Lebenszyklen und die Angst vor dem Verfallsdatum

Die Klarheit einer Marke ist nicht von der Betriebsgröße abhängig, sondern von der Konzentration auf die Kernkompetenz. In vielen Unternehmen handeln die Manager oft nach der Diversifikationsstrategie und streben nach einer Sortimentsausweitung und Spezialisierung auf mehreren Bereichen. Einer der irrtümlichen Gründe, warum die Verantwortlichen so denken, liegt in der Theorie des Produkt-Lebenszyklus. Sie besagt, dass Produkte und Märkte unabänderlich altern und die Nachfrage irgendwann nachlässt. Diese Theorie ist von vielen erfolgreichen Unternehmen, wie Porsche, BMW, McDonald's, Kärcher, Toys „R" Us usw., nie akzeptiert worden – ganz im Gegenteil. Dort wurde entweder in konjunkturell schwächeren Zeiten kräftig abgespeckt, gar nicht diversifiziert oder schnell aus den Misserfolgen gelernt. Bei einer Konzentration auf den Kern der Marke wirkt jede Botschaft wie eine Nadelspitze im Kopf der Zielgruppe. Der Markenname wird zu einem Begriff, er wird als das Beste wahrgenommen.

Die Dynamik der Kompetenz-Zuweisung

Konzentration lohnt sich! Die Reduktion auf besondere Fähigkeiten und Kernkompetenzen kann nicht nur ein Bereinigungsprozess, sondern auch ein Weg zur Spezialisierung und Leuchtturmstrategie sein. Dennoch kursiert in vielen Unternehmen die Angst vor einer Spezialisierung, weil sie befürchten, nicht genügend Aufträge zu bekommen oder bestehende Kunden zu verlieren. Ein Blick in die Praxis zeigt: Je spezialisierter Sie sind, desto mehr Anziehungskraft, Auslastung, höhere Preise und Kunden haben Sie. Angst sollte nur derjenige haben, der nicht spezialisiert ist. Zu spezialisierten Unternehmen suchen die Kunden den Kontakt, spezialisierte Experten werden gerufen.

Die Diversifikation hat in der Vergangenheit gegenüber der Spezialisierung eindeutig verloren. Tim Cook, der Chef von Apple, hat zu einer Gruppe von Investoren gesagt: „Wir sind das fokussierteste Unternehmen, das ich kenne. Wir sagen jeden Tag nein zu guten Ideen." Und der Erfolg gibt ihm Recht. Obwohl die Produktpalette von Apple klein ist, gehört die Firma zu den profitabelsten Unternehmen der Welt. Es gibt Firmen mit einer Produktpalette, die eine ganze Lagerhalle füllt. Sie machen aber nur wenige Millionen Umsatz und erwirtschaften nur einen geringen Deckungsbeitrag. Viele erfolgreiche Unternehmen haben das Potenzial, sich zu diversifizieren. Sie tun es aber nicht, weil sie die Gefahren kennen oder bereits eine Menge Lehrgeld bezahlt haben. Ein Paradebeispiel für einen Bereinigungsprozess und die Konzentration auf die am meisten Erfolg versprechende Kernkompetenz ist Kärcher. Das Unternehmen betätigte sich auf knapp 20 verschiedenen Geschäftsfeldern und stellte sogar Surfbretter her. Am Ende konzentrierte man sich ausschließlich auf Hochdruckreiniger und konnte die Weltmarktführerschaft in diesem Bereich erobern.

Besonders Manager, die kreativ und erfolgreich sein wollen, neigen dazu, sich immer wieder neue Denkmäler zu setzen. Dabei stoßen sie ständig in viel versprechende Zielgruppen, Marktnischen und Geschäftsfelder vor, statt mit dem Neuen konsequent auf Altbewährtem aufzubauen. Eine Strategie, die viel Energie, Zeit und Gelder aufzehrt! Auch Freiberufler sowie kleine und mittelständische Unternehmen, die in kreativen Geschäftsbereichen tätig sind, verzetteln sich sehr oft nach dem Motto: Spezialisierung ist langweilig. Sie leben ständig in der Lust, zu neuen Ufern aufzubrechen und Neues auszuprobieren. Bleibt der Erfolg aus, dann wird dies gern gerechtfertigt mit der „Weisheit", entweder mache Arbeit Spaß oder sie bringe Geld – beides gleichzeitig gehe nicht. Grundsätzlich gilt für jeden Markenaufbau:

> **Je stärker eine Marke, desto kleiner die Bandbreite.**
> **Je größer die Bandbreite, desto schwächer die Marke.**

Wer nachhaltigen Erfolg haben will, muss den Verlockungen des schnellen, vermeintlich leichten Geschäftes widerstehen. Sagen Sie „nein" zu Produkten und Kunden, die nicht zu Ihrem Unternehmen passen. Langfristig ist es meist besser, kurzfristige Chancen auszulassen. Wer versucht, jedes Geschäft mitzunehmen, wird bald gar keines mehr machen. Sicher. Kurzfristig mag der Umsatz vielleicht steigen, doch langfristig demoliert der Anbieter dadurch sein Profil und damit seine Kompetenz-Zuweisung durch den Kunden. Alles für alle in allen Preislagen – das ist Gift fürs Geschäft. Das zeigen auch die Karstadt-Kaufhäuser. In jeder Warengruppe können wir dort ein bisschen kaufen. Unterm Strich ist das Angebot aber uninteressant: Wollen wir etwas besonders Günstiges, gehen wir direkt zur Ramschbude. Wollen wir etwas besonders Hochwertiges, gehen wir lieber ins Fachgeschäft. Karstadt wollte es allen recht machen. Herausgekommen ist ein völlig konturloses Angebotsprofil, das nur mäßige Energie frei setzt. Karstadt ist ein Beispiel dafür, dass es energielose Marken oder Unternehmen mit energielosen Angeboten immer schwerer haben zu überleben. Als Risikogruppe können auch Berater, Trainer und Coaches gelten, die durch ständige Auftragslöcher oft nicht wissen, ob sie demnächst noch Jobs bekommen. Sie versuchen jedes Geschäft mitzunehmen – und laufen in die „Ich-kann-alles"-Falle. Diese umsatzorientierte Positionierung verwässert Profil und Glaubwürdigkeit.

Alles für alle?!

Das erste Erfolgsgeheimnis ist die Veredelung Ihrer bisherigen Positionierung

Höhere Kompetenz-Zuweisung als Wettbewerbsvorteil

Um dem Schicksal der gescheiterten Unternehmer zu entgehen, müssen Sie sich klar von Ihren Wettbewerbern abheben – und zwar von Anfang an! Egal in welcher Branche, egal ob als Ein-Mann-Unternehmen oder Großkonzern: Wer konsequent seine Nutzenkommunikation verbessert und an seiner Kompetenz-Zuweisung feilt, hat den ersten wichtigen Schritt gemacht, die Wahrnehmungsenergie im Markt zu steigern und sich dadurch systematisch von der Masse der Wettbewerber mit Bauchladen-Strategien abzugrenzen. Meine Kunden verkaufen nach der Zusammenarbeit mit mir meistens noch dieselben Produkte oder Dienstleistungen – allerdings mit einer wesentlich besseren Positionierung und mit viel mehr Erfolg. Das Geheimnis liegt in der Konzentration auf die Kernkompetenzen, in der Spezialisierung auf bestimmte Problemlösungen und die richtigen Zielgruppen. Wenn ich nach einem Workshop mit meinen Kunden telefoniere, spüre und höre ich immer wieder, wie positiv sich die Energie gegenüber dem Erstkontakt verändert hat. Die Kunden sind voller Tatendrang und Optimismus. Das ist schon an der Stimme und Art ihrer Sprache zu erkennen. Diese positive Energie übertragen sie auf ihre Mitarbeiter, ihre Kunden und natürlich auch auf mich. Es ist immer eine große Freude für mich, wenn ich einem Kunden helfen kann, seinem Unternehmen eine tragfähige Basis zu geben und die Weichen für eine gute Zukunft zu stellen.

Die Prinzipien der Kompetenz-Zuweisung zählen zu den erfolgreichsten Strategien, um den Wert eines Produktes oder einer Dienstleistung zu veredeln, einen neuen Goldstandard für Ihre Branche zu finden, die Nr. 1 im Kopf Ihrer Zielgruppe zu werden und einen Expertenstatus aufzubauen. Im begleitenden Energie-Resonanz-Navigator werde ich Ihnen dazu die wichtigsten Fragen mit vielen Beispielen beschreiben. Gleichgültig ob Sie ein neues Produkt oder eine Dienstleistung auf den Markt bringen wollen: Spielen Sie immer alle Möglichkeiten zur Verbesserung Ihrer Kompetenz-Zuweisung durch.

Eine Blackbox schützt vor Wettbewerbern

Mit dem folgenden Beispiel möchte ich Sie dafür sensibilisieren, Ihre Marken-Energie, Kompetenz-Zuweisung und Nutzen-Kommunikation unter dem Gesichtspunkt der Geheimhaltung von wichtigen Alleinstellungen zu überprüfen.

Galvagni Schönheit GmbH

Wie im Kapitel Nutzen-Kommunikation bereits beschrieben, ist es mittlerweile zu einem Volkssport geworden, Ideen und Texte von Wettbewerbern einfach zu kopieren. Die Galvagni Schönheit GmbH aus Wiesbaden konzipiert, entwickelt und produziert Kosmetik- und Spa-Produkte für Wellnesshotels und Kurorte mit eigenem Markennamen. Gerlinde Galvagni bietet ihren Kunden starke Marken mit regionalem Bezug. Alle Produkte sind Unikate, die individuell entwickelt und in Handarbeit hergestellt werden. Sie werden mit hochwertigen Wirkstoffen aus der jeweiligen Region angereichert und geben den Hotels und Kurorten eine unverwechselbare persönliche Note. Allerdings gibt es einige Mitbewerber, die ebenfalls exklusive, individualisierte Pflege- und Kosmetikprodukte anbieten. Da sie sich klar vom Wettbewerb abheben wollte, bat mich Gerlinde Galvagni um Hilfe. Die Alleinstellung, die wir gemeinsam in einem Workshop erarbeiteten, war für Galvagni ein großer Erfolg. Das führte dazu, dass die Wettbewerber fast wortwörtlich von den Werbematerialien abschrieben und versuchten, das Konzept zu kopieren. Doch das Konzept enthält eine nicht veröffentlichte Blackbox. Diese ist so einzigartig, dass sie von niemanden so einfach nachgeahmt werden kann. Natürlich kann ich Ihnen das Geheimnis nicht verraten. Es zeigt aber, dass es manchmal ratsam ist, nicht alles zu veröffentlichen und wichtige Alleinstellungen nur persönlich vorzustellen. In einem persönlichen Gespräch mit Kunden und durch Beweisführung über renommierte Referenzen lassen sich die Marken-Energie und Kompetenz-Zuweisung sehr gut transportieren. Vorausgesetzt, die anderen Informationen reichen aus, um die Türen bei potenziellen Kunden zu öffnen. Für die Wettbewerber bleibt die Besonderheit unkenntlich.

Mit dem „Private Label" zur Alleinstellung

Während des Workshops fanden wir heraus, dass die so genannten Signature Treatments, die besonderen Rituale bei den Anwendungen im Spa-Bereich, eine sehr hohe Anziehungskraft auf die Gäste ausüben. Dabei kommt es darauf an, dass sie einmalig und nur in dem jeweiligen Hotel buchbar sind. Um den Gästen die Einzigartigkeit der Anwendungen stärker bewusst zu machen, entwickelte Gerlinde Galvagni verschiedene Schulungsmodule für die Spa-Mitarbeiter. Die verbesserten Beratungstechniken geben den Mitarbeitern mehr Sicherheit und ermöglichen eine aufmerksame, individuelle Betreuung der Gäste. Die Folge: Die Gäste kommen gerne wieder und sind überzeugte Käufer der Wellnessprodukte der Hotels. Die hohe Zufriedenheit setzte eine Welle der Empfehlungsenergie in Gang. All das steigerte das Gast-Umsatzpotential enorm und trug entscheidend zum wirtschaftlichen Erfolg der Spas bei. Benchmark-Vergleiche ergeben, dass die Besten in der Branche bis zu 100 Prozent bessere Kennzahlen erwirtschaften als durchschnittliche Wettbewerber. Wie erfolgreich das Galvagni-Konzept ist, zeigt das Tiroler Sporthotel Stock in Finkenberg im Zillertal. Gemeinsam mit Christine Stock hat Gerlinde Galvagni dort das exklusive „Private Lable" STOCK DIAMOND auf den Weg gebracht. Grundlage der hochwertigen Gesichts- und Körperpflegeprodukte ist der Bergkristall – der Diamant der Alpen. STOCK-DIAMOND-Behandlungen stehen für „Erleben mit allen Sinnen". Dazu gehören nicht nur die speziell entwickelten Produkte, Programme und Rituale, sondern auch eine eigens für diese Anwendungen konzipierte STOCK DIAMOND Beauty-Suite im Hotel.

Wichtige Tipps und Denkanstöße zur Energiequelle

Marken-Energie und Kompetenz-Zuweisung

- Der Nutzen beschreibt die Vorteile Ihres Angebotes. Eine hohe Marken-Energie und Kompetenz-Zuweisung beweisen, dass Sie der beste Urheber sind. Beide sind wichtigste Wirkungsverstärker Ihrer Positionierung.

- Beschreiben Sie den Nutzen hinter Ihren Kompetenz-Zuweisungspotenzialen.

- Je klarer und glaubwürdiger Sie sich auf eine Kernkompetenz spezialisiert haben, desto höher ist die Marken-Energie.

- Die Kombination von Nutzen-Kommunikation und Kompetenz-Zuweisung kann Ihnen offenbaren, ob Sie sich bereits in einer Marktnische befinden.

- Analysieren Sie alle Bereiche der Bearbeitung, Verarbeitung, Herkunft, Tradition und suchen Sie dort Alleinstellungspotenziale.

- Arbeiten Sie mit der Mehrwert-Nutzen-Positionierung. Was können Sie einem Produkt oder einer Dienstleistung hinzufügen, das als ein deutlicher Mehrwert angenommen wird?

- Analysieren Sie Ihre Patente und suchen Sie nach Besonderheiten, die noch nicht kommuniziert wurden.

- Suchen Sie nach Zweitmarken, die die Qualität bzw. den Stellenwert und die Markenenergie des Produktes steigern.

- Sagen Sie nein zu Produkten und Kunden, die nicht zu Ihrem Unternehmen passen.

■ Analysieren Sie, welche Erfolgsgeheimnisse sollten Sie nicht veröffentlichen und sollte als Blackbox behandelt werden.

■ Analysieren Sie , wo Sie sich mit einer breiten Produktpalette oder einem ausufernden Angebot an Dienstleistungen verzettelt haben und Ihre Marken-Energie verwässert. Wenn Sie Ihr Unternehmen erfolgreich positionieren wollen, müssen Sie Ihre Kernkompetenz genau einkreisen und sich konsequent von den Dingen trennen, die Ihren Erfolg verzögern oder sogar verhindern.

■ Bündeln Sie Ihre bisherigen Angebote zu einem System und entwickeln Sie einen neuen Kategorienamen dafür.

■ Ergänzen Sie eine Nutzen-Kommunikation-Datenbank mit den Argumenten der Kompetenz-Zuweisung.

An welchen Stellschrauben aus der Energiequelle „Marken-Energie und Kompetenz-Zuweisung" müssen Sie noch arbeiten? Was wollen Sie in der Zukunft konkret verändern. Listen Sie hier bitte alle To-dos auf.

_____

_____

_____

_____

_____

_____

_____

_____

_____

_____

_____

Die drei Erfolgs-Säulen im Überblick

Die Gesetzmäßigkeiten von Ursache und Wirkung und Erfolg und Misserfolg

Wir kommen jetzt zu den entscheidenden Stellschrauben im gesamten Positionierungsprozess. Es sind die drei maßgeblichen Säulen, die über Erfolg und Misserfolg entscheiden. Die bisherigen vier Energiequellen sind die vorbereitenden Maßnahmen. In der Energie-Quelle „Der Unternehmer" haben Sie sich Ihre bisherige Situation bewusst gemacht. Mit den „unverschämten Zielen und Werten" sollten Sie ein neues Anspruchsdenken definiert und Ihre Messlatte für den zukünftigen Erfolg sehr hoch gelegt haben. In der Energie-Quelle „Nutzen-Kommunikation" haben Sie möglicherweise eines der größten Probleme vieler Unternehmer erkannt und gelernt, worauf es bei einer professionellen Kommunikation ankommt. Welche Wirkungsverstärker „Marken-Energie und Kompetenz-Zuweisung" für Ihre Energie sein kann, habe ich Ihnen an Hand vieler Praxisbeispiele erklärt.

Selbst wenn Sie in einer dieser vier Energiequellen bereits Alleinstellungspotenziale entdeckt haben, fängt der spannende Teil des Positionierungsprozesses jetzt erst an. Jeder und alles steht in Resonanz zu etwas. Dabei bestimmt die Energie hinter den dominierenden Gedanken die Aufmerksamkeit. Und hier schließt sich der Kreis. Alles ist Energie, und die Energie folgt der Information. Damit Sie erkennen, in welcher Reihenfolge, Beziehung und Auswirkung die drei Erfolgs-Säulen zueinander stehen, möchte ich Ihnen zuerst einen kleinen Überblick verschaffen.

Die 1. Erfolgs-Säule: Die Leidens-Zielgruppe

Die erste Erfolgs-Säule ist die Dominierende. Sie ist die Speerspitze und der Dreh- und Angelpunkt in einem Positionierungsprozess. Hier geht es darum, aus allen Möglichkeiten Ihre ideale Zielgruppe mit der höchsten Handlungsenergie zu finden. Das Erkennen der idealen Zielgruppe entscheidet über Erfolg und Misserfolg eines jeden Unternehmens. Hinter allen Problemen, Wünschen und Zielen steckt das Bedürfnis nach Erfüllung. Je stärker dieses Gefühl ist, desto mehr innerer Druck entsteht in uns Menschen. Die Frage, die

181

jeder klären muss, ist: Welche der Probleme, Wünsche und Ziele haben bei der ausgewählten Zielgruppe die höchste Dominanz? Dahinter steckt die einfache Formel: Jedes Problem, jeder unerfüllter Wunsch etwas zu besitzen, jedes noch nicht erreichte Ziel einer Zielgruppe ist eine Chance. Für eine Zielgruppe, die rundum glücklich ist, werden Sie nur schwerlich gezielte, bedarfsorientierte Alleinstellungen oder Innovationen finden. Das ist auch der Grund, warum so viele Unternehmen in ihrem Strategie- und Positionierungsprozess stecken bleiben, unsicher weiter arbeiten, aufhören oder im schlimmsten Falle falsche Entscheidungen treffen. Die handlungsbereiteste Zielgruppe ist die, die unter den augenblicklichen Zuständen leidet. Deshalb lohnt es sich, gezielt nach ihr zu suchen. Ich habe sie die Leidens-Zielgruppe genannt.

Die 2. Erfolgs-Säule: Problem-Dominanz-Analyse

In der zweiten Erfolgs-Säule geht es darum, mit der Problem-Dominanz-Analyse alle Probleme, Wünsche und Ziele der idealen Leidens-Zielgruppe, die Sie in der ersten Erfolgs-Säule gefunden haben, zu erkennen und die Energie dahinter zu bewerten. Dabei ist die Energiehöhe der einzelnen Probleme, Wünsche und Ziele der einzige verlässliche Bewertungsfaktor. Dahinter steckt die nächste einfache Formel: Wenn es ein Problem gibt und noch keiner eine Lösung entwickelt hat, könnte sich dahinter eine Marktnische verbergen. Je höher die Energie hinter den Problemen, desto größer ist die Chance, mit besseren Lösungen eine hohe Resonanz auszulösen. In dieser Erfolgs-Säule füllen Sie die Schatztruhe für Innovationen. Je mehr Probleme, Wünsche und Ziele der idealen Leidens-Zielgruppe Sie finden und je detaillierter sie diese beschreiben, desto größer wird das Innovationspotenzial für bedarfsorientierte Lösungen. Die Problem-Dominanz-Analyse können Sie auch gleichsetzen mit einem Energie-Navigator.

Die 3. Erfolgs-Säule: Leuchtturm-Positionierung

Bei der dritten Erfolgs-Säule geht es darum, für die Probleme, Wünsche und Ziele mit der höchsten Energie, bedarfsorientiert die beste Problemlösung zu entwickeln und ständig an der Verbesserung zu arbeiten. Denn: Wer die Probleme anderer löst, löst auch seine eigenen. Oft genügt es schon, bedarfsorientierte Angebote oder Innovationen für ein einziges Problem zu bieten, um eine Alleinstellung im Markt zu erreichen. Bedarfsorientierte Alleinstellungs- und Innovationspotenziale zu erkennen, bedeutet aber auch, dass Sie genau wissen müssen, was Ihre Zielgruppe dringend haben möchte – nur dann können sie überzeugende Lösungen entwickeln. Diese dritte Säule ist das Sprungbrett, um aus der Austauschbarkeitsfalle zu entkommen. Das Höchste, was Sie erreichen können: einen zwingenden Nutzen anzubieten. Zwingend bedeutet: Keiner kann sich erlauben, irgendwo anders zu kaufen, weil er dadurch ein signifikant schlechteres Produkt oder eine schlechtere Dienstleistung erwirbt. Hier schließt sich der Kreis der drei Säulen. Der rote Faden im Kreativprozess ist immer die Wechselbeziehung zwischen Ihrer Idee und der Ausrichtung auf die Probleme der Leidens-Zielgruppe.

Am Ende der dritten Erfolgs-Säule geht es um eine wichtige Frage: Führt die erarbeitete Positionierung zu einer verbesserten Wahrnehmung im Markt oder in eine neue Nische? Deshalb dreht sich bei dieser Erfolgs-Säule alles nur um eines: aus sämtlichen Innovationsmöglichkeiten und Alleinstellungspotentialen den Punkt herauszufiltern, der zu einer Spezialisierung führt und Ihr Unternehmen zum Leuchtturm in Ihrer Branche machen kann.

In erfolgreichen Unternehmen stehen alle drei Erfolgs-Säulen immer in hoher Resonanz zueinander

Nur wenn alle drei Säulen in hoher Resonanz zueinander stehen, können Unternehmen eine Alleinstellung finden und Wachstum erreichen. Diese drei elementaren Erfolgs-Säulen und die Reihenfol-

183

ge sind entscheidend für den Erfolg oder Misserfolg. Der Schlüssel ist immer die erste Erfolgs-Säule: die attraktivste und am meisten Erfolg versprechende Leidens-Zielgruppe. Sie ist der Zugangscode zu den ungelösten Problemen und Innovationsplantagen. Sie sollten niemals zuerst an der zweiten oder dritten Säule arbeiten. Wenn Sie meine Erfolgsbeispiele und die regionalen, nationalen oder internationalen Marktführer genauer anschauen, werden sie feststellen: Sie haben ihr Unternehmen sehr konsequent auf diese drei Erfolgs-Säulen ausgerichtet, und die Erfolgs-Säulen stehen zueinander in einer hohen Resonanz. Diese Unternehmen haben eine Leuchtturm-Positionierung aufgebaut und eine automatische Sogwirkungsenergie im Markt bzw. bei ihrer Zielgruppe ausgelöst.

Unternehmen mit schlechter Säulen-Resonanz kämpfen immer an mehreren Fronten

Wenn auch nur eine Erfolgs-Säule ihrer Aufgabe nicht gerecht wird und nicht in Resonanz zu den anderen beiden steht, landen Unternehmen in der Austauschbarkeitsfalle. Dramatisch wird es dann, wenn keine der Säulen mit den anderen korrespondiert – daran können Sie im schlimmsten Fall scheitern. Solche Unternehmen müssen mehr Energie in Form von Zeit, Geld für Marketing, Vertrieb und Werbung investieren, um neue Kunden zu gewinnen. Sie werden immer wieder mit Auftragslöchern kämpfen und mit teilweise ruinösen Rabatten arbeiten müssen. Dadurch steigt die Komplexität, weil man weiterhin an mehreren Fronten kämpfen muss. Stehen alle drei Säulen in hoher Resonanz zueinander, reduziert sich die Komplexität automatisch.

Die Leidens-Zielgruppe

Neue lukrative Zielgruppen sind keine Mangelware

Das Finden der richtigen Zielgruppe ist entscheidend für Ihren Geschäftserfolg. In diesem Kapitel geht es darum, sie zu identifizieren. Fast in allen meinen Praxisfällen hat sich gezeigt, dass immer eine bessere Zielgruppe oder Teil-Zielgruppe existiert. Ich zeige Ihnen, wie Sie systematisch vorgehen, um diese zu finden.

Die 1. Erfolgs-Säule: Die Leidens-Zielgruppe mit der höchsten Handlungsenergie

Über den Zielgruppen-Findungsprozess und alle möglichen Vorgehensweisen habe ich bereits viel geschrieben. Trotzdem bleibt das Thema eines der Schwierigsten, das es im Business gibt. Das können Sie gut nachempfinden, wenn Sie sich die Flops der vergangenen Jahre anschauen. Hinter allen neuen oder bestehenden Produkten, Dienstleistungen oder Unternehmen stehen Zielgruppen. Was dabei ganz entscheidend ist: Die richtige Auswahl ist der Dreh- und Angelpunkt für Ihre Produkte oder Dienstleistungen, mit dem Sie bestimmen, wie erfolgreich Sie geschäftlich sind. Das gehört zur ganz hohen Schule der Positionierung.

Der Markt ist keine Zielgruppe, sondern nur eine unkalkulierbare und diffuse Masse. Wir reden zwar von Märkten, trotzdem müssen wir immer in Zielgruppen denken. Prof. Ted Levitt von der Harvard Universität hat die Bedeutung sehr klar ausgedrückt. „Wer nicht in Zielgruppen denkt, denkt überhaupt nicht." Doch das ist nur der erste Schritt. Selbst eine Zielgruppe ist so lange eine diffuse Masse, bis Sie die Gedanken einiger Mitglieder kennen. Nur dann wissen Sie, was alle denken.

> Wer eine Zielgruppe erkennen will, muss zuerst den einzelnen Menschen sehen und verstehen.

187

Eine neue Sprache führt zu einem veränderten Anspruchsdenken und öffnet neue Perspektiven

Ich habe bereits am Anfang darauf hingewiesen: Wir müssen unsere Sprache ändern, dann verändern wir auch unser Denken und unser Handeln. Dann kommen wir auch zu neuen Ergebnissen. Um einen Bewertungsmaßstab anlegen zu können und die erfolgversprechendste Zielgruppe aus der Energiesicht zu bewerten, sollten Sie den Begriff Leidens-Zielgruppe benutzen. Denn eine Auflistung von Zielgruppen sagt noch nichts über die Energie aus, die jede Gruppe entwickeln kann. Deshalb gehört immer eine kurze Problembeschreibung dazu. Je größer die Probleme sind, desto schneller finden Sie Ihre erfolgversprechendste Zielgruppe.

Der Weg zu Ihrer Leidens-Zielgruppe

Wenn Sie Ihre ideale Leidens-Zielgruppe finden wollen, gibt es mehrere Vorgehensweisen. An den bisherigen Praxisfällen lassen sich bereits einige Ansätze erkennen. Um dem Preiskrieg zu entkommen, benötigte das Küchenunternehmen olina neue Käufer. Nachdem alle Teilnehmer aus ihrer Sicht die einzelnen Zielgruppen mit deren Problemen, Wünschen und Zielen beschrieben und wir die Ergebnisse zusammengetragen hatten, war jedem klar, dass keine Gruppe eine hohe Energie entwickeln würde. Hier gab es zwei Möglichkeiten, sich den Zielgruppen zu nähern: Der eine führte über die Art der Küchen – z. B. für Singles, Großfamilien oder Behinderte. Der andere führte über die Menschen – ihre Lebenseinstellung, ihre Philosophie und ihren kommunikativen Anspruch.

So kamen wir auf die Hunde- und Katzenbesitzer. Sie führten zu einer Innovation, die weltweit noch keiner erkannt hatte. Beim Kinderheim Regenbogen dagegen mussten wir erst die Energie der Mitentscheider erkennen. Hier hatten die Kinder die größte Macht und konnten die eigentlichen Entscheider wesentlich beeinflussen.

Jede Entscheider-Ebene ist eine separate Zielgruppe

Ich habe es bei dem Kapitel Nutzenkommunikation bereits geschrieben: Sie sollten jeden Mitentscheider als eine separate Zielgruppe sehen. Wenn es bei Ihrem Angebot zum Beispiel um eine
Software geht, die mehrere Abteilungen tangiert, dann ist jeder Abteilungsleiter Mitentscheider und somit auch eine Zielgruppe.
Wenn der Geschäftsführer der eigentliche Entscheider ist, weil er
über das Budget verfügt, dann ist er Ihre Leidens-Zielgruppe Nr. 1.
Als zweitwichtigste Gruppe muss die IT-Abteilung von dem Produkt überzeugt werden. Denn wenn die Spezialisten sie boykottie-
ren, hat sie in dem Unternehmen keine Chance. Deswegen ist es
wichtig, dass sie jede tangierte Zielgruppe der Hauptzielgruppe mit
berücksichtigen. Achten Sie dabei auch auf die Machtverhältnisse
der einzelnen Entscheider im Unternehmen. Dass eine scheinbare
Nebenzielgruppe manchmal sogar die Entscheider-Zielgruppe sein
kann, zeigt das nächste Praxisbeispiel.

Wie Sie den Widerstand einer Zielgruppe umschiffen

Die Zielgruppenanalyse klärt nicht nur die Frage: Wer ist wirklich
meine erfolgversprechendste Leidens-Zielgruppe? Sie öffnet auch
die Tür zu neuen und bisher unentdeckten Kandidaten. Das folgende Beispiel zeigt sehr beeindruckend, dass selbst in inflationären
Märkten, in denen sich die Wettbewerber die Türklinken in die
Hand geben, neue Nischen darauf warten entdeckt zu werden. Die
Trust & Competence Consulting Group (T&C) ist eine auf Kostenmanagement spezialisierte Unternehmensberatung. Ein ausgefeiltes
Expertensystem stellt Einsparungen für die Kunden sicher. Das Unternehmen hat als erstes in seiner Branche ein Qualitätsmanage-
ment-System eingeführt, in dem Kunden die Berater bewerten.
Diese Bewertungen werden regelmäßig veröffentlicht. Dennoch
wurde die Neukundengewinnung immer schwieriger. Das lag vor
allem daran, dass die Firmen mit Angeboten von Kostenmanagement-
-Beratern geradezu bombardiert wurden. Denn: Als man erkannte,

dass in den meisten Unternehmen ein riesiges Einsparpotential schlummert, boomte der Markt.

Die Anbieter schossen wie Pilze aus dem Boden. Alle versuchten die Vorstände und Geschäftsführer davon zu überzeugen, mit ihnen zu arbeiten. Die Entscheider waren irgendwann genervt, und es wurde immer schwieriger, zu ihnen durch zu kommen. Hinzu kam der Widerstand der verantwortlichen Abteilungsleiter für den Einkauf. T&C eilte der Ruf hoher Einspar-Ergebnisse voraus. Das schreckte die verantwortlichen Mitarbeiter in den Unternehmen ab, weil sie befürchteten, dass ihnen schlechtes Kostenmanagement vorgeworfen würde. Folglich wurde in vielen Unternehmen versucht, die Kosten selbst zu senken. Da für die meisten Bereiche weder die nötige Markttransparenz noch das erforderliche Fachwissen vorhanden war, wurden nur mäßige Erfolge erzielt. Wie Abhilfe schaffen? Wir mussten eine Lösung finden, bei der beide Zielgruppen – die Geschäftsleitung und die Kostenmanager – die Dienstleistung von T&C gerne und auf jeden Fall annehmen würden.

Eine Mitentscheider-Zielgruppe führte in eine neue Nische

Während eines viertägigen Workshops mit zehn ausgewählten Beratern wurden die Chancen von Trust & Competence herausgearbeitet. Allen wurde sehr schnell deutlich, dass das in vielen Jahren und Tausenden von Projekten erworbene Know-how der Organisation ihr größtes Kapital ist. Doch: Dieses Kapital wurde ängstlich gehütet. Genau hier brachten wir eine einmalige Innovation auf den Weg. Das umfangreiche Fachwissen in Sachen Kosteneinsparungen wird den Kunden nun voll und ganz zur Verfügung gestellt. Dazu entwickelten wir eine Ausbildung unter dem Dach einer eigenen Akademie. Dort bekommen die Verantwortlichen aus den Firmen das theoretische Wissen. Parallel dazu arbeiten die Spezialisten von T&C direkt bei dem Lernenden im Unternehmen und zeigen ihm dort, wie er Kosten sparen kann. Das wurde von den Betrieben sofort umgesetzt. So gewinnen die Kunden Schritt für Schritt das nötige theoretische und praktische Know-how, um ihre Kosten selbst professionell zu senken. Es war die erste sich selbst finanzierende Ausbildung, die am Ende sogar gute Gewinne für beide Seiten abwarf.

Damit hatten wir wichtige Mit-Entscheider, wie den Betriebsrat und den Leiter der Weiterbildung, im Boot. Diese öffneten uns den Weg in die Geschäftsleitung und zu den Kostenmanagern. Heute konzentriert sich das Unternehmen auf drei Kernzielgruppen, in denen es sich eine besonders hohe Kompetenz erarbeitet hat: Industrie- und Gewerbebetriebe, Krankenhäuser und Gemeinden. Das Feedback des Marktes ist äußerst positiv. Die Akzeptanz der Berater ist deutlich gestiegen. T&C wird von der Geschäftsleitung über Personalabteilungen und Weiterbildungsstellen bis zur Fachabteilung gerne im Unternehmen weiterempfohlen. Weiterer positiver Nebeneffekt: Die Vorbehalte und der Widerstand der Kostenmanager konnten durch das Akademieangebot ausgeräumt werden. Schließlich sind sie nach der Ausbildung selbst Experten im Bereich Kostensenkung und tragen maßgeblich dazu bei, dass ihr Unternehmen mehr Liquidität erwirtschaftet.

> „Es war beeindruckend, wie wir mit der Hilfe von Peter Sawtschenko Lösungen erarbeiten konnten, die für die Fortentwicklung unseres Beratungssystems absolut einzigartig sind. Im Gegensatz zu unseren Wettbewerbern, die bemüht sind, durch personelle Zuwächse immer mehr Druck im Markt auszuüben, haben wir die entgegengesetzte Richtung eingeschlagen und bei den Kunden eine Sogwirkung entfaltet. Dadurch bekommen wir die einzigartige Chance, in unserem Bereich in relativ kurzer Zeit zum Marktführer aufzusteigen."
>
> Dietmar Laubscher, Trust & Competence Consulting Group
> (www.trust-competence.de)

Helfen Sie anderen erfolgreich zu werden, dann werden Sie es auch

Trust & Competence macht das Gleiche wie vorher – nur anders. Wir haben das bisherige Geschäftsmodell komplett auf den Kopf gestellt und konnten nun mit dem Akademieangebot einen einmaligen zwingenden Kundennutzen bieten. Damit hat sich das Unternehmen von seinen Wettbewerbern ganz klar abgegrenzt und eine Alleinstellung erreicht. Die höhere Marken-Energie und Kompetenz-Zuweisung durch die Kunden ist deutlich spürbar. Auch dieses Beispiel beweist: Die Innovationen sind meistens schon da, wir müssen nur lernen, sie zu sehen. Die Lösung lag auch darin, dass wir die Zielgruppen erweitert und die Motive der Mitentscheider analysiert haben. Vor der Neupositionierung waren die Entscheider aus der Geschäftsleitung oder dem Vorstand das Nadelöhr bei der Auftragsvergabe. Durch die Ausbildung konnten wir auch die Personalabteilungen, die Weiterbildungsstellen und die Kostenmanager als Ansprechpartner gewinnen. Um Innovationsplantagen zu entdecken, ist es für jedes Unternehmen wichtig, den Markt und die Zielgruppen haarklein zu analysieren und nach der Energie-Resonanz-Positionierung neu auszurichten. Dann ergeben sich innovative Lösungen oft von allein.

An dem Beispiel erkennen Sie, wie wichtig es ist, immer die Energie zu hinterfragen. Wenn für ein Thema keine Energie vorhanden ist, dann ist es die hohe Schule, zu hinterfragen, womit Sie die Aufmerksamkeits-Energie und die Resonanz auf Ihr Angebot erhöhen können. Im Fall von T&C machte erst die Akademieausbildung das Angebot für die Personalabteilungen und Weiterbildungsstellen interessant. Jede Frage kann Sie in eine neue Spezialisierungsnische führen. Innovationen und neue Zielgruppen sind keine Mangelware. Wenn wir lernen die richtigen Fragen zu stellen, lernen wir auch zu sehen. Das Beispiel zeigt auch, dass Sie je nach Branche und Fall mehrere Wege gehen müssen, bis Sie Ihre Leidens-Zielgruppe identifizieren können. Oftmals führen die Wege über Mitentscheider in neue Alleinstellungsnischen. Das ist auch der Grund, warum

192

so viele an der Frage scheitern, wer die erfolgversprechendste Zielgruppe ist, bei der die höchste Resonanz freigesetzt werden kann.

> In der Tiefe einer Zielgruppe und bei der Definition der Mitentscheider finden Sie die brachliegenden Spezialisierungsnischen.

Die Energie Ihres Angebots sollte immer zur Energie Ihrer Zielgruppe passen

Machen wir direkt weiter mit dem nächsten typischen Praxisbeispiel. Es zeigt, warum es so wichtig ist, seinen Zielgruppenbauchladen zu entschlacken. Eine Vertriebsgesellschaft, die selbst entwickelte kreative Büro- und Präsentationsartikel vermarktete, bat mich um Hilfe. Die Produkte bestachen durch ungewöhnliche Materialien, angenehme Haptik, raffinierte Funktionalität und edles Design. Sie hatten aber einen Nachteil: Sie waren bedeutend teurer als die Büroartikel der Mitbewerber und erklärungsbedürftig. Somit war das Unternehmen gezwungen, seine Produkte über einen eigenen Vertrieb zu vermarkten. Bei kreativen Menschen lösten die Gegenstände eine hohe Aufmerksamkeit und eine hohe Kaufentscheidungs-Energie aus. Je unkreativer der Beruf des Entscheiders allerdings war, umso schwieriger wurde es, ihn von dem höheren Preis zu überzeugen. Ein weiteres Problem war: Der Firmeninhaber verlangte von seinem Vertriebspersonal, dass auch die unkreativen Berufsgruppen intensiv bearbeitet werden sollten. Er verstand nicht, dass nicht jeder seine edlen und schönen Produkte kaufen wollte. Trotz intensiver und kostspieliger Schulung blieb bei den provisionsabhängigen Vertrieblern die Umwandlungsquote in Aufträge sehr mager. Deshalb gab es in diesem Bereich eine hohe Fluktuation, verbunden mit immer neuen Kosten für die intensive Schulung.

193

Bereinigen Sie Ihren Zielgruppen-Bauchladen Im Rahmen eines Workshops haben wir die Zielgruppen mit der höchsten Energie-Resonanz für die kreativen Produkte selektiert. Von den zwölf Gruppen, die bisher bearbeitet worden waren, blieben vier übrig, u. a. Werbeagenturen und Architekturbüros. Der Erfolg der Reduktion auf diese Kunden war riesig. Denn durch die hoch kreativen Präsentationsmaterialen konnten diese Zielgruppen ihre eigene Kreativität noch einmal optisch unterstreichen. Der Preis spielte bei ihnen nicht mehr die wichtigere Rolle. Ganz im Gegenteil. Oftmals waren die Kunden gern bereit, ihr vorgesehenes Budget zu überschreiten. Jedes Mal, wenn der Vertriebler mit neuen Produkten auftauchte, strömten die Verantwortlichen aus allen Abteilungen von allein in den Präsentationsraum. Durch den Verkaufserfolg stieg die Motivation der Mitarbeiter und die Fluktuation reduzierte sich drastisch. Dieses Beispiel zeigt sehr deutlich, dass Sie nur dann eine Energie-Resonanz und Kaufentscheidungs-Energie freisetzen, wenn das Angebot auch zur Zielgruppe passt. Aufgrund meiner beruflichen Erfahrungen kann ich sagen: Das Problem, die richtige Zielgruppe zu finden, ist in über 95 Prozent der Fälle die Ursache von geschäftlichen Problemen des ganzen Betriebes.

Lernen Sie aus den Erfahrungen anderer

Schauen wir uns nochmals einige bisherige Praxisfälle aus Sicht der Zielgruppen-Analyse an. Bei der Firma Hadler fanden wir die Zielgruppe mit der höchsten Energie, indem wir die bisherigen Entwicklungen und Anfragen analysierten und tiefer in die Potenziale eintauchten. Die Anfrage von Hühnerzüchtern, wie sie Energiekosten einsparen, mit verändertem Licht das Fressverhalten verbessern und den Kannibalismus verhindern könnten, führte in die Nische. Ohne die Untersuchung der bisherigen Technologien, der nicht realisierten Anfragen, der Nutzen-Kommunikation und der Kompetenzen hätten wir die Zukunftschancen möglicherweise nicht gefunden. Dank der Zielgruppen-Analyse konnte Hadler sich aus der Zulieferfalle befreien, ein neues Geschäftsfeld mit absoluter Alleinstellung besetzen und sich eine eigene Konjunktur schaffen.

194

Bei dem IT-Entwickler SI Projects verfolgten wir gleich mehrere Ziele. Wir fragten uns: Wie können wir ein System schaffen und dadurch die zeitraubende Konzeption von individuellen Intranetlösungen für unterschiedliche Zielgruppen vermeiden? Wir suchten deshalb eine Gruppe, deren Mitglieder das gleiche Problem hatten, aber nicht in Konkurrenz zueinander standen. Wenn ich etwa für einen Schuhhersteller arbeite, dann sind alle anderen Schuhhersteller eine Tabu-Zielgruppe – ich kann dort kein Neugeschäft mehr akquirieren. Gleichzeitig sollte unsere Zielgruppe gut vernetzt sein, um den Aufwand für das Neugeschäft zu reduzieren. Franchiseunternehmen erfüllen alle diese Voraussetzungen. Sie sind alle in einem Verband organisiert, arbeiten aber in vollkommen unterschiedlichen Branchen. Am Ende war auch hier die Zielgruppenanalyse ein wichtiger Schlüssel zum Erfolg.

Bei Town & Country mussten wir mehrere potenzielle Zielgruppen mit ihren Problemen und Wünschen analysieren. Erst nachdem wir Gemeinsamkeiten entdeckt hatten, kamen wir der Leidens-Zielgruppe näher. Die Angst vor Pfusch am Bau, die Konkursgefahr durch den Bauunternehmer und die Sorge, das Darlehen aus irgendwelchen Gründen nicht mehr bedienen zu können, führten schließlich zu der Zielgruppe der sicherheitsorientierten Hausbauer und zu den Innovationen.

> „Die Leidens-Zielgruppe ist die Energiequelle eines jeden Unternehmens. Je mehr Probleme eine Branche hat, umso größer sind die Chancen bedarfsorientierte Innovationen zu entwickeln und umso besser kann ich mich vom Markt abheben."
>
> Jürgen Dawo, Gründer Town & Country Haus.
> Strategiepreisträger 2009 und Unternehmer des Jahres 2010
> der Harward Clubs of Germany

Bei Sorg Hörakustik mussten wir erst die medizinischen Auswirkungen und Folgeschäden einer Schwerhörigkeit analysieren. So fanden wir die Innovation in der Branche und damit auch die Zielgruppe hinter den Schwerhörigen. Wir erkannten, dass die Angehörigen, die Angst vor der Demenz ihres schlecht hörenden Partners oder Verwandten hatten, die treibende Leidens-Zielgruppe waren.

Bei RückenVital führte die größte bestehende Leidens-Zielgruppe, die bereits im Hause war, zur Alleinstellung. Das Problem in vielen Unternehmen ist die Betriebsblindheit – und die Tatsache, dass kaum jemand gelernt hat, hinter jeder Teilzielgruppe die Bedeutung, Größe, Energie und Nischenchance abzufragen.

Je vernetzter die Zielgruppe, desto besser

Je vernetzter eine Zielgruppe ist, desto einfacher können Sie potenzielle Kunden erreichen. Der Schlüssel dazu sind Zielgruppen- und Informationsbesitzer. Bei Sorg waren es vor allem die Krankenkassen, Apotheker und die Medien, die eine Welle der Aufmerksamkeits-Energie bei den Angehörigen in Gang setzten. Bei RückenVital waren Menschen mit Rückenschmerzen die Leidens-Zielgruppe. Die Empfehler waren die Ärzte und Krankenkassen. Bei SI-Projects konzentrierten wir uns auf die Franchise-Geber, die über ein Institut, eine Akademie und den Verband vernetzt waren. Bei Hadler waren es die Stallbauer in Europa, die das neue Beleuchtungssystem den großen Hühnerzüchtern anboten. Diese Vorgehensweise ist nicht nur für kleine Unternehmen wichtig, sondern für jeden, der nicht unnötig hohe Werbebudgets verbrennen möchte.

Die meisten Unternehmen sitzen bereits auf einer Zielgruppen-Goldader

Wie Sie an den bisherigen Beispielen sehen, haben viele Unternehmen ihre meistversprechende Leidens-Zielgruppe bereits im Hause. Sie haben sie aber nicht erkannt oder sich nicht darauf spezialisiert. Die Zielgruppen-Analyse bietet Ihnen die Möglichkeit, einen scheinbar unüberschaubaren Markt in kleine, leichter beherrschbare Teilmärkte mit zu untergliedern. Je genauer Sie Ihre

Zielgruppen und deren Probleme beschreiben, desto sicherer hilft Ihnen der Energie-Resonanz-Navigator die Höhe der Dominanz zu erkennen.

> Eine Leidens-Zielgruppe mit einem hohen gesellschaftlichen Stellenwert zieht automatisch andere Zielgruppen an.

Eine Nebenzielgruppe erschließen – die Hauptzielgruppe gewinnen

Ein hervorragendes Beispiel, wie durch eine Zielgruppe mit einem hohen Stellenwert und Leidensdruck neue Kunden zu gewinnen sind, liefert der Orthopädie-Schuhmacher Lothar Jahrling aus Gießen. Der Branche geht es insgesamt sehr schlecht. Dennoch stehen die Kunden bei Jahrling Schlange. Er hat sich auf Spitzensportler spezialisiert. Wenn der Schuh drückt, ist das eine echte Katastrophe für Athleten. Deshalb stellen sie allerhöchste Anforderungen an das Know-how und die Problemlösungskompetenz des Ortho-Schuhmachers. Um die Ursachen für ein Fehlverhalten beim Gehen zu finden, arbeitet Herr Jahrling mit einer Video-Analyse. Zudem hat er völlig neuartige sensomotorische Einlagen entwickelt. Diese beeinflussen die Muskel-Steuerung des Laufapparats durch gezielten Druck auf spezielle Nerven und Sehnen im Fuß, sodass der Körper sich selbst reguliert und das neue, richtige Bewegungsmuster einübt. Natürlich kann Jahrling von den wenigen Spitzensportlern in seiner Region nicht leben. Doch weil er sie betreut, wird ihm eine hohe Kompetenz zugewiesen. Viele Orthopäden waren so begeistert von seinem Konzept, dass sie zu Empfehlern wurden. Dadurch konnte Herr Jahrling über die Spitzensportler seine eigentliche Zielgruppe, die Masse der Freizeitsportler, erreichen.

Suchen Sie Zielgruppen mit einer hohen Begeisterungsenergie

Konzentrieren Sie sich auf die treibende Kraft hinter Ihrer Zielgruppe

Manchmal müssen Sie eine scheinbar falsche Zielgruppe ansprechen, um die richtige zu erreichen. Wie die Erfolgsgeschichte von McDonald's zeigt, sind das oft Kinder. Sie sind die treibende Kraft mit der höchsten Energie, wenn es darum geht, die Eltern zu einem Besuch im Fast-Food-Restaurant zu bewegen. Auch bei Jugendlichen muss man oft einen Umweg gehen. Wenn Sie z. B. mit einer Zeitschrift Jugendliche von zwölf bis 14 Jahren ansprechen wollen, dann müssen Sie das Blatt als das Medium für 15- bis 17-Jährige positionieren. Denn: Jugendliche interessieren sich immer für das, was kommt – nicht so sehr für das, was sie gerade selbst erleben. Sie sind neugierig auf ihre Zukunft.

Die Energie-Resonanz-Positionierung funktioniert auch bei Lebensmittelketten

Eine besondere Herausforderung war es, als ich fast zwei Jahre als Berater für die Franchisepartner von Rewe tätig wurde. Im Vorfeld wurden für jeden Markt drei bis fünf wichtige Zielgruppen analysiert. Im Workshop mit jeweils 20 bis 30 Partnern suchten wir nach neuen Service- und Innovationsmöglichkeiten. Alleine diese Arbeit und die damit verbundene Sortimentsumgestaltung der einzelnen Märkte, brachte den Partnern eine außergewöhnlichen Umsatzsteigerung und neue Kunden. In einem Markt mit vielen Singles und Senioren-Haushalten wurden das Sortiment und die Dienstleistung auf deren Wünsche umgestellt: Das fing bei kleineren Portionen und Fertigprodukten an und ging hin zu einem Bringservice für alte Menschen. In einem Umfeld mit vielen Wohnblocks und Großfamilien mit geringem Einkommen wurde das Sortiment dagegen auf Großpackungen umgestellt und für die kleinen Balkons wurden entsprechende Campingmöbel als Aktionsware angeboten. In einem Umfeld mit Büros und Industrie war die Bereitstellung von Frühstück und fertigem Mittagessen eine gewinnbringende Ausrichtung auf die Bedürfnisse der Zielgruppen. Nach zwei Jahren verzeichneten die Niederlassungen durchschnittlich eine Gewinnerhöhung von 162 %. Sie wurden dafür in den USA ausgezeichnet.

Gemeinsame Ziele erhöhen das Kreativitätspotenzial

Interessant an der Arbeit mit Rewe war, dass alle Teilnehmer ein ge- **Kunden sind wichtiger als**
meinsames Ziel hatten: den Erfolg ihres Marktes. Die Lernprozesse **alle kapitalen Werte**
durch den offenen Austausch waren ein Feuerwerk neuer Ideen, von
denen jeder Markt profitierte. Ich kann jedem Unternehmen mit
vielen Partnern nur empfehlen, die Positionierung nicht in der Zentrale zu erarbeiten, sondern die Partner in den kreativen Prozess zu
integrieren. So viele Ideen, wie dabei entstehen, schafft eine Strate-
gie- und Marketingabteilung nicht in vielen Jahren. Wenn ich in
meinen Vorträgen über Rewe rede, dann kommen immer wieder
kleine Unternehmer wie Apotheker, Steuerberater oder Physiotherapeuten mit der Idee auf mich zu, auch einen gemeinsamen Workshop mit Kollegen zu machen, die auf Grund der Entfernung keine
Konkurrenten sind. Alle wollten mit ihren Verbänden reden, dass sie
einen gemeinsamen Workshop auf den Weg bringen. Bisher hat es
noch keiner geschafft, so einen wertvollen Prozess in Gang zu setzen.

Wenn Sie Ihre Leidens-Zielgruppe gefunden haben, sollten Sie einen kontinuierlichen Dialog mit Ihren Kunden pflegen. olina gründete beispielsweise einen Kundenbeirat mit Hunde- und Katzenbesitzern, die an der weiteren Konzeption mitarbeiteten. Keine andere
Quelle kann Ihnen zuverlässiger Auskunft über die tatsächlichen
Bedürfnisse Ihrer Kunden geben als die Kunden selbst.

Neue lukrative Zielgruppen sind keine Mangelware

Nach jeder technologischen Innovation entstehen unzählige neue
Verwertungsketten und Geschäftsfelder. Auch durch das Internet
entstanden und entstehen immer neue Zielgruppen und Teilzielgruppen. Neue Leidens-Zielgruppen, Innovationen- und Alleinstellungspotenziale sind also keine Mangelware. Im Gegenteil. Wir
müssen nur lernen, die Chancen und Nischen in jeder Branche zu
sehen und im Dschungel der Möglichkeiten die Perlen vor den
Wettbewerbern erkennen.

Die Chancen durch das weltweite Web

Durch das Internet ergeben sich für große und kleine Firmen riesige Chancen. Sie können heute Ihre Zielgruppe mit relativ wenig Aufwand weltweit auf Ihre Angebote aufmerksam machen. Damit haben selbst Anbieter, die eigentlich eine Kleinstzielgruppe bearbeiten, die Möglichkeit, hohe Umsätze und Gewinne zu erzielen. Durch den Internet-Vertrieb können viele Firmen ihre Produkte direkt vermarkten. Das bedeutet höhere Margen, aber auch eine Machtbegrenzung des Großhandels. Gleichzeitig bietet das Internet die Möglichkeit, sich besser auf die Endverbraucher einzustellen. Denn jetzt besteht ein Direktkontakt zu den Kunden. Sie können z. B. per Mail deren Meinung und Wünsche zu angebotenen Produkten abfragen. Gerade in ländlichen Gebieten nutzen Kleinstunternehmer das Web, um sich einen neuen ergänzenden Vertriebsweg aufzubauen. Eine Ladenbesitzerin aus Schleswig-Holstein schwärmt zum Beispiel für tschechische Keramik. Ihr Geschäft stand vor dem Aus, weil es im Norden zu wenige Kunden gab, die ihre Begeisterung teilten. Über das Internet fand sie aber genügend Gleichgesinnte. Heute erwirtschaftet sie 80 Prozent ihres Umsatzes über das Netz.

Das Problem mit den Internet-Experten

Ein Thema, bei dem die meisten meiner Kunden sehr viel Lehrgeld bezahlt haben, ist die Suche nach einer professionellen Internetagentur. Ich selbst hatte über zwölf Jahre einen Mitarbeiter, der sich auf das Thema Suchmaschinenoptimierung (SEO / search engine optimization) spezialisiert hatte. Sein Wissen führte dann dazu, dass er abgeworben wurde. Jetzt war ich auf der Suche nach einer professionellen Agentur.

Fehlinvestitionen in selbst ernannte Internet-Gurus Ich telefonierte mit erfolgreichen Internetpionieren, die mehrere Plattformen aufgebaut hatten und damit sehr vermögend wurden. Ihr Kommentar war, dass sie selbst viel Lehrgeld bezahlt hätten und dass es nur wenig wirklich gute Experten gebe. Das Problem sei, dass man erst selbst viel Wissen haben muss, um die Guten von den Schlechten unterscheiden zu können. Dann rief ich einige Kunden und Kollegen an. Es war erschreckend, wie viele davon hilflos und gutgläubig in Versprechen von selbsternannten Experten investiert hatten. Ein Unternehmer berichtete mir, dass ihm von seinem Webdesigner für die Installation eines kleinen Zusatzprogramms auf der Webseite 980 Euro berechnet wurden. Hinterher erfuhr er, dass der Installationsaufwand eines solchen Tools rund 10 Minuten beträgt. Ein anderer kaufte eine Software von seiner Internetagentur für 1.800 Euro. Später fand er heraus, dass es eine Freeware war, die jeder kostenlos downloaden kann.

Ein Kunde aus Hamburg berichtete mir, dass er in „Internetcoaching- und -beratung" in den vergangenen Jahren Tausende von Euros investiert hatte, die am Ende zu keinem Ergebnis führten. Konkrete Umsetzung sei zwar regelmäßig versprochen, jedoch nur in den seltensten Fällen durchgeführt worden. Die Krönung habe ein Anbieter geliefert, der in seinem Angebot für eine E-Mail-Kampagne mit sieben Nachrichten 29.000 Euro forderte. Dann erzählte mir der Kunde, dass er mit Herrn Peter Arndt jetzt endlich einen wirklichen Experten gefunden hätte. Er zeigte sich begeistert vom schnellen Erfolg. Die E-Mail-Kampagne mit den sieben Nachrichten kostete ihn nicht einmal 2.000 Euro – zum ersten Mal verdient er mit seiner Homepage nachweislich Geld und kann endlich seine Ziele umsetzen.

Das Internet-Experten-Zentrum

Ich nahm telefonisch Kontakt mit Herrn Arndt auf. Bereits 1999 hatte Arndt seine erste Internetseite ins Netz gestellt, ein Jahr später publizierte er einen der ersten deutschen Experten-Newsletter für Vertrieb und Marketing. Aus seinem langjährigen Erfahrungsschatz hat Peter Arndt Lösungen für die größten Probleme von Unternehmern im Internet entwickelt. Ob es sich um ein neues Management-Informations-Cockpit, visualisierte und jederzeit nachprüfbare Projektpläne, notariell hinterlegte Zugangsdaten oder einen Internet-Schutzbrief handelt – immer geht es ihm darum, das Marketing- und Vertriebspotenzial seiner Kunden im Internet auszuschöpfen. Statt einen aufwändigen Bürobetrieb mit vielen fest angestellten Mitarbeitern zu führen, arbeitet Arndt weltweit mit einem Expertennetzwerk von hochkarätigen Internetprofis zusammen. Für und mit seinen Kunden erstellt er geldbringende Strategien für Marketing und Verkauf über das Internet und setzt anschließend die erarbeiteten Strategien um.

Nach zwei Stunden war für mich klar, dass ich einen wirklichen Experten gefunden hatte. Doch Peter Arndt hatte ein riesiges Problem. Er konnte seine Einzigartigkeit und die Vorteile, die ein Kunde aus der Zusammenarbeit mit ihm zog, nicht verständlich darstellen. Wir setzen uns zwei Tage zusammen und positionierten sein Unternehmen neu. Dabei entstand das erste Internet-Experten-Zentrum im deutschsprachigen Raum. Danach analysierte er alle meine vorliegenden Angebote, meine Ziele und alle notwendigen Maßnahmen auf Basis von 14 Modulen, die wir im Workshop erarbeitet hatten. Am Ende kalkulierte er die möglichen Kosten für die einzelnen Bausteine. Auffallend war, dass die Investitionen gegenüber den vorliegenden Angeboten bedeutend günstiger waren. Zudem waren seine Strategien viel tiefgreifender und mit automatisierten Prozessen hinterlegt. Obwohl er alle 14 Module beherrschte, hatte er für jedes Modul entsprechende Experten und sah sich als Generalunternehmer, der diese „Gewerke" miteinander vernetzte.

Welche Zielgruppe steckt hinter Ihrem Hobby? Eine intelligente Idee der Positionierung ist es auch, wenn Sie selbst Ihrer Zielgruppe angehören. Ein Steuerberater, der als Hobby Extrembergsteigen betreibt, hat sich mit großem Erfolg auf Extrembergsteiger spezialisiert. Dementsprechend sieht sein Büro aus. Im Eingangsbereich steht eine Kletterwand, überall hängen und stehen Ausrüstungsgegenstände von Extrembergsteigern. Wenn diese in den Bergen gemeinsam pausieren oder übernachten, haben sie immer viel Zeit, um über ihren Beruf zu reden. Neue Kandidaten für eine Stelle in seiner Kanzlei lässt der Steuerberater vor dem Bewerbungsgespräch lange im Vorraum warten. Wer sich dabei an der Kletterwand betätigt, mit dem führt er ein Gespräch – die anderen können wieder gehen. So hat er sichergestellt, dass von Anfang an eine gewisse Affinität zu seiner Zielgruppe besteht. Ein Sportarzt hatte sich auf die Vereine in seinem Umfeld ausgerichtet. Er musste zwar an den Wochenenden bei den Veranstaltungen anwesend sein. Da er aber selbst sportbegeistert ist, verbindet er sein Hobby mit dem Beruf und gewinnt so neue Patienten. Oder noch ein Beispiel: Ein Steuerberater und Kunstliebhaber hat sich mit großem Erfolg auf Galerien spezialisiert. Schauen Sie sich Ihre Hobbys an und überlegen Sie, ob es interessant sein kann, sich auf Gleichgesinnte zu spezialisieren.

Konzentration auf Teilzielgruppen

Durchforsten Sie einmal Ihre bisherigen Anfragen nach „Besonderheiten". Ein vermögender Japaner konsultierte wegen eines komplizierten Immobilienkaufs einen Rechtsanwalt. Die Zusammenarbeit verlief für beide Seiten sehr zufriedenstellend – der Japaner empfahl den Anwalt seinen Landsleuten weiter. Es dauert nicht lange, und der Jurist stellte japanisch sprechende Mitarbeiter ein. Er wurde ein wichtiger Ansprechpartner für japanische Kunden, die in Deutschland rechtliche Beratung brauchten. In diesem Falle hat der Kunde eine Spezialisierung vorangetrieben. Alle Gruppen, vor allem ethnisch begründete, sind vernetzt. Jede dieser Ethnien – ob türkisch, asiatisch, indisch, polnisch oder russlanddeutsch – ist eine Teilzielgruppe. Und um jede hat sich ein Markt entwickelt.

> Fast jede Zielgruppe ist größer, als sie zunächst erscheint.

Erst teilweise erschlossen sind hierzulande Gruppen, die über ihre Sexualität verbunden sind. In den USA etwa schalten Großunternehmen wie das Einrichtungshaus Ikea oder die Fluggesellschaft American Airlines längst Werbung speziell für Homosexuelle. Transvestiten sind bei uns für manche Unternehmen als Zielgruppe tabu, obwohl sie sehr konsumfreudig und markentreu sind. Nicht so in England. Um sie als Kunden zu gewinnen, bietet dort z. B. eine Bank zwei Kreditkarten für ihre Bankgeschäfte an – mit unterschiedlichen Bildern: einmal im Alltagsoutfit, einmal im Transvestitenlook.

Die Sopur-GmbH hat sich auf die hohe Qualität von Rollstühlen für den Behindertensport spezialisiert. Diese Teilzielgruppe macht zwar nur rund drei Prozent der Rollstuhlfahrer in Deutschland aus, sie ist aber sehr homogen, d. h. jung und sportlich. Mit der Positionierung des Rollstuhls als Individualprodukt, dem Engagement für den Behindertensport sowie einem engen Kontakt zu den Meinungsbildnern in Reha-Zentren und -Kliniken verzeichnete das Unternehmen ein exzellentes Wachstum. Sopur erkannte clever die Marktlücke, während die Konkurrenz die Zielgruppe der Behindertensportler mied. Indem es 97 Prozent des Gesamtmarktes aussparte, konnte Sopur durch seine Spezialisierung wachsen.

> Je »spitzer« Sie sich auf eine Teilzielgruppe konzentrieren, desto besser können Sie kommunizieren, desto glaubwürdiger werden Sie wahrgenommen und desto schneller wachsen Sie zu einer energiereichen Marke. Am Ende beweist sich die These: »Weniger ist mehr, und einfach ist am schwersten!«

Jede Zielgruppe sucht ihr ideales Angebot

In einem firmeninternen Englischkurs sitzen zehn Teilnehmer. Drei kommen aus dem Innendienstservice und müssen am Telefon Kunden betreuen. Vier sind im Außendienst weltweit unterwegs und helfen ihren Kunden vor Ort, wenn sie Probleme mit der Anwendung der Software haben. Zwei davon sind für die Neukundengewinnung zuständig, einer ist Assistenz der Geschäftsleitung. Alle haben ein Problem: Sie wollen ihre Englischkenntnisse verbessern. Sie sitzen im gleichen Kurs, obwohl sie aus vier Aufgabenbereichen mit ganz unterschiedlichen Anforderungen kommen. Jeder Bereich bedarf einer speziellen Problemlösung. Der Innendienst benötigt eher die Beschreibung der Produkte, muss Bestellungen abarbeiten oder Serviceanfragen entgegennehmen. Der Außendienst sollte zusätzlich soziale Kompetenz besitzen. Die zwei Teilnehmer, die für Neukundengewinnung zuständig sind, müssen präsentieren, argumentieren und kulturelle Gegebenheiten kennen. Der Assistent der Geschäftsleitung muss die betriebswirtschaftlichen Vokabeln, die Führungs-, Marketingsprache und die Spielregen der Vorstandsetagen in den internationalen Niederlassungen beherrschen. Jede dieser vier Gruppen ist eine eigene Zielgruppe mit Spezialisierungspotenzial.

Hinter jedem Produkt stecken oft mehrere Zielgruppen

Ein gesundheitsförderndes Lebensmittel kann ein ernährungsphysiologisches Multitalent sein und deshalb viele positive Eigenschaften auf sich vereinigen. Es fördert z. B. durch natürliche Ballaststoffe die Verdauung und entgiftet den Körper. Es besitzt einen hohen Vitamingehalt, wichtige Mineralstoffe, stärkt das Immunsystem, entwässert das Gewebe, hat wenig Kalorien und verursacht ein anhaltendes Sättigungsgefühl. Es wird auch für Schwangere empfohlen, da es das Baby mit wichtigen Nährstoffen versorgt. Wenn Sie jeden einzelnen Nutzen separat sehen, kann daraus jeweils ein eigenes Produkt mit eigener Zielgruppenansprache entstehen. Bei dem einen fördert es die Verdauung und entgiftet. Bei älteren Menschen können der hohe Vitamin- und Mineralstoffgehalt das entscheidende Verkaufsargument sein. Die Zielgruppe der Schwangeren hat das gute Gefühl, dass sie ihr ungeborenes Baby mit wertvollen Nährstoffen versorgt. Das lange anhaltende Sättigungsgefühl und der geringe Kaloriengehalt sind für Menschen attraktiv, die abnehmen wollen.

Heutige Märkte zerfallen in eine Vielzahl kleiner Minimärkte

Zahnpasta zum Beispiel gibt es für Kinder, für Erwachsene, für sensible Zähne und empfindliches Zahnfleisch, für Raucher und gegen gelbe Zähne oder für Menschen ab 40. Hier gilt: Je spezialisierter das Produkt für eine Zielgruppe wahrgenommen wird, desto höher ist die Marken-Energie und die Wertigkeit für den Käufer. Ganz wichtig: Lassen Sie sich nicht durch den Ausdruck „kleine Nischen" täuschen! Zielgruppen- und Nischen-Spezialisierung bedeutet nicht, dass Sie immer in einem Minimarkt mit geringen Umsatzchancen bleiben müssen. Im Gegenteil: Gerade die kleinen Nischen bieten oft die größten Gewinnspannen. Nur da, wo alle sind, herrscht oft ein gnadenloser Preiskampf.

Positionierung auf „Noch-nicht-Kunden" oder neue Verwenderzielgruppen

Ein weiteres ungenutztes, oftmals beträchtliches Potenzial sind „Noch-nicht-Kunden". Besonders in Märkten mit inflationären, austauschbaren Angeboten und mangelndem Innovationspotenzial bieten Nichtkunden immer wieder interessante Perspektiven. Oftmals hält nur ein fehlender Mehrnutzen oder eine falsche Ansprache im aktuellen Angebot sie vom Kauf ab. Hinterfragen Sie: Wer würde sich für das Angebot mit Erweiterungen und einer neuer Nutzenansprache ebenfalls interessieren? Nicht nur, wenn Märkte immer enger werden oder Produkte und Dienstleistungen austauschbar sind, lohnt es sich, nach neuen „Noch-nicht-Kunden" und neuen Verwenderzielgruppen zu suchen. Beide haben den Vorteil, dass Sie mit Ihren Angeboten neue Absatzmärkte erschließen und sich ihre eigene Konjunktur schaffen können, obwohl Sie das Gleiche oder nur etwas leicht Verändertes anbieten.

Ein ganz simples Beispiel: Ein hochpreisiger Damenfriseur hatte eine Auslastung von 75 Prozent. 25 Prozent der Zeit stand sein Personal herum. Jeden Tag gingen Frauen an seinem Laden vorbei, die aber nicht Kunden wurden. Warum war klar. Der Friseur war zu teuer für sie. Also machte er ihnen ein Angebot. Es lautete: Wir sind für die Beratung und das Schneiden zuständig. Waschen und föhnen können Sie selbst erledigen und dadurch Geld sparen. Innerhalb kürzester Zeit hatte er eine Auslastung von 95 Prozent.

Als Nintendo sein Angebot von Gewaltspielen für junge männliche Benutzer auf lernfördernde Spiele für die ganze Familie umpositionierte, stieg das Unternehmen in wenigen Jahren von Platz 150 zur Nr. 1 im japanischen Markenranking auf.

Als der Markt für Pilotenkoffer aus Aluminium gesättigt war, wurden die Koffer als Trendprodukt im Management angeboten – mit durchschlagendem Erfolg. Interessant an dieser Strategie ist, dass Sie eine neue Verwenderzielgruppe hinzugewinnen, aber die alte weiterhin behalten. „Noch-nicht-Kunden" bzw. neue Verwenderzielgruppen können eine ergiebige Energiequelle für Wachstum sein – vorausgesetzt, Sie entwickeln ein passendes Nutzenangebot.

Eine neue Produktkategorie kann auch das Abspecken von leistungsstarken Produkten und aufwändigen Dienstleistungen sein. Ein vereinfachtes Angebot kann Sie in eine neue Nische führen. Natürlich kann auch ein Mehrwert die Preisbarriere abbauen. Die Handys von Nokia waren in manchen ärmeren Ländern für die meisten Menschen zu teuer. Statt zu versuchen, die Handys für diese Märkte billig zu produzieren, wurden sie mit einem Mehrwert ausgestattet: In diese Handys wurden Taschenlampen oder Radios integriert. Der Preis war zwar immer noch hoch, aber durch den Mehrwert wesentlich akzeptabler. Entscheidend ist, wie Sie Ihr Produkt zielgruppenorientiert positionieren und seine Wahrnehmung durch den Mehrnutzen verändern.

Bonbons, gleichgültig welcher Geschmacksrichtung und Konsistenz, sind Bonbons und hängen im Bonbonregal. Gebe ich einem Bonbon Eukalyptus hinzu, könnte es bei den Erkältungsprodukten stehen und die Kunden würden es als Heilmittel wahrnehmen. Jetzt hat das Bonbon eine höhere Marken-Energie, weil es als Helfer gilt. Bonbons mit Aufputschmitteln wie Koffein werden zu Muntermachern. Wenn Sie lebenswichtige Vitamine und Spurenelemente hinzufügen, gelten die Bonbons plötzlich als Nahrungsergänzungsmittel.

Jede Produktveränderung kann zu einer neuen Zielgruppe führen

Jede Veränderung der Inhalte kann zu einer neuen Zielgruppe führen. Als Allergien gegen Waschmittel immer mehr zunahmen, entstand ein neuer Markt. Deshalb wurden Waschmittel für Allergiker entwickelt. Dazu nahm man meist nur das Parfüm aus dem Waschmittel heraus, sodass das Produkt in der Herstellung preiswerter wurde. Weil es aber eine Leidens-Zielgruppe bedient, ist es im Verkauf teurer als normales Waschmittel. Oder anders ausgedrückt: Je höher der Leidensdruck, desto größer ist der mögliche Deckungsbeitrag.

> **Mit der Energie-Resonanz-Positionierung werden Sie selbst zum besten Marktforscher, können zielsicher Innovationen finden und teure Flops vermeiden.**

In einem Positionierungsprozess wird nur nach bedarfsorientierten Alleinstellungen und Innovationen gesucht. Die sorgfältig formulierte Zielgruppenbeschreibung sollte grundsätzlich Potenzial für eine Weiterentwicklung bieten. Besteht kein Bedürfnis, dann sitzen Sie in der Falle und müssen viel Missionarsarbeit leisten, um Ihr Produkt an den Käufer zu bringen. Klar könnten sie sagen: Das weiß doch jeder. Aber in der Realität kämpfen noch viel zu viele Unternehmen mit diesem Problem und träumen von einer automatischen Sogwirkung. Die Geschwindigkeit, mit der sich eine Alleinstellung und die Glaubwürdigkeit des Angebotes verbreiten, hängt von vielen Faktoren ab. Sehr viele Ideen sind schon im Markt gescheitert. Merkwürdig ist, dass manche Ideen später nochmals in den Markt kommen und dann sehr erfolgreich sind. Man könnte sagen: Die Zeit war beim ersten Mal nicht reif dafür, oder: Beim zweiten Mal hat der Hersteller aus seinen Fehlern gelernt und das Angebot besser positioniert. Damit in diesem Zusammenhang die wichtigsten Erfolgsfaktoren nicht übersehen werden, hilft Ihnen die Energie-Resonanz-Positionierung.

Ohne Grenzen: Wie das Internet den Handel revolutioniert

Vom Aussterben der Tante-Emma-Läden über den Siegeszug der Discounter bis zur rasanten Verbreitung von Franchise-Organisationen – ein Blick auf die vergangenen 30 Jahre zeigt: Handel ist Wandel. Das Internet hat diese Dynamik mit unglaublichem Tempo erhöht. Während das Web früher hauptsächlich zum Kommunizieren genutzt wurde, dient es mehr und mehr zum Konsumieren. Online-Shopping – ein Unterfangen, das vor wenigen Jahren nur echte Internet-Freaks interessierte – hat sich längst durchgesetzt. Stetig steigende Umsatzzahlen sprechen für sich. Ob Bücher, Mode, Elektronik oder andere Produkte: Die Umsatzerwartung der Online-Händler kennt auch in Zukunft nur eine Richtung – steil nach oben!

Nach Einschätzung des Handelsverbandes HDE ist das Internet die „Wachstumslokomotive der Branche". Während der klassische stationäre Einzelhandel in den vergangenen zehn Jahren kaum zugelegt hat, wächst der Online-Handel jährlich um rund zehn Prozent. Dabei hat das Online-Geschäft nach Verbandseinschätzung nicht zwangsläufig ein Ladensterben zur Folge. Die Konsumenten nutzen heute alle möglichen Einkaufskanäle nebeneinander. Die einen informieren sich zunächst online über ihr Wunschprodukt und kaufen es dann bei einem stationären Händler. Die anderen informieren sich beim Händler und kaufen dann günstiger online. Auf Nummer sicher gehen immer mehr große Ketten. Sie verknüpfen den stationären Handel mit dem Internetgeschäft: Tengelmann stieg beim Internet-Schuhhändler Zalando ein, die Otto-Gruppe kaufte den Shopping-Club Limango und die Douglas-Gruppe übernahm buch.de.

Wachstumslokomotive Internet

> „Der ideale Zeitpunkt zum E-Commerce-Einstieg ist jetzt. Die Lehrjahre sind bezahlt. Und die Pfründe sind noch nicht verteilt."
> *Gerrit Heinemann, Professor für Betriebswirtschaft an der Hochschule Niederrhein*

Im Internet ist der Kunde König

Wer heutzutage nicht in den elektronischen Medien präsent ist, verschenkt wertvolle Marktanteile. Das gilt nicht nur für Händler, sondern auch für Hersteller. Im Jahr 2000 musste Levi's seinen ersten Online-Shop auf Druck seines Händlernetzes rasch wieder einstellen. Inzwischen ist der Shop längst wieder online. Ob Lego, Blaupunkt, Louis Vuitton oder Adidas: Mittlerweile sind alle großen Markenartikler mit eigenen Shops im Netz vertreten. Der Kampf um die Pole Position im Online-Handel der Zukunft hat längst begonnen. Doch: Die Ansprüche der Web-Kunden sind hoch. Sie wollen die angebotenen Produkte sicher, einfach und ohne Hindernisse bestellen. Zudem erwarten sie, dass ihre Bestellung schnell bei ihnen ankommt. Das Motto lautet: „Heute bestellt, morgen geliefert!" Hier setzt der Internet-Riese Amazon mit Funktionen wie 1-Click®, Amazon Prime oder persönlichen Empfehlungen neue Maßstäbe. Daran müssen sich alle anderen Online-Shops messen. Denn: Im Internet ist der Kunde König!

> „Es gibt genug Platz im Internet-Handel – nicht nur für ein paar Gewinner, sondern für Tausende Unternehmen. Das wird kein Milliarden-Markt, das wird ein Billionen-Markt."
> *Jeff Bezos, Gründer und Präsident von amazon.com*

Totale Vergleichbarkeit im Netz

Erfolg in der Online-Nische Viele Internet-Händler verkennen die Gefahr, dass sie mit ihrem Sortiment im Netz total vergleichbar sind. Mit Preissuchmaschinen wie guenstiger.de, evendi.de oder idealo.de dauert die Schnäppchenjagd nur wenige Sekunden. Oft können die Kunden knapp 50 Prozent gegenüber den Herstellerpreisen sparen. Vom Handy über Kopfschmerztabletten bis zu Musik-Downloads: Im Internet tobt ein knallharter Preiskampf. Wer hier nicht unter die Räder geraten will, muss sich vom Massenmarkt abheben.

Für den Erfolg im E-Commerce ist nicht das höchste Budget oder die größte Marktmacht entscheidend, sondern die Positionierung in einer aussichtsreichen Nische! Hier geht der Trend weg vom Massenmarkt und hin zu einer Menge von Nischenmärkten. Auch im Internet spielt die Zielgruppenorientierung eine tragende Rolle. In den vergangenen Jahren häuften sich bei mir Anfragen von Internet-Händlern. Zum Teil waren Sie einmal Marktführer, wurden aber von ständig neuen Mitbewerbern vom Thron gestoßen. Sie suchten neue Nischen oder eine bessere Positionierung gegenüber den Mitstreitern. Andere wieder versuchten einen Online-Handel aufzubauen, ihnen fehlte aber das Wissen und sie vertrauten externen Experten, die sie in den finanziellen Ruin trieben.

Die Zielgruppenanalyse ist eine der schwierigsten, aber auch eine der wichtigsten Schlüsselstrategien im Positionierungsprozess. Im Energie-Resonanz-Navigator zu diesem Buch finden Sie viele weitere Tipps und Anregungen, wie Sie die verheißungsvollste Leidens-Zielgruppe finden können. Die hohe Kunst besteht darin, mit den richtigen Fragen jede einzelne denkbare Leidens-Zielgruppe zu hinterfragen – und zwar solange, bis am Ende diejenige herauskommt, die das größte Potenzial an Innovationen bietet. In meinen Workshops kann das mehreren Stunden dauern. Oft ist ein mehrmaliges Hinterfragen jeder einzelnen Zielgruppe nötig, bis sich alle Teilnehmer einig sind. Aber das lohnt sich! Denn: Das Finden der erfolgversprechendsten Leidens-Zielgruppe ist der entscheidende Zugangscode für eine bessere Positionierung.

> Die Leidens-Zielgruppe ist der Zugangscode für eine bessere Positionierung

Hinter jedem Problem, Ziel oder Wunsch kann eine Zielgruppe stehen

Die ideale Leidens-Zielgruppe zu finden, entscheidet über Erfolg und Misserfolg eines jeden Unternehmens. Sie ist das Fundament für den gesamten Positionierungs- und Alleinstellungsprozess. Deshalb beeinflusst sie unweigerlich die beiden nächsten Säulen. Weil sehr viele Unternehmer bei der Suche nach der richtigen Zielgruppe steckenbleiben oder sich falsch entscheiden, hat diese Erfolgs-Säule während meines Workshops den höchsten Stellenwert. Diese Phase bringt den höchsten Lernprozess für alle Beteiligten: Erst wenn alle Teilnehmer erkannt haben, welche der Zielgruppen den größten Leidensfaktor mit der höchsten Handlungsenergie hat, kann an den nächsten zwei Erfolgs-Säulen gearbeitet werden.

Wichtige Tipps und Denkanstöße zur 1. Erfolgs-Säule

Die Leidens-Zielgruppe

■ Die Zielgruppenanalyse ist der Zugangscode zu einer neuen Spezialisierung, Alleinstellung oder Innovation.

■ Der Markt ist keine Zielgruppe, sondern nur eine unkalkulierbare und diffuse Masse.

■ Auf eine hohe Resonanz treffen wir, wenn wir die Gedanken und Gefühle erkennen, die ständig in den Köpfen der Zielgruppe präsent sind und in ihrem Bewusstsein einen hohen Stellenwert einnehmen.

■ Jedes Problem einer Zielgruppe ist eine Chance. Denn: Daraus könnte sich eine lukrative Nische entwickeln.

■ Jedes Problem einer Zielgruppe kann zu einer neuen Zielgruppenbeschreibung führen.

■ Oft ist eine interessante Leidens-Zielgruppe eine Teilzielgruppe ihrer bestehenden Zielgruppe.

■ Suchen Sie bei jeder Zielgruppe die unterschiedlichen Entscheiderebenen und erfassen Sie diese als eigenständige Zielgruppe.

■ Je besser vernetzt eine Leidens-Zielgruppe ist, desto schneller und einfacher können Sie sie erreichen.

■ Eine Leidens-Zielgruppe mit einem hohen sozialen Stellenwert zieht automatisch andere Zielgruppen an.

■ Prüfen Sie, ob Sie Ihr Hobby und Ihre Zielgruppe verbinden können.

■ Wenn Ihr Markt gesättigt ist, suchen Sie nach „Noch-nicht-Kunden" und neuen Verwenderzielgruppen.

213

An welchen Stellschrauben aus der Erfolgs-Säule „Leidens-Zielgruppe" müssen Sie noch arbeiten? Was wollen Sie in Zukunft konkret verändern? Listen Sie hier bitte alle To-dos auf.

_____

_____

_____

_____

_____

_____

_____

_____

_____

_____

_____

_____

214

Problem-Dominanz-Analyse

Hier öffnen Sie die Schatzkammer der Wirtschaft

Bei der zweiten Erfolgs-Säule geht es darum, mit der Problem-Dominanz-Analyse alle Probleme, Wünsche und Ziele Ihrer Leidens-Zielgruppe zu erkennen und die Energie dahinter zu bewerten. Sie denken jetzt nur aus deren Sicht, werden zum Freund, Partner und Anwalt Ihrer Zielgruppe. Wenn es ein Problem gibt und noch keiner eine Lösung entwickelt hat, könnte sich dahinter eine Marktnische verbergen.

2. Erfolgssäule: Problem-Dominanz-Analyse

Eine Zielgruppe ist so lange eine diffuse Masse, bis Sie die Gedanken eines oder mehrerer Mitglieder kennen. Nur dann wissen Sie, was alle denken. Deswegen ist es jetzt wichtig, beurteilen zu können, welche Gedanken und Emotionen die höchste Dominanz bei ihrer Zielgruppe einnehmen. Das heißt: Je gravierender ein Problem, Wunsch oder Ziel für Ihre Leidens-Zielgruppe ist, desto mehr Energie ist sie bereit für die Lösung einzusetzen. Jedes Problem kann deshalb eine Chance sein und Sie zu einer Schatztruhe führen. Bei dieser Säule beginnen Sie die Türen zu öffnen, durch die Sie später auf die brachliegenden Innovations-Plantagen für Ihr Unternehmen gelangen.

> „Wer als Unternehmer keine Probleme sieht, sollte sich schnellstens welche besorgen. Ungelöste Probleme sind die Quelle für bedarfsorientierte Innovationen."
>
> Dr. Christoph Münzer, Hauptgeschäftsführer Wirtschaftsverband Industrieller Unternehmen Baden e. V.

Betrachten Sie dabei jedes Problem wie einen Rohdiamanten, der darauf wartet, zum kostbar geschliffenen Stein zu werden. Jede Zielgruppe hat viele unterschiedliche Probleme. Entscheidend ist immer, welche davon gedanklich und emotional dominieren. Wenn Sie die Nummer 1 in Ihrer Zielgruppe werden wollen, müssen Sie am Ende die beste Problemlösung unter Berücksichtigung aller Mitentscheider anbieten.

Semigator AG – die Erfolgsgeschichte eines Internetportals

Das nächste Beispiel belegt, wie wertvoll Probleme sind. Es zeigt auch, wie schnell ein Unternehmen Erkenntnisse umsetzen und zum Marktführer werden kann. Qualitativ hochwertige Weiterbildung muss preiswert und leicht beschaffbar sein. So lautete die Idee des Teams um Michael Silberberger, Peter Baumann, Christian Manthey und Oliver Flaskämper. Zusammen gründeten sie deswegen die Firma Semigator.de. Sie entwickelten eine Online-Plattform für Seminare und Workshops, auf der sich zu jedem Thema deutschlandweit der passende Anbieter finden lässt – zu einem angemessenen Preis mit gleichzeitiger Qualitätsgarantie.

Bereits vor der Gründung wurde ich durch einen Kollegen auf die Geschäftsidee aufmerksam gemacht. Mir war sofort klar, wie wichtig das Angebot für deutsche Unternehmen ist, welche weiteren Potenziale sich ergeben könnten und nahm Kontakt mit den Gründern auf. Auf dem Weg zu einem meiner Vorträge legte ich einen Zwischenstopp am Firmensitz des Unternehmens in Wiesbaden ein. Wir sprachen mehr als drei Stunden über die Geschäftsidee. Am Abend fuhren die Gründer mit zu meinem Vortrag. Daraus entwickelte sich eine tiefe und intensive Zusammenarbeit. Gemeinsam realisierten wir eine Serie von Abend-Seminaren in den großen Städten Deutschlands über Positionierung und Kundengewinnung, zu denen insgesamt mehrere Tausend Teilnehmer kamen.

Für mich ist es immer wieder beeindruckend, welche enorme Sogwirkungs-Energie aus dem Markt entsteht, wenn eine Idee einen zwingenden Nutzen bietet und ständig an den Lernerfahrungen gearbeitet wird. Ich hatte bereits einige Start-Ups ab der Gründerphase begleitet. Aber noch nie habe ich eines kennengelernt, dessen Gründer und Mitarbeiter mich durch ihre Begeisterung, ihre Motivation und ihren Tatendrang so fasziniert haben wie Semigator. Die Gründer schafften es, innerhalb von drei Monaten mehr als 220.000 Seminare auf ihrem Portal anzubieten. Damit waren sie bereits nach dieser kurzen Zeit absoluter Marktführer in Deutschland, Österreich und der Schweiz. Neben vielen Kunden haben auch strategische Investoren wie die Verlagsgruppe Handelsblatt Semigator schnell für sich entdeckt. Nach kurzer Zeit beteiligte sich die Mediengruppe deshalb mit 25,1 % an dem jungen Unternehmen.

Im Rahmen eines gemeinsamen Workshops haben wir an der Optimierung der Nutzen-Argumentation und der Zielgruppen-Fokussierung gearbeitet. Statt weiter als Internetportal für Endkunden zu arbeiten, entschieden wir uns, dass die größte Sogwirkung von den großen Unternehmen ausgehen muss. Ziel war es, das die Unternehmen als Auftragsbesitzer ihre gesamten Weiterbildungsaufgaben über Semigator abwickeln und im Idealfall outsourcen. Statt einfach Seminare mit Teilnehmern zu füllen, entwickelte sich das Internetunternehmen deshalb zu einem Spezialisten für die Beschaffung von abgestimmten Weiterbildungsangeboten für Firmen. Die angesprochenen Betriebe erkannten nach anfänglichem Zögern ihre Chance. Denn durch Semigator sparten die Konzerne 50 Prozent der alternativ anfallenden Kosten für das Buchen der Seminare ein, reduzieren die Gesamtweiterbildungskosten um fünf bis zehn Prozent bei gleicher Weiterbildungsintensität und einer höheren Mitarbeiter-Zufriedenheit mit den Fortbildungsangeboten. Semigator ist mittlerweile die Nummer 1 bei Großunternehmen und einigen Dax-Konzernen in Fragen der Weiterbildung.

> „Seine Zielgruppe genau definieren zu können und den konkreten Kundennutzen zu benennen, sind mit die wichtigsten Punkte für ein erfolgreiches Unternehmen. Nachdem wir wirklich bis ins Detail die Leidens-Zielgruppe und deren Problem analysiert hatten, traute sich das Gründerteam trotz des großen Erfolgs, das Geschäftsmodell um 180 Grad zu drehen. Semigator hat sich vom Endkunden, also dem Online-Marktplatz für alle Seminare-Suchenden, zum Spezialisten für die Beschaffung von Weiterbildung für Unternehmen konzentriert. Semigator hat eine komplette Systemintegration entwickelt und ist nun die einzige Seminar-E-Procurement-Plattform auf der Welt und damit ein weiterer Hidden Champion aus Deutschland – dank Peter Sawtschenko. Dieser Erfolg verdeutlicht, wie wichtig es ist, sich entsprechend zu positionieren und ständig daran weiter zu arbeiten.
>
> Michael Silberberger, Gründer der Semigator AG

Problem-Dominanz-Analyse ist auch ein Frühwarnsystem

Sollten Sie bei der Auswahl Ihrer Leidens-Zielgruppe eine Fehlentscheidung getroffen haben, werden Sie es bei dieser Erfolgs-Säule sehr schnell merken. Durch die Zielgruppen- und Problem-Dominanz-Analyse hat sich bei Semigator das Geschäftsmodell um 180 Grad gedreht und zu einem sensationellen Erfolg geführt. Die Problem-Dominanz-Analyse ist der erste unentbehrliche Filter, der falsche Annahmen entlarvt und verhindert, dass Sie auf das falsche Pferd setzen. Wurde eine falsche Wahl getroffen, erkennen Sie das jetzt durch eine magere Ausbeute an Problemen und Energien. Innerhalb der ersten Stunde sollten sich nachvollziehbare Bedürfnisse herauskristallisieren. Ist dies nicht der Fall, dann sollten Sie unbedingt die Leidens-Zielgruppen-Analyse wiederholen und eine neue Entscheidung treffen. Möglicherweise haben Sie sich in eine Zielgruppe verliebt und versucht, ihr niedriges Energielevel zu dramatisieren und es sich schönzureden. Halten Sie daran fest, kann das der Beginn einer aufwändigen Missionarsarbeit werden, um Ihr Angebot an den Käufer zu bringen. Eine sehr banale, aber ebenso häufige Ursache für einen Mangel an Substanz an dieser Stelle: Sie haben sich nicht intensiv genug in den ganzen Prozess eingearbeitet und waren mit Ihren Ergebnissen einfach zu früh zufrieden. Oder Sie haben eine neue Leidens-Zielgruppe gefunden, wissen aber zu wenig über sie. Dann sollten Sie sich zuvor mit der Zielgruppe näher beschäftigen.

Ein Verlag befreit sich aus den Fesseln des Abo- und Anzeigenverkaufs

Das folgende Beispiel macht deutlich, dass Unternehmer täglich mit Problemen ihrer Kunden konfrontiert werden, aber nicht über die Chancen dahinter nachdenken. Um die Wettbewerber nicht hellhörig zu machen, habe ich den Namen und die Branche verändert. Der Geschäftsführer Klaus Maier rief mich an. Er verlegt eine Fachzeitschrift für Großanlagenbau mit Schwerpunkt Technik. Die Rahmenbedingungen hatten sich für ihn dramatisch verändert. Der Anzeigenmarkt war um 30 Prozent eingebrochen. Das Internet stellte sich als ernsthafte Bedrohung für den Verlag heraus. Dazu machten die Konkurrenz-Blätter ihm das Leben schwer, obwohl er sich mit seiner Zeitung nach wie vor als Marktführer behaupten konnte. Die weit gehende Abhängigkeit von der reinen Fachzeitschrift schien ihm gefährlich. Hinzu kam, dass der Lesermarkt mit Freiexemplaren überschwemmt wurde. Unternehmen bekamen nicht selten pro Monat 20 Fachzeitungen zugestellt, von der sie vielleicht eine oder zwei tatsächlich abonniert und bezahlt hatten! Controller in den Firmen haben das natürlich schnell erkannt. Und die sagten sich: Wozu Fachzeitungen bezahlen, wenn wir sie auch umsonst erhalten? Sie bestellten die bezahlten Abonnements einfach ab.

Der dynamische Positionierungsprozess

Nachdem Maier meine Bücher gelesen hatte, kam es zu einem viertätigen Workshop. Auch ihm empfahl ich, dass alle wichtigen Mitarbeiter an dem Prozess teilnehmen sollten. Denn nach 20 Jahren Geschäftsalltag haben sich überall unliebsame Komfortzonen zementiert, die nur durch die Mitarbeit aller Leistungsträger verändert werden konnten. An dem Workshop nahmen acht Mitarbeiterinnen und Mitarbeiter des Unternehmens teil, insbesondere aus der Redaktion und aus dem Anzeigenverkauf.

Nachdem wir alle internen Energiequellen und die drei Erfolgs-Säulen durchgeackert hatten, erkannten wir ein Feuerwerk an Alleinstellungspotenzialen. Dabei war wieder die Leidens-Zielgruppe der entscheidende Energiefaktor. Wir konzentrierten uns auf die Unternehmer die unter immer komplexer werdenden Technologien und Anforderungen bei Großprojekten, hartem Wettbewerb, Preiskämpfen, hohem Zeitdruck, zunehmenden juristischen Auseinandersetzungen, einer Flut von neuen Gesetzen und Vorschriften litten. Das Potenzial, das wir in vier Tagen und langen Nächten erarbeitet haben, hat selbst mich überrascht. Um die Komplexität der Ideen noch überschauen zu können, habe ich zusätzlich jede Idee und ihre Verknüpfungen sowie die Wechselwirkungen auf ein großes Poster gezeichnet. Als wir am Ende auf die Aufgaben im Multiprojekt-Management und die Potenziale auf dem Poster schauten, waren zwar alle begeistert – gleichzeitig wuchs die Unsicherheit, diese riesige Arbeit anzugehen. Wo sollten sie anfangen? Wie sollten sie das alles neben dem Alltagsgeschäft schaffen? Trotzdem machte sich Herr Maier mit seinen Mitarbeitern sofort an die Arbeit. Zwei Jahre später gestand er mir in einem Telefonat: „Hätte ich damals gewusst, was alles auf mich zu kommt, hätte ich es wahrscheinlich nicht angefangen. Gott sei Dank bin ich die Herausforderung mit meinem Blauäugigkeitsprinzip angegangen. Hätte ich es nicht gemacht, würde ich heute wie meine Wettbewerber weiter ständig um die Existenz kämpfen."

Der Weg zur Leuchtturm-Positionierung

Als zentrales Instrument zur Kunden-Nutzen-Maximierung baute das Unternehmen neben der bestehenden Zeitung eine Internet-Wissensplattform auf, die nur Mitgliedern gegen eine Jahresgebühr komplett zugänglich war. Darin kann der Nutzer alle für ihn relevanten Fragen recherchieren und erhält fachkundige Antworten. Zusätzlich bekommt jedes Mitglied täglich eine Mail, in der die aktuellsten Entwicklungen seiner Branche nachzulesen sind. Fachbezogene Schulungen, der Fachaustausch in einem Forum und das Verlegen von fachorientierten Büchern waren weitere Maßnahmen, die den Erfolg absichern sollten. Die Ergebnisse waren beeindruckend. Das erste Mal seit zehn Jahren stieg die Auflage der Zeitschrift. Die Schulungen sind regelmäßig ausverkauft. In der kostenpflichtigen Internetplattform gibt es bereits mehr als 2.000 Mitglieder, die sich austauschen und für diese Leistung bezahlen.

Das Konzept für die Neupositionierung und für die Markteinführung war absolut schlüssig, wurde intern von allen verstanden und mit getragen. Deshalb gelang die Umsetzung im Markt auch unproblematisch. Das Unternehmen erhielt einen neuen Firmennamen und wurde nicht mehr als Verlag gesehen. Es wurde als wichtiger Partner, Wissenszentrum und wertvoller Berater für die immer komplexer werdenden Anforderungen gesehen. Das Unternehmen führt seitdem deutlich weniger Preisdiskussionen, sondern echte Nutzendiskussionen, in allen Bereichen! Die Marken-Energie und die Kompetenz-Zuweisung sind gestiegen. Das Unternehmen hat insgesamt mehr Mut und Selbstvertrauen, für seine Dienstleistungen mehr Geld zu verlangen. Das Beispiel zeigt, dass eine neue Positionierung nicht nur im Markt, sondern auch im eigenen Unternehmen eine positive Energie, ein gesteigertes Selbstvertrauen und Selbstbewusstsein freisetzt.

Erfassen Sie Probleme, Wünsche und Ziele Ihrer auserwählten Zielgruppe komplett

Anhand der bisherigen Praxisbeispiele und Hintergrundinformationen haben Sie bereits festgestellt, dass sich das Thema wie eine Straße mit ständigen Stopp-Schildern durch den gesamten Positionierungsprozess zieht. Auf jedem Stopp-Schild steht: Erkenne die Probleme, Wünsche und Ziele deiner Leidens-Zielgruppe, und du wirst deine Chance erkennen. Deswegen ist es bei dieser Säule wichtig, immer alles umfassend aus Sicht der Zielgruppe zu sehen. Tragen Sie jetzt in der zweiten Erfolgs-Säule deren Probleme, Wünsche und Ziele allumfassend zusammen und betrachten Sie sie aus unterschiedlichen Blickwinkeln.

Fragen Sie sich als Erstes: Welche Probleme brennen meiner Zielgruppe richtig auf der Seele? Im zweiten Schritt formulieren Sie daraus Wünsche und Ziele. Also: Was würde Ihre Zielgruppe glücklich machen, was hätte Sie am liebsten? Im dritten Schritt gehen Sie noch weiter und überlegen aus Sicht der Zielgruppe: Welche unverschämten Ziele könnte Ihre Leidens-Zielgruppe haben, wenn Sie sie fragen würden? Was wäre ihr Traum? In dieser Phase geht es nicht darum, dass Sie gleich Lösungen erarbeiten sonst verlassen Sei diese und sind wieder in Ihrem eigenen Unternehmen. Jeder Mensch sehnt sich im Geheimen nach der Erfüllung von unverschämten Wünschen. Die meisten trauen sich nur nicht, diese auszusprechen oder darüber nachzudenken, weil eine Verwirklichung sowieso nicht möglich erscheint. Lassen Sie das Unmögliche zu. Diese anfänglich verrückt erscheinende Reise öffnet einen neuen Horizont und erleichtert es Ihnen, über den Tellerrand des Branchengefängnisses hinaus zu schauen. Sie wird Ihnen auch in der nächsten Erfolgs-Säule „Leuchtturm-Positionierung" mit den Alleinstellungs- und Innovationspotenzialen den Geist für neue Möglichkeiten öffnen.

> **Jedes Problem einer Zielgruppe kann in eine neue Positionierungsnische führen.**

Analysieren Sie hier auch das Umfeld bzw. die möglichen Abhängigkeiten der Zielgruppe. Auch wenn dafür eher andere zuständig sind. Die Gefahr besteht sonst, dass Sie nur die Probleme erfassen, die mit Ihrem Angebot zu tun haben. Je tiefer Sie in das Umfeld und täglichen Gedanken eintauchen, desto vertrauter wird Ihnen auch der Alltag der Zielgruppe. Die wertvollen Innovationen finden Sie nicht an der Oberfläche.

Je besser Sie die Zielgruppenprobleme auf den Punkt bringen, desto eher können Sie es später, ein tiefes Vertrauen in der Kommunikation, aufzubauen. Jeder hat in seinem Leben schon Situationen erlebt, wo er in oder nach einem Gespräch dankbar und froh war, dass jemand alle seine Vorbehalte und Ängste beschreiben und sogar noch auflösen konnte. Dafür müssen Sie allerdings Ihre Blickrichtung ändern. Sie müssen im Kopf und Herz Ihrer Zielgruppe eintauchen, zuhören und immer alles aus deren Blick betrachten. Machen Sie die ständige Suche nach Problemen zu einem festen Bestandteil Ihrer neuen und zukünftigen Firmenstrategie.

Analysieren Sie die faktischen und die emotionalen Probleme

Gehen Sie noch einen Schritt weiter. Beschreiben Sie auch die Auswirkungen der bisherigen Lösung, mit der Ihre Leidens-Zielgruppe versucht, ihr Problem zu beseitigen. Welche Feindbild- und Spätfolgeszenarien tun sich auf? Welche Probleme und Auswirkungen können aus den bisherigen Lösungen kurz- und langfristig entstehen? Unterscheiden Sie dabei zwischen „faktischen" und „emotionalen" Problemen. „Faktisch" ist alles, was sich anfassen, ertasten und ausprobieren lässt oder für Ihre Zielgruppe sichtbar werden kann. Emotional sind alle Gedanken, Gefühle, Ängste und Bedürfnisse. Sie sind die stärksten Handlungsmotive. Emotionale Entscheidungen umschiffen oft den rationalen und kritischen Verstand und setzen eine nicht zu unterschätzende Handlungsenergie frei. Ein Verkaufsgespräch, das einen emotionalen Spannungsbogen zwischen Problem und Lösung schafft, kann die Dominanz beim Kunden sehr schnell in die Höhe schnellen lassen. Wenn Sie einen emotionalen Druck hinter einzelnen Problemen Ihrer Leidens-Zielgruppe erkennen können, deutet das auf einen hohen Energielevel hin. Dieser Energielevel ist ein wichtiger Navigator und Bewertungsmaßstab, um gezielte und bedarfsorientierte Lösungen anzubieten.

> **Behandeln Sie die Probleme Ihrer Leidens-Zielgruppe als kostbarsten Rohstoff.**

Erfassen Sie die Probleme der Mitentscheider-Ebenen

Viele Verkaufsgespräche scheitern nicht nur, weil kein klarer Nutzen kommuniziert wird. Die Verkäufer ignorieren vielfach die Probleme, Vorbehalte und Machtansprüche der unterschiedlichen Mitentscheider-Ebenen. Eine professionelle Problem-Dominanz-Analyse berücksichtigt deshalb immer auch die aufgerollte Energie in allen beteiligten Ebenen. In dem Kinderheim Regenbogen waren es die Kinder mit der scheinbar geringsten Macht, die am Ende die wichtigste Zielgruppe waren und den Erfolg verursachten. Deswegen ist es unbedingt erforderlich, dass Sie bei der Problem-Dominanz-Analyse auch immer die Probleme, Vorbehalte, Motive der Mitentscheider erfassen. Beschäftigen Sie sich auch mit deren Mitarbeitern und den Hierarchiestrukturen. Analysieren Sie, welchen Stellenwert diese für die Hauptentscheider haben. Das gilt nicht nur für den Bereich Business to Business. Bei Konsumenten funktionieren die gleichen Mechanismen. Dazu gehören u.a. die Familie, der Partner, die Freunde, das soziale Umfeld. Oft besteht ein großes Bedürfnis, vor ihnen Kaufentscheidungen zu rechtfertigen. Je mehr Sie darüber wissen, desto leichter erkennen Sie, woran ein Angebot scheitern kann. Hier erkennen Sie auch, ob Handlungsbedarf für eine verbesserte Marken-Energie und Kompetenz-Zuweisung besteht. Sie können gezielt die Defizite angehen und dann jede Gruppe im Verkaufsprozess berücksichtigen. Das Höchste, was Sie erreichen können ist, wenn die Mitentscheider zu Ihren Empfehlern werden.

> **Um eine hohe kollektive Resonanz auf Ihr Angebot freizusetzen, müssen sie die Macht und Probleme aller Entscheiderebenen kennen.**

Werden Sie zum Zielgruppen-Flüsterer. Wenn nicht Sie, wer dann?

Je länger Sie im Kopf ihrer Zielgruppe spazieren gehen, desto mehr Empathiefähigkeit und Verständnis entwickeln Sie. Menschen, deren Gedanken sich immer nur mit sich selbst und ihren eigenen Zielen beschäftigen, verlernen im Laufe der Zeit, andere bewusst wahrzunehmen. Jeder Mensch spürt intuitiv, ob Sie ihm nur etwas verkaufen wollen oder ernsthaft an ihm interessiert sind. Sie werden noch etwas Interessantes feststellen: Wenn Sie Ihren Gesprächspartner bewusst wahrnehmen und ihn verstehen, tut er das bei Ihnen auch. Erreichen Sie ihn nicht, bleibt er auf Distanz, um sich eventuelle Enttäuschungen zu ersparen. Privat und geschäftlich sollten Sie sich immer im Klaren sein: Erst wenn Sie Andere bewusst sehen, werden auch Sie gesehen. Die Beschäftigung mit der Zielgruppe ist ein exzellentes Wahrnehmungs- und Aufmerksamkeitstraining. Es sensibilisiert und steigert Ihre Empathie sowie die Fähigkeit, die Dominanz und den Energielevel von Informationen zu bewerten.

> **Es ist intelligenter, Probleme zu lösen als nach Innovation zu suchen.**

Wenn Sie eine hohe Sensibilität für die Energien hinter den Informationen entwickeln, reift damit auch Ihr Know-how, selbst wie Ihre Zielgruppe zu denken. Sie lernen die Kunst, sich in andere hineinzuversetzen und die Wünsche, Ziele und Probleme Ihrer Zielgruppe aus deren Sicht zu formulieren. Listen Sie hier nicht nur Begriffe auf, sondern beschreiben Sie die Probleme in kurzen Sätzen. Die so erfassten Probleme sind eine wichtige Basis für Ihre spätere Kommunikationsstrategie.

Oftmals hat eine ganze Branche durch ihr Verhalten zu einem negativen Image beigetragen. Das kann durch eine aggressive Preispolitik, unangenehmen Druck des Vertriebes oder durch respektlose Verkaufsgespräche entstehen. Es kann sein, dass gegen einen Berufsstand oder eine Branche ein Feindbild aufgebaut wurde oder unan-

Das größte Verständnis erreichen Sie, wenn Sie selbst wie Ihre Zielgruppe denken und fühlen

genehme Abhängigkeiten durch Knebelverträge erlebt wurden. Vielleicht ist auch die Glaubwürdigkeit durch falsche Produktnutzenversprechen ruiniert. Hinter allen Kritikpunkten verbergen sich neue Zukunftspotenziale. Die eigene Branche und die Positionierung der Wettbewerber geben Ihnen sehr wertvolle Hinweise, wie Ihre Zielgruppe denkt und handelt. Auch hier gilt: Das Sehen fängt mit der Kritikfähigkeit an.

Verstehen Sie die Ursachen Ihrer bisherigen Probleme

Das Wertvolle an der Problem-Dominanz-Analyse ist, dass Sie gleichzeitig die bisherige Positionierung Ihres Unternehmens, Ihrer Produkte oder Dienstleistungsangebote auf den Prüfstand stellt. Schnell werden alte Schwachstellen sichtbar. Sie werden erkennen, warum Ihre Zielgruppe den Nutzen für sich nicht richtig versteht; warum die alte Zielgruppe nicht die richtige ist und deren dominierende Gedanken Sie nicht erreicht haben. Sie werden auch erkennen, warum Ihnen nicht die gewünschte Kompetenz zugewiesen wird und Ihr Angebot über eine geringe Marken-Energie verfügt.

> Wer die Probleme seiner Kunden kennt, findet auch den Grund für seine Probleme.

Probleme suchen steht nicht auf der Prioritätenliste Nach Problemen zu suchen, ist nichts Neues. Trotzdem steht die Aufgabe bei den wenigsten Unternehmen auf der To-do-Liste. Neben strukturellen Angelegenheiten führen Gewinnsteigerungsziele und Marketingpläne heute noch in den meisten Unternehmen die Prioritätenliste an. Wenn Sie sich die Erfolgsbeispiele in diesem Buch anschauen, lag die Ursache für den Erfolg in der Suche nach der richtigen Leidens-Zielgruppe, deren Probleme und der Entwicklung passender Lösungen. Die Fähigkeit, die Bausteine der Energie-Resonanz-Positionierung zu verstehen, verbunden mit der Kompetenz, sie gewinnbringend in die Praxis umzusetzen, wird eine Schlüsselkompetenz der Zukunft sein.

Die unbewusste Angst vor den Problemen der Zielgruppe

Mit gesundem Menschenverstand könnten Sie davon ausgehen, dass es eine leichte Aufgabe und keine Bedrohung ist, die Probleme, Wünsche und Ziele einer Zielgruppe zu erarbeiten. In der Praxis ist allerdings genau das Gegenteil die Regel. Während des Workshops mit Unternehmen reagieren die Teilnehmer ganz unterschiedlich auf diese Aufgabe und das damit verbundene „Outing". So kann der Verantwortliche für Marketing es als Niederlage empfinden, dass an den Bedürfnissen seiner Zielgruppe vorbeigedacht wurde. Das Unternehmen hätte sich viel Arbeit und Geld ersparen können, wären die dominanten Probleme gleich erkannt worden. Es ist nicht minder unangenehm, wenn eine Zielgruppe zwar bedient wurde, aber die Verantwortlichen für Vertrieb viel zu wenig über sie wissen. Teilnehmer fühlen sich bloßgestellt, wenn sich im Prozess herausstellt, dass Veränderungen des Marktes, neue Trends oder Werteveränderungen unbemerkt an ihnen vorbei gegangen sind. Andere haben Sorge, die Komfortzone zu verlassen und mit ihrer Arbeit von vorne anfangen zu müssen, weil sich ein Problem herauskristallisiert, das für die Zielgruppe bedeutend wichtiger ist als bisher gedacht. Sie haben Angst davor, etwas verändern zu müssen, auch wenn es nur die gesamte Kommunikation und die Vertriebsargumente sind. Das kann einen Positionierungsprozess extrem verlangsamen.

> Ohne den Willen, Probleme zu lösen, hätte sich der Mensch nie weiter entwickelt.

Bereiten Sie Ihren Geist auf Chancen vor

Welche Energien entstehen, wenn die Aufmerksamkeit voll und ganz auf die Lösung eines Problems gerichtet ist, zeigte sich auch bei meiner Zusammenarbeit mit einem großen landwirtschaftlichen Betrieb, der mit einer Selbstvermarktungsstrategie arbeitet. Neben der Geschäftsleitung saßen auch die Verantwortlichen für Getreide- und Gemüseanbau im Workshop. Für sie war das Thema Positionierung absolut neu. Aber sie verstanden schnell und arbeiteten die einzelnen Energiequellen und drei Erfolgs-Säulen haarscharf heraus. Sie konnten Dinge, die schon immer da waren, mit völlig anderen Augen sehen, entdeckten überall neue Chancen und setzten ihre Erkenntnisse ein. Ihre Energieübertragung trug Früchte, wie ein begeisterter Anruf zeigte: „Herr Sawtschenko, ich habe eine weitere Zielgruppe entdeckt – und raten Sie mal, was für eine tolle Anfrage mit einem großen Marktpotenzial gerade hereingekommen ist?"

Trotz Branchenkrise zum Marktführer

Saeilo Werkzeug-maschinen GmbH Mit dem folgenden Beispiel möchte ich Ihnen Mut machen, auch in Branchenkrisen nicht zu verzweifeln. Wenn sich Märkte ändern, steigt der Handlungszwang. Doch neue Lösungen finden Sie nicht, wenn Sie nur Lösungen suchen. Der Weg führt immer über die Leidens-Zielgruppe und deren dominante Probleme, Wünsche und Ziele.

Durch eine weltweite Wirtschaftskrise und Konkurswelle in der verarbeitenden Industrie geriet der Maschinenmarkt in eine schwere Krise. Selbst staatliche Subventionen in Millionenhöhe konnten viele Firmen nicht retten. Auch für die Saeilo Werkzeugmaschinen GmbH sah es nicht gut aus. Die Lagerhallen waren randvoll mit nahezu unverkäuflichen Neumaschinen. Deshalb bat mich der Geschäftsführer, Christian Seeburger, um Unterstützung. Wir fanden heraus, dass viele krisengeschüttelte Unternehmen nicht nur Personal, sondern auch Maschinenbestände abbauten. Die Insolvenzverwalter hatten die Lager voll mit gebrauchten Maschinen – die günstig eingekauft werden konnten. Diese Erkenntnis war der Schlüssel für die Neupositionierung. Wenn neue Maschinen keine Käufer fanden, mussten wir es eben mit Gebrauchtmaschinen versuchen. Die konnten wir zu sehr guten Konditionen anbieten, sodass sich auch in der Krise bestimmt Abnehmer finden würden. Deshalb war unsere Idee, die Firma als den Veredlungsspezialisten mit der größten Auswahl an Gebrauchtmaschinen zu positionieren.

230

Wir kontaktierten Insolvenzverwalter und Banken, bauten eine umfassende Datenbank mit Gebrauchtmaschinen auf. Herausgekauft wurden sie aber erst, wenn ein Käufer zusagte. Ein Hauptbestandteil der neuen Strategie war eine ausgeprägte Serviceorientierung. Die Dienstleistungspalette umfasste alles: von der Finanzierung über die Mitarbeiterschulung bis zur Reparatur und Ersatzteilversorgung. Zudem wurden die Maschinen auf Wunsch nicht nur veredelt, sondern auch mit einer Gebraucht-Garantie ausgestattet. Das kam an: Schon bald brachten die Gebrauchtmaschinen mehr als 60 Prozent des Umsatzes, und die Saeilo Werkzeugmaschinen GmbH eroberte innerhalb von nur zwei Jahren die Marktführerschaft in diesem Segment. Christian Seeburger wurde im internationalen Einkaufs- und Firmenverbund als Geschäftsführer des Jahres ausgezeichnet und sogar im „Who's Who in the World" verewigt.

> Jede Krise offenbart auch immer neue Nischen

In jeder Krise gibt es Verlierer und Gewinner

Unternehmenserfolg ist also keine Frage der Konjunktur. In jeder Krise gibt es Verlierer und Gewinner. Gewinner sind diejenigen, die den Kopf nicht in den Sand stecken, sondern neue Energiequellen suchen. Findigen Unternehmen bieten wirtschaftliche Schieflagen sogar die allergrößten Chancen. Denn: Je schlimmer die Krise, desto mehr Chancen tun sich auf für Lösungen, die es bisher nicht gab. Wer sich dann in der Komfortzone einigelt, verpasst die Chance, alles auf den Kopf zu stellen, um neue Nischen zu finden. Jede Branchenkrise offenbart auch die Abhängigkeiten und Schwachstellen einer Markt- und Zielgruppenorientierung. Ich empfehle Ihnen, in guten Zeiten immer wieder zukünftige Risiken durchzuspielen. Sie sind dann besser vorbereitet und können, wenn es nicht so gut läuft, schneller reagieren.

> Eine Krise zu meistern ist die größte Lernerfahrung!

Die Sogwirkung im Markt unterliegt klaren Gesetzen

Positionierung ist ein ökonomisches Prinzip Wir sollten uns immer wieder bewusst machen: Es gibt nur eine Wahrheit im Business – und die heißt Erfolg. Wer den haben will, muss sich auf das Vakuum des Bedarfs im Markt konzentrieren und die Energie der Sogwirkung nutzen. Anders ausgedrückt: Die Daseinsberechtigung jedes Unternehmens besteht darin, die Probleme und Wünsche anderer zu lösen. Positionierung ist ein ökonomisches Prinzip. Es hat kein Interesse an leeren Worten, langen Umwegen und unnützen Versuchen. Es will schnell ans Ziel und Erfolg haben. Mit der Energie-Resonanz-Positionierung kann jeder seine Probleme lösen und seine Ziele erreichen, wenn er die alten Glaubenssätze ignoriert, seinen gesunden Menschenverstand einsetzt und die unumstößlichen Gesetze der Energie und des Erfolgs beachtet.

Meine bisherigen Praxiserfolge basieren auf der einfachen Erkenntnis, dass ungelöste Probleme riesige Energien sind. Wenn die Menschen nichts mehr bräuchten und mit allem zufrieden wären, würde überall Stillstand und Langeweile herrschen. Probleme, Wünsche und Ziele sind der Ursprung der menschlichen Entwicklung. Deshalb sollten wir über jedes Problem froh sein. Solange es ungelöste Probleme gibt, gibt es Wachstum. Erfolg ist dabei kein Zufall, sondern ein sehr kreativer, analytischer und logischer Prozess, der am Ende zu bedarfsorientierten Alleinstellungen und in Innovationen führt.

Wichtige Tipps und Denkanstöße zur Energiequelle

Problem-Dominanz-Analyse

- Werden Sie zum Anwalt, Freund und Partner Ihrer Zielgruppe. Stellen Sie die Kunden bei der Problemanalyse voll und ganz in den Mittelpunkt. Das größte Verständnis erreichen Sie dann, wenn Sie selbst wie Ihre Zielgruppe denken, sehen und fühlen.

- Persönliche Gespräche mit Ihrer Zielgruppe helfen Ihnen, die letzten offenen Fragen zu klären.

- Tragen Sie alle Probleme, Wünsche und Ziele der auserwählten Zielgruppe allumfassend und aus den unterschiedlichsten Perspektiven zusammen. Unterscheiden Sie dabei zwischen „faktischen" und emotionalen Problemen.

- Wenn es ein Problem gibt und noch keiner eine Lösung dafür gefunden hat, könnte sich hier eine lukrative Marktnische verbergen.

- Eine professionelle Problem-Dominanz-Analyse berücksichtigt immer die aufgerollte Energie bzw. die Probleme, Vorbehalte und Wünsche in den einzelnen Entscheider-Ebenen.

- Die Problem-Dominanz-Analyse ist auch ein Frühwarnsystem und schützt Sie vor der falschen Zielgruppenauswahl.

- Es ist intelligenter, Probleme zu lösen als nach Innovation zu suchen.

- Bewerten Sie am Ende immer die Bedeutsamkeit und Wichtigkeit, die Ihre Zielgruppe ihren eigenen Problemen beimisst.

- Bauen Sie sich Stück für Stück eine Datenbank mit Problemen der unterschiedlichen Entscheider-Ebenen auf und ergänzen Sie diese mit den Spielregeln der Nutzen-Kommunikation und Kompetenz-Zuweisung.

An welchen Stellschrauben aus der Erfolgs-Säule „Problem-Dominanz-Analyse" müssen Sie noch arbeiten? Was wollen Sie in der Zukunft konkret verändern. Listen Sie hier bitte alle To-dos auf.

Leuchtturm-Positionierung

Wie Sie bedarfsorientierte Alleinstellungen und Innovationen entwickeln

Dieses Kapitel beschäftigt sich ganz mit der kreativen Suche nach der Alleinstellung für Ihr Unternehmen. Sie erfahren, wie Sie bei dieser Suche – am Besten im Rahmen eines Workshops – vorgehen, bekommen aber auch Hinweise, was Sie bei der Bewertung der Ideen berücksichtigen sollten. Ziel ist, dass Ihr Unternehmen zum Leuchtturm in Ihrer Branche wird.

3. Erfolgs-Säule: Leuchtturm-Positionierung

Alle Schritte der Energie-Resonanz-Positionierung haben am Ende das einzige Ziel, dass Sie mit einer hohen Kompetenz-Zuweisung zu einer energiereichen Marke und einem Leuchtturm in Ihrer Branche bzw. bei Ihrer Zielgruppe werden. Spezialisierung ist der Schlüssel, um im Markt und in den Medien Aufmerksamkeit zu gewinnen. Ein Leuchtturm ist von sehr weit sichtbar. Er gibt Orientierung, führt die Schiffe, verfügt über eine hohe Strahlkraft und ist eine Navigationshilfe. Leuchttürme sind aber auch solide und allein stehende Bauwerke in ihrer jeweiligen Region. Wie werden Sie eine Leuchtturm-Firma? Ihr Unternehmen oder Ihr Angebot wird dann zu einem Leuchtturm, wenn Sie als Goldstandard in Ihrer Branche (regional, national oder international) erkannt werden.

Diese dritte Erfolgs-Säule ist die Ideenwerkstatt: Hier werden die bedarfsorientierten Alleinstellungen und Innovationen entwickelt. Letztendlich geht es auch darum, wie Sie zu einer energiereichen Marke werden und was Sie tun können, damit Ihre Zielgruppe Ihnen die höchste Kompetenz gegenüber Ihren Mitbewerbern zuweist. Alle Alleinstellungsideen aus den Praxisbeispielen in diesem Buch sind überwiegend hier entstanden. Bevor wir tiefer einsteigen, schauen wir uns nochmals die Säulen an.

Ein Leuchtturm-Unternehmen ist der Goldstandard

Die Leidens-Zielgruppe

Ihre ideale Leidens-Zielgruppe bildet die dominierende der drei Säulen. Sie ist der Ausgangspunkt im Positionierungsprozess. Sie haben nach der Leidens-Zielgruppe mit der höchsten Problemdominanz gefahndet. Wer ist wirklich Ihre erfolgversprechendste Leidens-Zielgruppe, bei der Sie mit ihrem bisherigen oder mit einem verbesserten Angebot die höchste Resonanz auslösen? Möglicherweise ist eine Mit-Entscheider-Zielgruppe zur wichtigsten Leidens-Zielgruppe geworden.

Die Problem-Dominanz-Analyse

Hier sollten Sie sehr schnell erkannt haben, ob Sie Ihre ideale Leidens-Zielgruppe gefunden haben. Sie haben Ihre Empathiefähigkeit eingesetzt und alles auf Empfang gestellt. In dieser Phase haben Sie alle „faktischen" und „emotionalen" Probleme rundum erfasst und die Wünsche Ihrer Zielgruppe analysiert. Sie sind dann noch tiefer eingetaucht und haben das gleiche für die Mitentscheider-Ebenen definiert. Jetzt haben Sie das Fundament geschaffen, bedarfsorientiert Ideen zu entwickeln, und Ihren Geist darauf vorbereitet.

Die Leuchtturm-Positionierung

Bei der 3. Erfolgs-Säule geht es darum, möglichst viele Ideen zu generieren, damit mindestens eine der möglichen Lösungen zur Alleinstellung oder Innovation führt. Durch die Problem-Dominanz-Analyse liegt jetzt das Anforderungsprofil für Innovationen auf dem Präsentierteller. Jetzt ist Ihre ganze Kreativität gefragt. Alles dreht sich darum, konkrete Lösungen für die Probleme, Wünsche und Ziele Ihrer Leidens-Zielgruppe zu finden. Oft genügt es schon, bedarfsorientierte Angebote oder Innovationen für ein einziges Problem zu bieten, um eine Alleinstellung im Markt zu erreichen. Das Zauberwort ist hier „bedarfsorientiert". Bedarfsorientiert bedeutet:

Ein Unternehmen versucht, genau die Produkte zu produzieren, die seine wichtigste Zielgruppe haben möchte oder braucht. Wer Dinge verkaufen will, die keinen Nachfragesog auslösen, denkt und handelt nicht bedarfsorientiert. Wie schaffen Sie es, eine Kaufentscheidungs-Energie freizusetzen? Womit können Sie Ihrer besten Zielgruppe einen zwingenden Nutzen bieten? Was können Sie anbieten, damit Ihre Zielgruppe ihre eigenen unverschämten Ziele erreicht?

> Es ist bedeutend erfolgreicher bedarfsorientierte Innovationen zu entwickeln, als im Elfenbeinturm Ideen zu suchen.

Vereinigen Sie alle Ihre Ziele und Werte mit den Innovations-Potenzialen

Vereinigen Sie alle Erkenntnisse aus der Problem-Dominanz-Analyse mit Ihren eigenen Zielen und Werten. Das heißt, Sie suchen auf der einen Seite nach Lösungen für die Probleme Ihrer Leidens-Zielgruppe. Auf der anderen Seite lenken Ihre unverschämten Ziele und Werte, die Sie zum Start des Prozesses definiert haben, den Innovationsprozess. Wenn Sie als Berater Ihre persönliche Lebensqualität verbessern und nicht mehr so viel reisen möchten, werden Sie nach Möglichkeiten suchen, mehr und anders von zu Hause aus zu arbeiten. Dadurch sind Sie gezwungen, über Innovationen, passives Einkommen und andere Wege nachzudenken. Wenn Sie keine Großprojekte mehr verantwortlich übernehmen wollen, werden Sie nach neuen Geschäftsfeldern rund um Ihre Kernkompetenz und in der Beratung suchen. Wenn Sie einem Kunden mehrmals etwas verkaufen wollen, werden Sie nach neuen Wertschöpfungs- und passiven Einkommensmöglichkeiten Ausschau halten. Wenn Sie zum Beispiel als Dienstleister in der Vergleichbarkeitsfalle sitzen, entwickeln Sie ein System oder gestalten Ihre Produkte um, so dass sie als einzigartig wahr genommen werden. Für jedes Problem gibt es nicht nur eine Lösung. Die Energie-Resonanz-Positionierung eröffnet Ihnen mehrere Perspektiven, um neue Lösungswege zu finden.

Erfassen Sie jede Idee

Während des Innovationsprozesses sollten Sie erst einmal alles zulassen. Denn es geht darum, einen Trichter für viele Ideen zu generieren. Auch wenn Ihre bisherigen Kompetenzen und Fähigkeitspotenziale für eine Lösungsumsetzung nicht ausreichen. Ich weiß aus der Zusammenarbeit mit Unternehmen, dass ständig neue Ideen auftauchen, deren Umsetzung niemand in der Firma beherrscht – das Know-how folglich zugekauft werden müsste – oder deren Entwicklung nicht finanzierbar ist. Lassen Sie in dieser Phase auch die Ideen zu, für die es bisher scheinbar keine Lösung gibt. Laufen Sie nicht in die Falle „Über das, was wir nicht können, brauchen wir nicht nachzudenken". Der Akustiker Sorg kooperierte zum Beispiel mit einem Neurobiologen, der auf den ersten Blick fast nichts mit dem Hören zu tun hat. Ohne ihn hätten wir aber niemals eine Alleinstellung entwickeln können.

In dieser Phase ist es wichtig, dass jeder Teilnehmer individuell arbeitet und von niemandem gestört wird. Seien Sie kreativ, denken Sie quer und lassen Sie alles zu. Es werden bis zum Schluss keine Ideen untereinander ausgetauscht. Denn jeder hat eine ganz andere Art, Probleme zu betrachten und aus den unterschiedlichsten Blickwinkeln kreativ nach Ideen zu suchen. Je mehr Teilnehmer bei einem Workshop mitmachen, desto mehr kreative Sichtweisen und Perspektiven wird es am Ende geben. Dieser Prozess kann manchmal Stunden beanspruchen, und es herrscht immer eine absolute Ruhe im Raum. Hier muss jeder in die Tiefen eines jeden Problems hinabsteigen. Geben Sie jedem Gedanken Raum in Ihrem Kopf und lassen Sie sich Zeit. Wenn Sie keine Lösung gefunden haben, bearbeiten Sie das nächste Problem. Sie werden nicht immer ein passendes Ergebnis finden – darum geht es auch nicht. Vielmehr darum, die Probleme und die Lösungsversuche analytisch, kreativ und intuitiv miteinander zu verknüpfen, zu verdichten.

Der gruppendynamische Kreativitätsprozess

Erst am Ende, wenn jeder über alle Punkte aus der Problem-Dominanz-Analyse nachgedacht hat, werden die Lösungen eines jeden Teilnehmers für alle sichtbar auf ein großes Chart geschrieben. Achten Sie darauf, dass jeder Teilnehmer nicht nur die Ideen auflistet, sondern gleichzeitig den Nutzen für die Zielgruppe beschreibt. Der Kundennutzen muss immer im Mittelpunkt stehen. Erst nach der großen Sammlung kann jeder seine Ideen mit denen der anderen vergleichen, die unterschiedlichen Perspektiven, Herangehensweisen und Lösungswege verknüpfen und verdichten. Im gruppendynamischen Kreativitätsprozess entstehen oft neue oder bessere Ideen. Stürzen Sie sich auch nicht auf die erstbeste Idee, sondern tragen Sie erst alle zusammen. Lassen Sie alles zu und schreiben Sie alles auf. Auch hier ist wichtig, dass keine Idee aussortiert oder kritisiert wird. Alles wird gleichberechtigt und wertfrei aufgeschrieben. In meinen Workshops erlebe ich immer wieder, dass Teilnehmer seitenweise Ideen gesammelt haben, aber nur wenige aussprechen. Sie haben dann ihren eigenen Kreativitätsfilter eingestellt und scheinbar unnütze oder naive Ideen selbst aussortiert. Dann muss ich den Teilnehmern Mut machen, alles auszusprechen.

Unterbrechen Sie alle Gedankenfilter und kritischen Äußerungen von Teilnehmern. Betrachten Sie dabei jeden Ansatz wie einen Rohdiamanten, der darauf wartet, ein kostbarer Stein zu werden. Der Kreativitätsprozess sensibilisiert die Wahrnehmung aller Teilnehmer, welche Lösungen rational oder emotional die dominierenden sind und welche davon die höchste Resonanzenergie freisetzen. Machen Sie sich immer wieder bewusst: Ungelöste Probleme sind die Goldadern Ihres Unternehmens. Wer die Probleme anderer löst, löst auch seine eigenen.

Innovations- und Alleinstellungspotenziale sind keine Mangelware

Wachstum und Alleinstellungen schaffen wir nicht nur mit technologischen Innovationen. In jeder Branche existieren noch viele unentdeckte Nischen und Alleinstellungen, die auf Entdeckung warten. Wenn wir von Innovationen reden, dann denken wir meist an neue technologische Errungenschaften, wie den Computer, das Handy, den Transrapid, den MP3-Player etc. Sie werden oft von großen Unternehmen oder Forschungseinrichtungen entwickelt. Schauen wir uns aber die vielen Chancen hinter den Entwicklungen an, erkennen wir, welche neuen Potenziale an weiteren Verwertungsketten und Geschäftsfeldern sich dahinter aufgetan haben. Die Erfindung des Computers zog unzählige neue Berufe und Tausende von neuen Unternehmen nach sich – von den Softwareentwicklungen für Hunderte von unterschiedlichen Anwendungen und Zielgruppen bis hin zum notwendigen Serviceanbieter und Vernetzer von Arbeitsplätzen. Das Internet konnte erst daraus entstehen. Dadurch sind wieder Tausende von unterschiedlichen Unternehmen entstanden.

Auch im Handwerk, in der Baubranche, in produzierenden Unternehmen, im Dienstleistungssektor, in allen Bereichen der Kommunikation oder im Servicebereich entstehen durch neue Erkenntnisse, neue Materialien, neue Verfahrenstechniken ständig neue Angebote und eine veränderte Nachfrage. Schauen wir uns die Gastronomie an. Auf der einen Seite schließen unzählige Betriebe, auf der anderen Seite schießen neue Ideen, zum Beispiel in der System-Gastronomie, wie Pilze aus dem Boden und erreichen oft eine weltweite Marktdurchdringung. Das Grundbedürfnis, essen zu gehen, ist geblieben. Jedoch haben sich die Zubereitung der Speisen, das Ambiente und die Art des Erlebnisangebotes geändert. In jeder Branche schlummern viele Geschäftsideen und Alleinstellungspotenziale. Experten schätzen, dass 65 Prozent der heutigen Kinder später in Berufen arbeiten werden, die es jetzt noch gar nicht gibt.

Was ist eigentlich eine Innovation?

Im allgemeinen Sprachgebrauch umschreibt das Wort Innovation neue Ideen und Erfindungen. Oftmals wird der Begriff auch als technische Neuerung definiert. Wenn Sie beispielsweise ein Patent anmelden wollen, so ist nur patentierbar, was noch nicht Stand der Technik und wirtschaftlich verwertbar ist. Wenn Sie das Ganze aus dem Blickwinkel der Energie-Resonanz-Positionierung betrachten, ist alles eine Innovation, was die Anziehungskraft erhöht, Ihre Marken-Energie steigert und am Ende eine kontinuierliche Sogwirkungsenergie freisetzt. Schauen wir uns nochmals die Spielregeln einer erfolgreichen Innovation an.

Eine Innovation kann ein originelles Produkt, eine neuartige Dienstleistung, ein außergewöhnliches Geschäftsmodell, die Integration eines Zweitnutzens, eine Zweitmarkenstrategie – also die Kombination mit einer anderen Marke -, eine fortschrittliche Behandlungsmethode oder eine höhere Funktionalität sein. Auch ein Schutzbrief, den es so noch nie gab und der den Kunden mehr Sicherheit bietet, kann eine Neuheit sein. Zudem werden Systeme oder Kombinationen von mehreren Bausteinen häufig als Innovation wahrgenommen. In jeder Branche existieren viele Chancen, die darauf warten, endlich entdeckt zu werden. Sie müssen nur mutig und kreativ genug sein, über alle „Geht-nicht"-Blockaden hinweg Lösungen für Ihre Zielgruppe zu suchen. Damit lösen Sie sich von dem festgefahrenen Branchendenken.

> „Viele Innovationen werden an den Bedürfnissen des Marktes vorbei entwickelt. Kleinste Nuancen einer Fehlinterpretation der Kundenbedürfnisse führen zur Ablehnung des Produkts. Bei einer „bedarfsorientierten Innovation" ist dieses hohe Risiko gemindert."
>
> Norbert Samhammer, Vorstand der Samhammer AG

Jeder Markt hat ein großes Potenzial an Alleinstellungsideen

Bei der Suche nach Innovationen und Alleinstellungspotenzialen haben Sie verschiedene Möglichkeiten – etwa die Konzentration auf Wissen, auf eine Leidens-Zielgruppe, auf ein bestimmtes Produkt oder ein Problem. Oft ist auch eine Kombination aus Produkt- und Dienstleistungsspezialisierung sinnvoll. In der Automobilindustrie ist es eine Innovation, wenn sparsamere Motoren, neues Design oder sicherere Bremssysteme entwickelt werden. Auch ein verbesserter Nutzen für eine bestimmte Leidens-Zielgruppe kann sehr viel Kaufenergie freisetzen. Diesen Effekt nutzte ein bedarfsorientierter Automobilhersteller, der als erster eine Lösung für junge Familien mit drei kleinen Kindern entwickelte: Er brachte ein Auto auf den Markt, das auf der Rückbank Platz für drei Kindersitze bot. Die Gurte waren so angebracht, dass die Eltern jedes Kind ohne größere Verrenkungen anschnallen konnten. Das Auto erfreut sich gerade bei kinderreichen Familien großer Beliebtheit.

> „Ich bin ein guter Schwamm, denn ich sauge Ideen auf und mache sie dann nutzbar. Die meisten meiner Ideen gehörten ursprünglich Leuten, die sich nicht die Mühe gemacht haben, sie weiterzuentwickeln."
> *Thomas Alva Edison, Erfinder der Glühbirne*

Je kleiner Ihr Unternehmen ist, desto größer die Chancen

Suchen Sie Ihre Nische im Wettbewerbsumfeld Es ist manchmal nicht schwer, Innovationen zu finden, die gut bei den Kunden ankommen. Gerade kleinere und mittlere Unternehmen können sich mit Hilfe einer Kombination von Innovation, Spezialisierung und individueller Kundenorientierung auch bei geringer Finanzkraft im Wettbewerb behaupten. Sie können die Energie-Resonanz-Positionierung nutzen und mit einer relativ kleinen Positionierungsmasse eine sehr hohe Kaufenergie erzeugen. Während eines Tagesseminars mit den Inhabern kleinerer Metzgereien ging es darum, wie sie sich von den Supermärkten absetzen und überleben könnten. Interessanterweise kannte jeder irgend einen Kollegen, bei dem die Kunden Schlange standen und auch weite Wege in Kauf nahmen, um dort zu kaufen. Was ist deren Erfolgsgeheimnis? Die Metzger hatten sich spezialisiert. Einer würzte seine Würste mit frischen Kräutern nach den Rezepturen der Hildegard von Bingen, ein anderer hat sich auf die beste und größte Fleischwurst spezialisiert, ein weiterer auf Produkte ohne künstliche Geschmacksverstärker und der nächste auf Produkte mit Bio-Rindfleisch.

> „Wenn Sie in diesem Wettbewerbsumfeld keinen differenzierenden Grund finden und anbieten, sollten Sie einen tiefen, besser noch einen verdammt tiefen Preis anbieten."
> *Jack Trout, Ur-Vater der Positionierung*

Ihre Intuition kennt den Weg zu den Energie-Resonanz-Nischen

Ich möchte noch einen Schritt weiter gehen und Ihnen zeigen, dass nur der Gedanke, der Energie zu folgen, schon so manchen armen Menschen zum Multimillionär gemacht hat. Ich lernte bei einem Workshop einen etwa 30-jährigen Investor kennen. Er war gekommen, weil er sich gerne an einem Startup-Unternehmen beteiligen wollte. Früher war er einmal Lkw-Fahrer gewesen, hatte von mehr Geld, einem eigenen Haus und Familie geträumt. Dann fing er an, sich für das Internet und die darin liegenden Potenziale zu interessieren. Auf seinen langen Touren hatte er viel Zeit, über eine Geschäftsidee nachzudenken. Da er weder vom Business noch von Strategie Ahnung hatte, folgte er einfach seiner Intuition: Welche Idee im Internet könnte so viel Energie auslösen, das sie zu einer Kettenreaktion führen würde? Bei jeder Idee ging er immer in den Köpfen der Zielgruppe spazieren und hinterfragte, ob die Idee so viel Interesse und Resonanz wecken könnte, dass die Leute sicher auf seine Seiten gehen würden. Dabei stellte er immer wieder fest, wie schwierig es war, zwischen seinem Wunschdenken und dem tatsächlichen Bedarf zu unterscheiden. Sein eigenes Wunschdenken vernebelte oft die wirkliche Sicht auf die Energie hinter den Ideen. Als er sich sicher war, entwickelte er mit Freunden die erste Plattform. Sie war ein riesiger Erfolg. Danach folgten weitere erfolgreiche Plattformen. Was andere in einem Jahr verdienen, verdient er fast täglich. Beeindruckt von der Vorgehensweise im Workshop, sagte er mir am Ende, dass er intuitiv fast alles richtig gemacht habe. Wie Sie sehen, müssen Sie nicht studiert haben, um erfolgreich zu werden. Sie müssen nur verstehen, wie eine erfolgreiche Energie-Resonanz-Positionierung funktioniert.

> Die Energie-Resonanz-Positionierung ist ein zuverlässiger Navigator, mit dem Sie zielsicher die Nischen der Zukunft finden.

Der erste deutsche Honorarberater einer Bank

Nichts ist unmöglich, wenn die Spielregeln der Energie-Resonanz richtig eingesetzt werden. Als mich Helmut Muthers, damals Bankvorstand und Bankensanierer anrief, hatte er eine Idee: Er wollte den Banken beweisen, dass es möglich ist, einen Mitarbeiter seiner Bank als Honorarberater für Baufinanzierung und Gutachten zu positionieren. Muthers wollte damit ein neues Geschäftsfeld für seine Bank etablieren. Nach einem gemeinsamen Workshop erhielt Herr Michels, ein erfahrener Mitarbeiter im gesetzten Alter, eine spezielle Ausbildung zum Finanzanalyst für Immobilienfinanzierung. Er bekam zwar weiterhin sein Gehalt von der Bank, arbeitete aber überwiegend in seinem Homeoffice. Die Honorare flossen der Bank zu.

Wir positionierten ihn als den unbequemsten Berater gegenüber seiner eigenen Bank mit einem damals ungewöhnlichen Service. Er war sieben Tage rund um die Uhr für seine Kunden ansprechbar und führte Beratungsgespräche auch in deren vier Wänden. Wir gaben ein ungewöhnliches Versprechen: Wenn eine andere Bank bessere Konditionen als seine eigene bietet, wird er diese empfehlen. Schriftlich bestätigte er seinen Kunden, dass er die Baufinanzierung so gestalten werde, als tue er das für sich persönlich. Je nach Aufwand berechnete er damals zwischen 500 und 1.000 DM. Der Erfolg war überwältigend. Über 70 Prozent seiner Kunden wickelten die Finanzierung über Michels' Bank ab. Finanzierten seine Kunden über eine andere Bank mit besseren Konditionen, freute er sich darüber – denn so hätte auch er entschieden. Der Expertenstatus von Herrn Michels sprach sich schnell herum, sodass seine Kunden oftmals bis zu 150 km anreisten. Als ich ihn etwa zehn Jahre später anrief, erfreute er sich immer noch seiner „selbstständigen Tätigkeit" als Angestellter. Mit diesem Beispiel möchte ich Sie motivieren, nicht alles umsonst zu tun, nur weil Sie glauben, dass andere es so machen. Es kommt immer darauf an, dass Sie den Wert richtig positionieren. Was nichts kostet, taugt nichts.

Eine vernachlässigte und riesige Positionierungsbaustelle

Ein Jahr nach unserer Zusammenarbeit begleitete ich Helmut Muthers in seine Selbstständigkeit: Er gründete das Muthers-Institut für Strategisches Chancen-Management. Es wollte Banken helfen, ihren Service zu verbessern und neue Geschäftsfelder zu erschließen. Muthers ging allmählich auf die 50 zu und hatte gemerkt, dass er sich als Kunde weder bei den Banken noch bei vielen anderen Anbietern wohl fühlte. Deren Angebote und Service setzten bei ihm keine positive Energie frei. Mit einer hohen Aufmerksamkeitsenergie konzentrierte er sich auf die Altersnische. Hier geht es um eine der kaufkräftigsten Zielgruppen und die Konsumprofis dieser Welt. So gut wie jedes Unternehmen träumt von dieser Gruppe. Wir können sie im Markt nur schwer gezielt finden und ansprechen, dennoch ist die reichste und einzige wachsende Bevölkerungsgruppe ständig präsent.

Als Muthers eines meiner offenen Seminare besuchte, löste sein Positionierungsziel, die Welt der 50plus-Generation und ihr Potenzial den Unternehmen bewusst zu machen, bei allen teilnehmenden Unternehmern eine hohe Aufmerksamkeitsenergie aus. Denn jeder hatte direkt oder indirekt mit dieser Zielgruppe zu tun, alle waren von den Innovationspotenzialen für ihre eigenen Angebote begeistert. Machen wir uns dazu einige Fakten bewusst. Ein neues Selbstverständnis, ein verändertes Altersgefühl, sich stark ändernde Werte, neue Lebensstile und das Bewusstsein der älteren Menschen für ihre Marktmacht haben ihre Denk- und Verhaltensstrukturen deutlich verändert. Ich persönlich unterteile die Zielgruppe 50plus grob in zwei Märkte. Die einen „sterben" zwischen 50 und 60 Jahren, werden aber erst mit 80 beerdigt – sie igeln sich immer mehr ein, meiden soziale Kontakte und leben bis zum Verfallsdatum in ihrer eigenen Welt. Die anderen waren entweder schon immer aktiv oder fangen jetzt an, das Leben bewusst zu genießen. Unabhängig davon, wie körperlich fit sie sind.

Die wachsende Bevölkerungsgruppe 50plus ist ein Zukunftsmarkt mit vielen Zielgruppen

Die „Alten" sind „verrückt" geworden Sie gehen zu Rockkonzerten, feilschen um Achtel-Prozente bei der Geldanlage und fliegen schon mal nach Venedig zum Kaffeetrinken. Mit 54 machen sie den ersten Marathonlauf. Manche gründen ihre erste Firma nach der Pensionierung. Ihren ersten PC kaufen sie mit 65 beim Discounter, ihr Tablet ersteigern sie bei eBay. Verstaubte Marketingkonzepte beeindrucken diese Menschen nicht mehr. Wer nur ihr Geld will, verliert. Sie sind Konsumprofis und tolerieren keine Missachtung ihrer Wünsche. Seniorenteller empfinden sie als diskriminierend. Sie kaufen 80 Prozent der teuren Autos und 50 Prozent aller Kosmetika. Sie sind selten laut, aber konsequent in ihrer Einstellung. Werden ihre Bedürfnisse nicht befriedigt, kommen sie nicht mehr. Stellen Sie Ihr Unternehmen einmal auf den Kopf und analysieren Sie alle Bereiche, bei denen die Zielgruppe 50plus tangiert ist und welches Innovationspotenzial sich dort auftut. Sie werden überrascht sein.

In der Zusammenarbeit mit Unternehmen stoßen wir oft auf die Zielgruppe 50plus. Heute werden Menschen im Durchschnitt doppelt so alt wie vor hundert Jahren, viele sind bis ins hohe Alter fit. Da muss „Alter" auch in den Unternehmen neu definiert werden. Die demografischen Veränderungen mit einer noch unvorstellbaren Dominanz der älteren Generationen werden sie vor große Herausforderungen stellen und Änderungen erzwingen. Die Generation 50plus bietet die wohl größte Chance, sich zu spezialisieren. Sie ist aber keine Zielgruppe, sondern erst einmal nur der Markt. Die hohe Schule ist es, aus diesem Markt die richtige und aussichtsreichste Zielgruppe für Ihr Unternehmen zu finden. Dazu ist es erforderlich, sehr tief in die Leidens-Zielgruppen und in die Problem-Dominanz-Analyse einzutauchen. Sonst kann es Ihnen passieren, dass Sie sich am Ende nur ein unglaubwürdiges Mäntelchen umhängen – und das merken die 50plus-Menschen sofort.

> Die neue aktive Generation 50plus ignoriert die alten Glaubenssätze über das Alter. Neugierig und selbstbewusst verknüpfen Sie die schönen Erinnerungen aus der Vergangenheit mit den Möglichkeiten in der Gegenwart. Mit einer hohen Achtsamkeit ist für sie alles was ist und kommt wunderbar. Unabhängig davon, wie körperlich fit sie sind, fühlen sie sich oft als Menschen ohne Alter.

Ähnlich ging es einer Schweizer Bank. Sie hatte die Chance sich neue zu positionieren. Im Vorfeld wurde sehr viel Zeit und Geld in die Marktforschung investiert bis dann jemand auf die Idee kam, sich auf die 50plus-Generation auszurichten. Die drei Vorstände und führenden Mitarbeiter in der Arbeitsgruppe hatten ihre Strategie auf rein betriebswirtschaftlichen und Marktdatengesichtspunkten aufgebaut. Eine Kollegin, die den Prozess betreute, bat mich um Hilfe, da sie spürte: Hier fehlt etwas Entscheidendes. Sie wollte die Positionierung nicht verantworten und warnte davor, das Konzept dem Aufsichtsrat zu präsentieren Als ich ihre bisherigen Überlegungen und theoretischen Strategien analysiert hatte, entpuppte sich alles als ein Mäntelchen ohne Inhalt. Die Bankvertreter mochten es anfangs nicht glauben, das sie komplett von vorne anfangen mussten, weil sie die wichtigsten Aufgaben nicht abgearbeitet hatten und die Marktforschungsergebnisse – außer der Kaufkraft – keine wirklich nutzbaren Daten lieferten. Die Ziele, die Nutzenkommunikation und Kompetenzzuweisung, Zielgruppen, Probleme und Alleinstellungsmerkmale waren nur oberflächlich beschrieben. Ihnen wurde klar, dass sie mit ihrem ersten Ansatz schon bei der virtuellen Pressekonferenz vor Journalisten und potenziellen Kunden durchfielen.

Vom Innovationszwang zur Produktbereinigung

Ein Leuchtturm-Unternehmen werden sie nur durch Spezialisierung. Vielen Unternehmern ist aber gar nicht bewusst, dass sie einen Bauchladen führen. Sie betrachten ihre Angebote oft nur aus betriebswirtschaftlicher Perspektive. Ein Onlinehändler bat mich um Hilfe, weil durch den wachsenden Wettbewerb die Umsätze stagnierten. Um alle Kompetenzen im Hause zu haben, hatte er die notwendigen Know-how-Träger wie Programmierer, Onlinemarketing-Experten etc. eingestellt. Da sein eigentlicher Schwerpunkt nicht ausreichte, um die hohen Fixkosten zu decken, entwickelte er ständig neue Angebote. Seine Wettbewerber hatten fast alle Argumente und Produktideen von seiner Homepage kopiert, leicht verändert und mit noch mehr Videos und Marketingdruck die virtuelle Welt durchdrungen. Für ihn erschien es logisch, nachziehen zu müssen, wenn die Konkurrenten durch mehr Werbeaktivitäten mehr erreichten.

Wie bei allen meinen Kunden analysierte ich auch hier im Vorfeld die Branche, die immer stärker werdenden Konkurrenten, die Vermarktungsstrategien und seine Angebote. In welcher Denkfalle er saß, machte schon das Deckblatt seiner Selbstdarstellung deutlich: Es führte die Umsätze je Produkt auf. Wie bei vielen Unternehmern kreisten seine Gedanken immer wieder um zwei Ziele: Wie kann ich mit welchen Maßnahmen den Umsatz je Produkt steigern, und mit welchen neuen Angeboten sind noch mehr Einnahmequellen zu generieren? Damit stand er nicht nur unter einem ständigen Innovationsdruck, sondern auch in einem sich immer schneller drehenden Hamsterrad.

Nach unserer Zusammenarbeit wurde ihm klar, dass seine Zielgruppe eine sehr hohe Energie, Leidensdruck und Eigenmotivation hatte, er aber bei weitem nicht die Potenziale der Nutzen-Kommunikation und Kompetenz-Zuweisung ausgeschöpft hatte. Wir entwickelten ein neues Positionierungsdach, eine neue Produkt- und Systemkategorie und erweiterten sein ursprüngliches Hauptgeschäftsfeld um einen Mehrwert. Statt wie vorher wahllos nach neuen Produkten zu suchen, löste das System automatisch eine Reihe von bedarfsorientierten neuen Produktideen aus. Alle neuen Produkte standen aber unter dem Dach der neuen Positionierung. Trotz höherer Preise löste das Online-Unternehmen mit einem deutlich gestiegenen Nutzen eine starke Handlungsenergie bei seiner Zielgruppe aus. Das brachte sehr viel Ruhe ins Unternehmen. Da der Inhaber mit der Neupositionierung und Spezialisierung auf sein Kerngeschäft nun deutlich höhere Umsätze und Gewinne erzielte, konnte er sich dem ständigen Innovations- und Handlungsdruck entziehen.

Patente bieten Sicherheit, aber nicht unbedingt Erfolg

Ich möchte Ihnen noch ein sehr wichtiges Thema näherbringen, mit dem ich mich jahrelang beschäftigt habe. Jede gute und erfolgreiche Idee oder Innovation wird irgendwann von irgendjemandem kopiert. Dagegen können wir uns nicht schützen. Eine entscheidende Voraussetzung für die sichere wirtschaftliche Verwertung einer Innovation ist die Anmeldung von Schutzrechten. Hier haben Patente eine Schlüsselposition. Denn sie geben dem Inhaber das Recht, andere von der gewerblichen Nutzung der Erfindung auszuschließen. Darüber hinaus bieten sie Sicherheit bei Verkauf, Lizenzierung oder dem Aufbau neuer Produktionslinien. Eine Erfindung anzumelden, bedeutet allerdings noch lange nicht, dass daraus ein marktfähiges Produkt entsteht. Die meisten Patente scheitern, weil sie entweder keinen wirklichen Mehrwert gegenüber bisherigen Lösungen bieten oder schlecht positioniert sind. Untersuchungen belegen, dass nur etwa drei Prozent aller angemeldeten Patente wirtschaftlich genutzt werden. Von diesen drei Prozent arbeiten wiederum nur zwölf Prozent erfolgreich im Markt.

Wichtiges Schlüsselwissen für die Neupositionierung

Wie bewertet und vermarktet man Patente? Die Wertermittlung eines Patents ist ein wichtiges Kriterium, um Markt- und Vermarktungsgrößen, notwendige Investitionen oder mögliche Risiken schon im Vorfeld abzuschätzen. Sie dient als Ausgangsposition für Verhandlungen mit potenziellen Kapitalgebern oder Lizenznehmern. Nachdem ich immer wieder Anfragen von Steuerberatern und Patentanwälten erhielt, ob ich jemanden kenne, der Patente vermarktet, gründete ich mit meiner Frau Ruth und mehreren Experten die Gesellschaft Patema. Schwerpunkte waren die Bewertung von Patenten und ihrer Marktchancen, die Beteiligungssuche, die Lizenzvergabe und der Verkauf von patentrechtlich geschützten Entwicklungen. Obwohl ich sehr viel mit meinem eigentlichen Kerngeschäft zu tun hatte, investierte ich sehr viel Zeit in diese neue Gesellschaft. Denn ein wertvolles Patent zu vermarkten, zu lizenzieren oder zu verkaufen, schien mir ein lukratives Geschäft zu sein.

In Kooperation mit dem Patentinformationszentrum in Darmstadt boten wir Vorträge und Beratung für Erfinder an. Unser Ziel war es, sowohl KMUs als auch Privaterfindern eine Chance zu geben, ihre Ideen bei der Industrie unterzubringen. Wir waren die ersten im Markt, die ein faires Konzept hatten und nicht auf Honorar-, sondern auf Erfolgsbasis arbeiteten. Es war für uns alle eine Herausforderung. Denn den Beruf des Patentvermarkters gab es nicht. Wir mussten uns in jede Branche neu einarbeiten. Dazu waren unzählige

Gespräche nötig. Die FAZ, regionale Zeitungen und der Hörfunk berichteten über uns. Deshalb wurden wir von Anfragen regelrecht überrollt. Und: Die Arbeit für Patema war die größte Herausforderung und die beste Lernerfahrung für die Weiterentwicklung von Positionierungsstrategien, die ich je erhalten habe. Denn die richtige Einschätzung der Marktchancen ist oft der entscheidende Erfolgsfaktor bei der Neupositionierung von Unternehmen, Produkten oder Dienstleistungen.

Man muss oft viele Wege gehen, um den einfachsten zu finden

Um Patente schneller und besser bewerten zu können, entwickelten wir eine datenbankgestützte Patentbewertungssoftware. Wir haben mit mehreren Experten fast zwei Jahre daran gearbeitet. Von den unzähligen Patenten, die uns angeboten wurden, fielen über 95 Prozent bereits durch unseren Quick-Check-Filter. Sie hatten oft gravierende Lücken in der Patentschrift und konnten damit leicht von Wettbewerbern umgangen werden.

Was ist eine patentrechtliche Innovation wert?

An der folgenden Auflistung der berücksichtigten Faktoren können Sie unschwer erkennen, welche Komplexität die datenbankgestützte Patentbewertungssoftware hatte. Dazu gehören z. B. Innovations- und Produktalternativen in der Branche, Seriengröße, Marketingaufwand, Konkurrenten, Technologievergleich, Preiskategorie, Marktgröße, spezifische Abschlags- und Berechnungsfaktoren, Länderlisten, Marktdurchdringung, strategische Vorteile etc. Die Berechnung des Lizenz- bzw. Verkaufswerts berücksichtigt: Lebenszyklus bzw. Produktlaufzeit, Restlaufzeit der Schutzrechte, Innovationsgrad, Preisentwicklung und Preisverfall, typische Stückzahlentwicklungen und die Aufrechterhaltung der Schutzrechte von der Markteinführung bis zur Restlaufzeit.

Wenn es um Wertgutachten für Unternehmen, Investoren oder Banken ging, wurden die Patente nach der Auswertung in einer Ex-

253

pertenrunde nach zusätzlichen Bewertungskriterien überprüft und abgeglichen – von der Amortisationsrechnung über das Aufwand-Nutzen-Portfolio bis zur Bewertung der Rohstoff- und Lieferantenabhängigkeit. Je nachdem, ob wir das Patent selbst produzieren, lizenzieren oder verkaufen wollten, waren viele weitere Berechnungen nötig, um eine relativ sichere Prognose über den Erfolg einer Innovation zu treffen. Ein Patent zu bewerten, war immer ein riesiger und beeindruckender Aufwand. Ob es aber erfolgreich im Markt umgesetzt werden kann, entscheidet am Ende die Art und Weise, wie es positioniert wird. Es gibt immer wieder Patente, die trotz viel versprechender Zahlen und Bewertungen vom Markt nicht angenommen werden. Manche werden im zweiten Anlauf mit besserer Positionierung ein Verkaufsschlager. Im Laufe der Jahre habe ich mehrere Kooperationsprojekte mit diversen Forschungseinrichtungen, der Automobilindustrie, der Fraunhofer-Gesellschaft und der Deutschen Luft- und Raumfahrt initiiert. Das Thema Patent und der damit verbundene Schutz vor Wettbewerbern ist eine tragende Voraussetzung innerhalb der Strategie- und Positionierungsentwicklung. Deswegen spielen in jedem Workshop bestehende oder neue Schutzrechtsmöglichkeiten eine wichtige Rolle.

> „Wer nicht erfindet, verschwindet. Wer nicht patentiert, verliert."
> *Erich Otto Häußer, ehemaliger Präsident des deutschen Patentamts*

Hochleistungsdesignboden des 21. Jahrhunderts

Ein schönes Beispiel, wie ein Multipatent zu einem Wachstumsbeschleuniger werden kann, ist die Firma ter Hürne. Das Unternehmen hat sich auf die Herstellung und den Vertrieb von Laminat, Parkett und Massivholzdielen sowie Paneelen für Wand und Decke spezialisiert. Starker Wettbewerb, Preisdruck und die Macht des Handels erforderte ein Überdenken der bisherigen Positionierung gegenüber Handel und Endkunden. Während eines intensiven

Workshops haben wir auch hier alles auf den Kopf gestellt, viele neue Alleinstellungspotenziale, neue Produktideen und Vermarktungsansätze gefunden. Sie waren Grundlagen zur Neuausrichtung der Marke ter Hürne. Im darauf folgenden Projektmanagement wurden die Ergebnisse sehr konsequent umgesetzt. Mit AVATARA-Floor wurde ein Hochleistungsdesignboden für das 21. Jahrhundert entwickelt, der sämtliche Bedürfnisse des Endverbrauchers an einen zeitgemäßen Boden erfüllt: optisch wie Echtholz, widerstandsfähig wie Laminat, elastisch und fußwarm wie PVC. Durch einen Multipatentschutz verschafft AVATARA-Floor der Marke ter Hürne eine Alleinstellung im Markt mit stabilen Margen. Weil es sich bei dem Fußbodenbelag um eine Neuheit handelte, berichtete die Presse automatisch darüber. So konnte das Produkt ohne großes Werbebudget im Handel und bei den Endkonsumenten platziert werden.

> „Mit dem Thema Positionierungsstrategie hat die Unternehmensgruppe ter Hürne in Zusammenarbeit mit Herrn Peter Sawtschenko hervorragende Ergebnisse erzielt. Die Grundsätze des „klassischen" Marketings allein reichen in unserer immer schneller werdenden Welt und den sich im Ergebnis dramatisch verändernden Märkten nicht mehr aus. „Moderne" Markeninhalte sind der Schlüssel zum Erfolg. Was diese modernen Markeninhalte ausmacht, beantwortet die Positionierungsstrategie von Herrn Peter Sawtschenko. Jeder Unternehmer wünscht sich automatische Neukundengewinnung, absatzstarke und gewinnbringende Produktinnovationen, möglichst geringe Werbeetats und geringen Vertriebsaufwand. Dies ist nur möglich, wenn man das Unternehmen strategisch richtig positioniert und die treibende Kraft, die Energie des Marktes richtig erkennt, diese korrekt bewertet, Problemlösungen anbietet und in letzter Konsequenz das klassische Marketing als wichtigen Baustein für die Umsetzung, aber nicht für die alleinige Grundausrichtung der Unternehmensphilosophie oder der Markeninhalte heranzieht".
>
> Michael Lenz, Verkaufsleiter der Fa. ter Hürne Holzwerke GmbH & Co. KG

Bauen Sie Ihre Alleinstellung aus, statt in der Masse mit zu schwimmen oder unterzugehen!

Der dosierte Innovationseinsatz

Eine wichtige Überlegung ist auch, nicht alles gleichzeitig in eine Neupositionierung zu integrieren. Bei Town & Country zum Beispiel hatten wir eine Menge neuer Ideen entwickelt. Hier haben wir uns nach dem Energieprinzip erst einmal auf die Innovationen konzentriert, mit denen wir in der Wirtschaftskrise Ängste abbauen und die höchste Aufmerksamkeits- und Handlungsenergie freisetzen konnten. Danach wurden Stück für Stück die weiteren Alleinstellungen umgesetzt. Wobei Sie stets darauf achten sollten, dass weitere Innovationen Ihre bisherige Positionierung verbessern. Der dosierte Einsatz von Innovationen hat mehrere Vorteile. Zum einen konzentrieren Sie sich nur auf eine Innovation und vermeiden Verwirrung bei den Medien und bei Ihrer Zielgruppe. Zum anderen können Sie mit der nächsten Innovation erneut für Aufmerksamkeit sorgen und das Unternehmen als Innovator positionieren. Wenn die Wettbewerber nachziehen und Sie kopieren, sind Sie mit der nächsten Innovation immer einen Schritt voraus. Je voller die Ideenschublade ist, desto öfter können Sie einen Trumpf ausspielen.

Die Bauchladen-Gefahr durch zu viele Ideen

In meiner Zusammenarbeit mit Firmen kommt es oft vor, dass wir gleich mehrere Alleinstellungsmöglichkeiten fanden. Das ist für die Unternehmer wie ein Weihnachtsfest mit einem reichlich gedeckten Gabentisch. Am liebsten würden sie alle Alleinstellungen gleichzeitig umsetzen. Das ist aber unter verschiedenen Gesichtspunkten gefährlich. Es kann durchaus Ihre Leuchtturm-Strategie verwässern und darüber hinaus dazu führen, dass Sie sich dramatisch verzetteln. Die Kunst ist es jetzt, aus der Vogelperspektive genau hinzuschauen und aus sämtlichen Innovationsmöglichkeiten und Alleinstellungspotenzialen den einen Schwerpunkt herauszufiltern, der zur Leuchtturmfunktion führt und Sie die Nr. 1 werden lässt.

> „Wenn du Erfolg haben willst, begrenze dich.
> *Charles-Augustin Sainte-Beuve*

Bereinigen Sie Ihren Bauchladen immer ohne Risiko

Wenn Sie eine Innovation bzw. Alleinstellung gefunden haben, lassen Sie alles, was Sie bisher getan haben, erst einmal weiterlaufen wie gehabt. Stecken Sie aber Ihre ganze Energie in den Aufbau der neuen Positionierung. Warten Sie ab, bis Ihre Arbeit daran wirklich Früchte trägt. Dann können Sie sich ohne Risiko von alten Produkten oder Dienstleistungen trennen. Bei PhysioAktiv bzw. Rücken-Vital gab es keine andere Möglichkeit – hier mussten wir schnell und konsequent ein neues Dach schaffen. Für Hartmut Seidel und seinen Mitarbeitern war das auch kein Problem. Denn die Energie-Resonanz war bei jedem spürbar und voraussehbar.

Immer wieder bitten mich Firmen, mit Ihnen ihr Produktportfolio zu bereinigen. Sie wollen wissen, worauf sie verzichten können. Von dieser Vorgehensweise halte ich nicht viel. So doktern Sie nur an den Symptomen herum, schaffen aber keine Basis für eine gesunde Geschäftsentwicklung. Deshalb empfehle ich immer, das komplette Unternehmen mit allen Angeboten im Zuge einer Neu-Positionierung genau zu analysieren. Denn manchmal entpuppt sich ein schlechter Umsatzträger als interessantes Geschäftsfeld oder dient der neuen Positionierung als Trojaner, der die Türen zur Zielgruppe öffnet und den eigentlichen Wertschöpfungsprozess einleitet. Zudem ergibt sich bei der Positionierung zwangsläufig ein Bereinigungsprozess. Gerade für Bauchladen-Besitzer, die überall gut sein wollten, ist das meist eine regelrechte Befreiung. Wenn Sie Ihre Produktpalette verkleinern, sollten Sie alle Geschäftsfelder nach den Kriterien der Energie-Resonanz-Prinzipien analysieren und nichts überstürzen.

Achten Sie auf die Spielregeln der Kompetenzzuweisung

Am Ende der dritten Erfolgs-Säule geht es um noch weiter führende Fragen. Passt eine Innovation bzw. Alleinstellung zu der bisherigen Positionierung Ihres Unternehmens? Oder erhöhen sich die Erfolgschancen, wenn Sie ein komplett neues Dach und eine neue Wahrnehmungsschublade entwickeln? Das kann sogar bedeuten, dass Sie Ihrem Unternehmen einen neuen Namen geben müssen, wenn z. B. der alte Name in eine falsche Richtung weist oder mit der alten Positionierung verbunden wird. Bei PhysioAktiv war das der Fall. Eine alte Schublade mit neuen Inhalten zu füllen, ist schwierig und aufwändig. Um die Neupositionierung klar nach außen zu dokumentieren, wurde das Unternehmen in RückenVital Zentrum Bad Lahr umbenannt. Hier hat ein neuer Unternehmens- oder Angebotsname die Kompetenzzuweisung gestärkt.

Es kann auch sein, dass Ihr bisheriger Name in einer Zeit entstanden ist, als die Technologie noch eine klare Kompetenz-Zuweisung enthielt. Das Litho-Atelier Mustermann wäre so ein Fall – die digitale Technik hat diese Arbeit vollständig verändert. Wenn ein Malermeister sich auf Wärmedämmung spezialisiert hat, muss er seine Spezialisierung in den Vordergrund stellen. Ansonsten muss er bei Anfragen für Malerarbeiten jedes Mal erklären, warum er diese Aufträge nicht mehr annimmt. Bei dem Akustiker Sorg wäre es fatal gewesen, wenn wir die neue Therapie unter dem Dach und Namen des Akustikers eingeführt hätten. Hier konnten wir nur eine hohe Kompetenz-Zuweisung erreichen, weil wir ein Institut mit einem Neurobiologen gegründet, das Geschäft als Terzo-Zentrum und die Mitarbeiter als Terzo-Therapeuten positioniert haben. Es gibt auch Fälle, in denen zu klären ist, ob eine Alleinstellung nur ein Teil des Betriebes sein, ein neuer Schwerpunkt werden oder gleich zum neuen Produkt oder zur Produktkategorie entwickelt werden soll. Bei der Kreation eines neuen Produktes ist der Firmenname oft nicht entscheidend. Bei Pampers, Mars oder Tempo-Taschentüchern erkennt der Verbraucher nicht, wer der Produzent ist. Diese Produkte werden als eigenständige Marken wahrgenommen.

258

In jedem Unternehmen schlummern unentdeckte Potenziale

Das vorrangige Ziel eines Unternehmens ist nicht, etwas völlig Neues zu entwickeln, sondern das, was bisher angeboten wurde, zu veredeln, zu verändern, zu erweitern, zu reduzieren und damit eine neue Schublade im Kopf der Zielgruppe zu öffnen. In einigen Fällen kommt aber etwas völlig Neues heraus, das meist auf den Grundlagen der Kernkompetenz aufbaut. Wenn die Energie der Positionierung eine hohe Resonanz im Markt erzeugt, kann alles zu einer Wahrnehmung als Leuchtturm führen. So hat bei SI-Projects nicht die neue und konkurrenzlose Software „Franchise-Cockpit" zu diesem Effekt geführt. Die neue Software war nur Mittel zum Zweck. Der Leuchtturm, den Herr Merath dabei kommunizieren musste, war die Zeit- und Kosteneinsparung, Transparenz und Kontrolle der Franchisepartner. Bei Hadler war es nicht (nur) das neue energiesparende Lampensystem, sondern die intelligente Lichtsteuerung, mit der das Fressverhalten, die Ei- und Kotablage bei Hühnern beeinflusst werden konnte. Bei Town & Country waren es nicht die Häuser, sondern die Angst vor Zahlungsunfähigkeit und der Wunsch nach Sicherheit. Bei Sorg war es nicht das Hörgerät, sondern der Schutz vor Demenz, der bei den Angehörigen eine hohe Handlungsenergie ausgelöst hat.

Entwickeln Sie ein System oder Systemabhängigkeit

Eine Möglichkeit eine Alleinstellung zu erreichen, besteht darin, Ihre bisherigen Leistungen zu einem System zu bündeln. Immer wenn Produkte und Dienstleistungen vergleichbar sind, können Ihre Kunden auch den Preis vergleichen und Sie sitzen der in der Falle. Systeme bieten die Chance, Leistungen zu neuen Mehrwerten zu kombinieren. Dadurch kann der Kunde sie nicht mehr vergleichen. Er wird das Angebot deshalb als neu und besser wahrnehmen. Damit durchbrechen Sie den Teufelskreis von Vergleichbarkeit und

Preisdumping. Es geht darum, durch Systeme einen höheren Deckungsbeitrag zu erwirtschaften. Das Beste ist natürlich, wenn Sie eine Systemabhängigkeit erreichen. Die Firma Gillette war in diesem Bereich einer der Pioniere. Sie hat Rasierapparate entwickelt, in die nur Klingen von Gillette passen – in den 80-er Jahren hatte es noch die Universalklinge gegeben, die in jedem Gerät funktionierte. Auch ein Softwarehersteller kann die Kriterien erfüllen. Bietet seine Software einen zwingenden Nutzen oder würde ein Wechsel alle Prozesse auf den Kopf stellen und enorme Neukosten verursachen, dann besteht die Chance, durch die Systemabhängigkeit lange Geld zu verdienen. Systeme vermitteln auch eine höhere Kompetenz-Zuweisung und sind oft eine interessante Positionierungschance. Das folgende Beispiel zeigt, welche Marken-Energie und Kompetenz-Zuweisung entstehen können, wenn ein Unternehmen seine Dienstleistung in ein System verwandelt. Das Beispiel demonstriert außerdem, welche Potenziale in einem Unternehmen geweckt werden können, wenn Sie es aus der Energie-Resonanz-Perspektive zerlegen.

Die ASKUS Projects GmbH

Die ASKUS Projects GmbH in Bremen ist ein kleines Beratungsunternehmen. Es beschäftigt sich mit der Optimierung des Prozessmanagements in Unternehmen, mit Kostensenkung, Einkauf, Logistik und Qualitätsmanagement. Mit branchenspezifischen, individuellen Lösungen arbeitet Askus im Auftrag von Automobilherstellern, Zulieferern, im Maschinen- und Anlagenbau von mittelständischen Unternehmen sowie für internationale Industriekonzerne. Für die Kunden ist das ein gutes Geschäft: Sie erreichen den Return on Investment normalerweise nach drei bis sechs Monaten. Ein Selbstläufer, sollte man meinen. Aber: Askus steckte wie fast alle Mitbewerber in der Austauschbarkeitsfalle. Denn alle Wettbewerber kommunizierten mit den gleichen Argumenten. Hinzu kam, dass es eine stark erklärungsbedürftige Dienstleistung war.

Die potenziellen Kunden erkannten in dem Heer von Anbietern nicht die Alleinstellung dieser einen Beratungsfirma. Deshalb haben wir im Rahmen eines Workshops den besonderen Nutzen für die Zielgruppen und deren Probleme in viele Einzelteile zerlegt. Was auffiel: Das Unternehmen war bereits gut positioniert, kommunizierte aber sehr schlecht. Also analysierten wir die ungewöhnlich schnellen Erfolge. Dahinter steckte zwar ein System, aber es wurde nie nach außen als besondere Alleinstellung kommuniziert.

Wir haben dann den gesamten Projektzyklus analysiert und daraus ein Sieben-Schritte-System kreiert. Jeder Schritt enthält wiederum viele nachvollziehbare Schritte, die Transparenz schaffen und potenziellen Kunden die besondere Alleinstellung der Beratungsfirma verdeutlichen. Das klare Vorgehen gibt interessierten Kunden Sicherheit, weil immer erkennbar ist, in welcher Prozessphase sich das Projekt befindet und wo die nächsten Aufgaben liegen. Ihnen wurde dadurch klar: ASKUS steigt tiefer ein und geht weiter als die meisten Berater, die sich nach Erstellung des Konzeptes zurückziehen und der Firma die Umsetzung überlassen.

Die Idee und die Entwicklung

Auf der Suche nach einem neuen Kategorienamen stieß der Gründer und Geschäftsführer auf eine Analogie aus der Natur. Je stärker ein Obstbaum beschnitten wird, desto stärker treibt er im nächsten Jahr wieder aus. Bei näherem Hinsehen wird klar: Je mehr Überflüssiges entfernt wird, das den Baum bei seiner Entfaltung behindert, desto eher können sich gesunde Triebe bilden. Je konsequenter Ineffizienzen in den Unternehmen entfernt werden, desto besser haben sie sich danach entwickelt. Durch die Konzentration auf klare Ziele, die eigentliche Wertschöpfung und das „Abschneiden" von Ballast wachsen Unternehmen – sogar in schwierigen Zeiten – gegen den Trend. So ergab sich der neue Kategoriename von selbst und wurde beim Markenamt geschützt: das „Rückschnitts-Wachstums-Prinzip".

Ein System braucht einen Namen und Markenschutz

Wie erfolgreich das System funktioniert, zeigt das Beispiel eines Motorradbekleidungsherstellers, der Probleme in der Lieferkette hatte. Die Bestände in den Shops waren zu hoch. Das band Kapital und drückte auf die Liquidität. Nach einer eingehenden Analyse wurde ein einfacher und schlanker Prozess entworfen: Im Laden liegen nur die Bestände, die aus der Verkaufshistorie heraus auch verkauft werden. Nachschub zu beschaffen, war kein Problem, weil durch effizientere Logistikprozesse Ware heute innerhalb von 24 Stunden geliefert wird. Die Betreuung durch Askus brachte dem Kunden eine Reduzierung der Gesamt-Logistikkosten um 54%, eine Steigerung der Kommissionierleistung um 145%, eine Verkürzung der Durchlaufzeit um 80% (Reduzierung von 120 auf 24 Stunden) und eine Personalreduzierung um 11% bei einer Personalkostenreduzierung um 35%.

„Die Einführung des neuen Systems in Verbindung mit dem BRUNS-Institut hat die Unternehmensentwicklung nachhaltig beeinflusst. Die Mitarbeiterzahl hat sich in zwei Jahren mehr als verzehnfacht. Dabei konnten viele Neukunden aus den definierten Zielbranchen gewonnen werden und die unternehmerische Basis hat sich insgesamt verbreitert."

Rüdiger Bruns, Geschäftsführer ASKUS Projects GmbH (www.askus.de)

Welche Marken-Energie und Kompetenz-Zuweisung das Unternehmen nach der Positionierung erreichte, zeigten die Reaktionen in der Wirtschaftskrise. Wegen Kurzarbeit und mangelnder Umsätze wurden in der Automobilbranche viele externe Berater entlassen. Bei der Firma Askus hingegen stiegen die Anfragen. Das Unternehmen wurde als besonderer Problemlöser gerade in Krisenzeiten erkannt. Das Beispiel der Firma Askus belegt eine meiner zentralen Positionierungsthesen. Wenn Sie komplexe und schwer verständliche Dienstleistungen erbringen, müssen Sie alles daran setzen, den zwingenden Nutzen möglichst einfach darzustellen. Idealerweise als ein nachvollziehbares System mit einem markenrechtlich geschützten Kategorienamen. Das erhöht die Verständlichkeit und die Kompetenz-Zuweisung durch Ihre Zielgruppe. Damit entziehen Sie sich dem Preis- und Leistungsvergleich. Umgekehrt gilt: Wenn Sie einfache Produkte oder Dienstleistungen verkaufen, versuchen Sie diese komplizierter darzustellen und mit einer hohen Kompetenz-Aura zu versehen. Auch das erhöht die Attraktivität in Ihrer Zielgruppe. Ihr Angebot wird als wertiger wahrgenommen. Deshalb können Sie auch einen höheren Preis und bessere Deckungsbeiträge erzielen.

Besetzen Sie eine Marktnische mit einem Pionierprodukt

Ein Pionierprodukt oder eine Pionierdienstleistung ist etwas, das in einer Marktnische völlig Neues bietet. Viele Unternehmen gehen mit Ihrem Namen und der Dienstleistung hausieren. SI-Projects tat das mit dem Schwerpunkt Intranetlösungen. Damit war es ein reines Dienstleistungsunternehmen. Nach der Neupositionierung hatte die Firma ein neues System mit einem neuen Markennamen, das „Franchise-Cockpit". Damit verfügte das Unternehmen über ein Pionierprodukt – und drei Einnahmequellen, nämlich den Verkauf der Software, die Installation und den Service.

Das „8-Schritte-Rücken-Intensiv-Programm" wurde zu einer eigenständigen Produktkategorie und Pionierleistung unter dem Dach des RückenVital-Zentrums Bad Lahr. Die Firma Askus konnte sich erfolgreich mit seinem neuen System, dem „Rückschnitts-Wachstums-Prinzip", von allen Wettbewerbern absetzen. Ob Pionierprodukte oder Pionierleistungen: Alle waren die Ersten und haben im Kopf der Zielgruppe ein neues Fenster geöffnet – eines, das vor ihnen noch niemand besetzt hatte. Der Erste ist immer der Interessanteste, alle die danach kommen und kopieren, sind in der öffentlichen Wahrnehmung Schnee von gestern.

Ein Pionierprodukt bietet mit Abstand die beste Voraussetzung, um erfolgreich zu werden. Denn es startet immer auf einem jungfräulichen Markt. Dagegen ist es bedeutend schwieriger, mit bestehenden Produkten die Kunden davon zu überzeugen, dass Ihr Angebot das Beste ist. Das gilt vor allem, wenn sich in dem Markt größere, finanziell stärkere Unternehmen befinden, gegen die Sie kämpfen müssen. Wenn Sie ein Pionierprodukt herausbringen, schlagen Sie zwei Fliegen mit einer Klappe. Zum einen entwickeln Sie eine neue Mar-

Seien Sie lieber Erster als besser

ke und öffnen im Kopf der Zielgruppe ein neues „Fenster" mit Alleinstellungsmerkmal. Zum anderen eröffnen Sie einen neuen Markt mit veränderten Erwartungen, der schnell wachsen kann. Wer als Erster kommt, mahlt zuerst und kann die Produktkategorie erfolgreich besetzen. Die neue Produktkategorie ist die einzige Marke, die automatisch mit diesem einmaligen Konzept in Verbindung gebracht wird.

Wenn ein Pionierprodukt zu einem Gattungsbegriff wird

Jedes neue Pionierprodukt hat die Chance, zu einem Gattungsbegriff zu werden. Tempo war die erste „hygienische" Alternative zum Stofftaschentuch und verdrängte es fast vollständig vom Markt. Das besondere an diesem ersten Papiertaschentuch ist, dass der Name zu einem Gattungsbegriff für alle Papiertaschentücher wurde. Die meisten Benutzer sprechen von einem Tempo, egal welcher Markenname auf der Verpackung steht. Das haben auch die Pionierprodukte Kleenex und Tesa geschafft. Das Erfolgsgeheimnis dieser Marken liegt auf der Hand: Sie waren zuerst auf dem Markt und haben ihren Claim abgesteckt. Wenn ein Gattungsname stellvertretend für eine ganze Produktgattung benutzt wird, ist das die beste und billigste Langzeitwerbung der Welt.

Die Leuchtturmstrategie setzt die höchste Resonanz-Energie frei

Die Energie folgt der Information: Diese Regel findet ihre höchste Entsprechung in der Leuchtturmstrategie. Versuchen Sie also nicht, Produkte und Dienstleistungen zu verkaufen. Sie sind nur Mittel zum Zweck. Sie müssen sich überlegen, welche Alleinstellungen Sie in den Vordergrund stellen, um einen Leuchtturm aufzubauen. Um Kaufenergie freizusetzen, ist die Leuchtturm-Positionierung der Turbolader schlechthin. Eine Leuchtturm-Positionierung bedeutet aber auch, dass Sie sich konzentrieren, Ihren Bauchladen bereinigen und andere Möglichkeiten ausschlagen müssen. Genau das ist der Knackpunkt. Ein Nein erfordert immer Mut. Doch: Das ist oft die Voraussetzung, um sich neu zu positionieren und sich von unlukrativen Geschäftsbereichen, Produkten oder Dienstleistungen zu verabschieden. Hier gibt es viele wichtige Aspekte, die zu berücksichtigen sind. Wir müssen lernen, was Unkraut und was wertvolle Pflanzen sind, die in der Zukunft ertragreiche Früchte bringen. Wir müssen uns fragen: Was führt in eine Sackgasse? Was kann schnell kopiert werden? Was bleibt eine Blackbox und wird nicht veröffentlicht, um sich vor Nachahmern zu schützen? Welche Alleinstellung ist durch die kurzen Innovationszyklen weniger interessant?

Stürzen Sie sich zu schnell auf eine Idee, ohne sie vorher auf den Prüfstand zu stellen und die zukünftigen Bedrohungen durchzuspielen, laufen Sie Gefahr, sich in alten, gefährlichen und gelernten Denkfallen zu verstricken. Bewerten Sie dazu aus Markt- und Kundensicht Ihre jetzige Positionierungsschublade. Dann bewerten Sie aus der Vogelperspektive Ihre neue Positionierung. Welche alten Schubladen stehen der neuen Ausrichtung entgegen? Dazu benötigen Sie keine Marktforschung. Vertrauen Sie Ihrem Gefühl, Ihrem gesunden Menschenverstand und folgen Sie der Energie-Resonanz-Positionierung. Fragen Sie sich auf keinen Fall, was am einfachsten umzusetzen wäre. Wenn eine Veränderung notwendig ist, dann tun Sie es. Jeder alte Stolperstein kann am Ende Ihre Marken-Energie, Kompetenz-Zuweisung und Marktdurchdringung verschlechtern.

Auch das Leuchtturm-Prinzip ist eine Naturgesetz

Wenn Sie in der Vergangenheit diverser Konzerne stöbern, stellen Sie fest, dass viele ganz klein angefangen haben. Sie mussten viele Hürden meistern, bis sie zu einem Leuchtturm in der Branche wurden. Ein oft zitiertes Paradebeispiel ist Microsoft, das den Aufstieg von der Garagenfirma zum Software-Monopolisten geschafft hat.

Mit Positionierung zum Weltmarktführer

Das große Alleinstellungsmerkmal von Microsoft ist bis heute die nutzerfreundliche Software-Benutzeroberfläche, die jeder Computerbesitzer bedienen kann. Der Discount-Riese Aldi geht auf einen 1913 gegründeten Tante-Emma-Laden in Essen zurück. In der Folgezeit haben die Besitzer expandiert, indem sie einen Verkaufsturbo fanden. Sie legten 20 Grundnahrungsmittel (Eier, Kartoffeln, Margarine etc.) fest, die sie günstiger anboten als alle anderen Mitbewerber. Der Erfolg war riesig. Die Adolf Würth GmbH & Co. KG startete 1945 in Künzelsau als kleine Schraubenhandlung. Seither entwickelte sich das Unternehmen zum weltweit führenden Spezialisten im Handel mit Montage- und Befestigungsmaterial. IKEA wurde 1943 von dem damals 17-jährigen Ingvar Kamprad gegründet und hatte Konsumgüter im Angebot, darunter Kugelschreiber, Brieftaschen, Tischdecken, Streichhölzer, Schmuck und Nylonstrümpfe. 1947 begann Kamprad auch Möbel im Versand zu verkaufen. Da dieses Geschäft hervorragend anlief, positionierte sich Kamprad konsequent darauf. 1951 erschien der erste IKEA-Katalog. Darin wurden Möbel nicht nur als einzelne Objekte, sondern als Teil eines komplett eingerichteten Zimmers abgebildet. Das war für die damalige Zeit absolut ungewöhnlich und wurde von den Kunden mit großer Begeisterung angenommen. Die Kataloge wurden schnell zum wichtigsten Marketinginstrument, sie haben inzwischen eine Gesamtauflage von fast 200 Millionen Exemplaren weltweit erreicht. Alle diese Firmen demonstrieren eindrucksvoll: Aus einer kleinen Nische hat sich schon oft ein riesiger Markt entwickelt. Positionierung ist eine Riesenchance.

Die Energie folgt Ihrem Bewusstsein

Wenn Sie die Macht der Energie-Resonanz-Positionierung verstanden haben, gibt es eigentlich nur einen Weg, den Sie beschreiten werden. Sie beschäftigen sich mit wertvollen Energiequellen in ihrem Markt. Wenn sie genau hinschauen, werden Sie in jeder Branche Unternehmen finden, die eine bemerkenswerte Alleinstellung gefunden haben. Wenn Sie erfolgreiche Unternehmen genauer unter die Lupe nehmen, werden Sie schnell bemerken, dass sie fast alle etwas gemeinsam haben: Sie sind spezialisiert! Sie konzentrieren sich auf ein Gebiet, ein Produkt, eine Zielgruppe, eine Problemlösung usw. und erlangen dadurch auf diesem Gebiet Expertenstatus. Machen Sie sich bitte immer wieder bewusst: Die Energiequelle eines jeden Unternehmens ist der Markt. Dort verdienen Sie Ihr Geld.

Vom Allrounder zum Spezialisten

Auch die mehr als 1.000 deutschen Weltmarktführer sind fast alle Spezialisten. Marktführerschaft und alle damit verbundenen Vorteile können Sie als Leuchtturm und nur durch Spezialisierung erreichen – und zwar unabhängig von Ihrer Branche oder Ihrer Unternehmensgröße. Mit den Vorteilen der Spezialisierung bekommen Sie den nötigen Schub, um an der Konkurrenz vorbei zu ziehen. Der Experte braucht weitaus weniger Energie, um das gleiche Ergebnis zu erzielen wie ein Allrounder. So führt Spezialisierung bei produzierenden Unternehmen zu einer enormen Steigerung der Effizienz. Parallel dazu sinken die Kosten, weil Maschinenparks, Lagerbestände und Co. drastisch reduziert werden können. Sie erwirtschaften also mit wesentlich weniger Aufwand deutlich mehr Rendite.

Spezialisten wissen mehr

Natürlich profitieren auch Dienstleister von einer Spezialisierung. Hier gilt: Wenn sich jemand auf einen klar umrissenen Themenbereich spezialisiert, wird er immer besser. Das kennen wir auch aus dem Sport. Selbst der beste Zehnkämpfer der Welt hat gegen die jeweiligen Spezialisten in den Einzeldisziplinen nicht den Hauch einer Chance. Bei Spitzensportler gibt es den bekannten Spruch: Mehrkämpfer wirst Du, wenn Du nichts richtig kannst. Spezialisten haben klare Wettbewerbsvorteile. Denn: Wir alle sind darauf konditioniert, uns an Siegern zu orientieren. Wer die Ziellinie als Erster überquert, gilt als der Kompetenteste und Beste auf seinem Gebiet. Er ist in aller Munde. An ihn erinnert sich jeder. Er erhält den Ruhm, er wird gefragt und er ist als absoluter Experte anerkannt.

Wenn Sie Ihren Bekanntheitsgrad über Fachartikel in den Medien steigern wollen, dann haben Sie als Allrounder kaum Chancen. Wer alles kann, wird nicht als Spezialist akzeptiert.

Jeder sucht immer die beste Lösung Wer ein Problem hat, geht am liebsten zu einem Spezialisten. Für seine Hilfe sind die Menschen bereit mehr zu bezahlen. Nehmen wir einmal an, Sie haben einen Job, für den Sie unbedingt einen Führerschein brauchen. Nun sind Sie geblitzt worden und laufen Gefahr, den Schein für längere Zeit abgeben zu müssen. Welchen Anwalt werden Sie sich nehmen? Gehen Sie zum Anwalt „um die Ecke", der von der Ehescheidung bis zum Mietrecht alles abdeckt? Oder holen Sie sich die Hilfe eines Experten für Verkehrsrecht? Die Antwort liegt auf der Hand: Sie gehen zum Spezialisten.

Wenn Sie gegenüber Ihren Mitbewerbern einen höheren Mehrwert bieten, lösen Sie damit eine Kettenreaktion von positiven Energie-wirkungen aus. Je höher Ihr Nutzen ist, desto mehr steigern Sie die Kauf-Energie im Markt. Durch die Konzentration der Kräfte arbeiten Sie effizienter und verschwenden keine Energie, weil sie auf mehreren Hochzeiten gleichzeitig tanzen. Sie gewinnen zunehmend an Anziehungskraft. Die Medien berichten über Sie und Sie lösen im Netzwerk Ihrer Zielgruppe eine Empfehlungswelle aus. Dadurch steigt Ihre Erfolgsgeschwindigkeit und Sie erreichen Ihre unternehmerischen Ziele viel schneller. So setzen Sie eine Spirale positiver Energien in Gang. Das Fazit: Wer versucht, sich als „Everybody's Darling" zu positionieren und für alle irgendwas, aber für niemanden etwas ganz Spezielles bietet, hat heute kaum noch Chancen auf langfristigen Geschäftserfolg. Wie in der Natur ist die Spezialisierung im verschärften Wettbewerb die sicherste Strategie, um zu überleben.

Wer ständig sein Fähnchen wechselt, verliert am Ende Auch als spezialisierte Berater oder Autoren sollten Sie Ihr Thema vertiefen und weiter entwickeln. Leider verlassen viele immer wieder ihren Expertenstatus und ihre Kompetenz, um zu neuen Ufern aufzubrechen. Taucht ein neues Thema auf, schreiben sie ein Buch darüber oder bieten Seminare und Beratung an, um erneut Aufmerksamkeit zu erreichen. Es gibt Autoren, die im Laufe der Jahre einen regelrechten Themenbauchladen aufgebaut haben. Doch mit jedem neuen Thema verlieren sie an Profil, und kein Leser weiß am Ende, wofür der Autor wirklich steht.

Mein früherer Professor erklärte uns Studenten das Spezialisierungs-Prinzip und die damit verbundenen hohen Gagen an folgendem Beispiel. Ein Kunde bat ihn um ein Angebot für die Entwicklung eines neuen Logos. Sein Angebot belief sich auf damals 20.000 Mark. Über den hohen Preis schockiert, rief ihn der Kunde erstaunt an und meinte, dass er als Profi für den Job nur wenig Zeit investieren müsse. Daraufhin sagte der Professor: Sicherlich ist das relativ schnell gemacht. Aber ich habe 20 Jahre gelernt, um es so gut zu können.

Experten kennen sich in einem kleinen ausgewählten Bereich bestens aus, während Allrounder von allem nur einen Teil wissen. Spezialisten richten ihre Aufmerksamkeit klar auf ihr Kerngebiet. In Zeiten, in denen sich die Informationsmenge in manchen Branchen innerhalb von nur zwei Jahren verdreifacht, ist das ein unschätzbarer Vorteil. So gehen sie nicht in der allgegenwärtigen Informationsflut unter, sondern können ihr Know-how gezielt ausbauen. Dadurch bieten Spezialisten ihren Kunden eine maximale Problemlösungskompetenz.

> Ein Spezialist ist jemand, der immer mehr über immer weniger weiß, bis er am Ende alles über Etwas und trotzdem viel über Alles weiß.

Qualität allein reicht nicht aus

Machen wir uns nochmals bewusst: Unternehmen behaupten oft und gerne, ihren Kunden „Qualität" zu bieten. Sie denken, dies sei ein besonderes Merkmal, mit dem sie sich von der Konkurrenz abheben können. Dabei reicht Qualität allein nicht aus, um sich einen Vorsprung zu verschaffen. Alle anderen Mitwerber behaupten eben-

Qualität allein ist kein Verkaufsargument

269

falls, Qualität zu liefern. Qualität ist etwas, das die Kunden immer voraussetzen – egal, wo sie kaufen. Das ist also kein Verkaufsargument. Die Behauptung, der Beste zu sein, ist unspektakulär und bringt Ihnen keine Aufmerksamkeit. Die Leute wollen genau wissen, was Sie von anderen Anbietern unterscheidet. Die grundlegende Frage lautet: Was bekommt der Kunde nur bei Ihnen und bei keinem anderen? Im Zweifelsfall wählt er immer einen Anbieter, der anders ist. Aber: Wie können Sie anders werden? Der sicherste Weg ist, alle Schritte der Energie-Resonanz-Positionierung zu erarbeiten und nichts dem Zufall zu überlassen.

Wissen ist Macht Die Beispiele in diesem Buch sind die besten Beweise, dass alles kein Hexenwerk oder Elitewissen ist. Sie als Inhaber oder Verantwortlicher sollten die Spielregeln der Energie-Resonanz-Positionierung kennen. Dann sind Sie nicht mehr hilflos, wenn Veränderungen anstehen. Sie können entweder selbst den Prozess steuern oder Aufgaben sehr präzise beschreiben und delegieren. Sie werden dann auch erkennen, wer nur ein Showmaster oder wirklich ein Spezialist ist. Ich kann es Ihnen aus eigener Erfahrung sagen: Sie können es nicht verhindern, dass Sie selbst Stück für Stück zu einem Positionierungsexperten werden. Sie werden irgendwann ein interessanter Ansprechpartner sein, weil Sie auch bei anderen schnell die Ursachen für Erfolg und Misserfolg beschreiben können. Ihr eigenes Unternehmen wird sich dadurch ständig weiter entwickeln. Das Bild in Ihrem Kopf, wie Ihr Unternehmen in fünf oder zehn Jahren dastehen soll, wird immer schärfer und klarer. Krisen werden Sie automatisch früher erkennen als Ihre Mitbewerber.

Wenn Sie sich spezialisieren und zum Leuchtturm werden, kann die Energie-Resonanz-Positionierung ihre ganze Kraft entfalten. Stellen Sie sich vor, Sie konzentrieren sich ab sofort voll und ganz auf eine Zielgruppe. Sie sagen nein zu Herausforderungen, die nicht zu Ihrer Kernkompetenz gehören oder Ihr Profil verwässern. Sie sind anders und außergewöhnlich. Ihre Kunden finden bei Ihnen das, was sie woanders nicht bekommen. Sie sind in Ihrer Branche der Experte. Es wird über Sie geredet, und ihr Rat wird gesucht. Sie werden weiter empfohlen. Die Leute sind gerne bereit, für Ihre Leistung etwas mehr zu bezahlen. Immer mehr Unternehmen wollen mit Ihnen zusammen arbeiten und erleichtern Ihnen deshalb den Zugang zu ihren Zielgruppen. Die Kundenbindung steigt. Sie machen Ihre Geschäfte zu 90 Prozent mit Stammkunden. Neukunden kommen auf Empfehlung.

Lassen Sie Ihre Energie Ihren Chancen folgen

Positionierung ist keine Eintagsfliegenstrategie, sondern ein kontinuierlicher Prozess der Verbesserung. Hinter jedem Problem steckt eine Menge Energie von Menschen, die sich nach einer Lösung sehnen. Wenn Sie Ihr Bedürfnis nach ständiger Verbesserung als Energie sehen, dann folgen Sie automatisch den Chancen. Justieren Sie sich immer wieder auf die Veränderungen im Markt. Dann verfügen Sie über einen Navigator, mit dem Sie die veränderte Energie aus Ihrem Markt und ihren Zielgruppen immer wieder empfangen können. Sie trainieren automatisch Ihr Bewusstsein darauf, überall nach Problemen zu suchen und gleichzeitig die Chancen dahinter zu erkennen.

Loslassen bringt Energie für Neues

Wenn Sie nur einen kleinen Teil der Energie, die Sie täglich für Ihre firmeninternen Probleme aufwenden, in die Lösung der Probleme Ihrer Kunden investieren, würden sich viele Ihrer eigenen Schwierigkeiten von selbst lösen. Den perfekten Zeitpunkt, um neue Potentiale zu finden, gibt es nicht. Wenn Sie etwas wirklich wollen, sollten Sie die nötigen Freiräume dafür schaffen – und zwar nicht erst, wenn Sie bereits in der Krise stecken. Erfolgreiche Unternehmen nehmen sich immer wieder Zeit, um ihre Positionierung auf den Prüfstand zu stellen und passgenau auf die brennendsten Probleme ihrer Kunden zuzuschneiden. Doch: Dazu müssen sie auch bereit sein, unprofitable Produkte und Geschäftsideen loszulassen.

Ohne Innovationen kein unternehmerischer Erfolg

Gewohnheiten wirken wie Klebstoff

Gewohnheiten wirken wie Klebstoff und machen blind für neue Wege. Ohne Veränderungen würden wir heute noch auf Bäumen sitzen und vom wärmenden Herdfeuer träumen. Es gäbe kein Internet, keine Autos und auch keine Antibiotika. Natürlich kosten selbst kleine Veränderungen viel Kraft und bringen zunächst auch Unruhe in die Unternehmen. Doch: Sobald der erste Schritt gemacht ist, folgen die weiteren von allein. Mit der Neupositionierung ist es wie beim Fitness-Training: Wenn sich die ersten Erfolge einstellen, wollen Sie nicht mehr aufhören. Ein chinesisches Sprichwort lautet „Wenn der Wind des Wandels weht, bauen die einen Mauern und die anderen Windmühlen." Mit diesem Buch möchte ich Ihnen Mut machen, den Wind des Wandels systematisch zu nutzen, um neue Energie für Ihre Firma zu gewinnen. Unternehmerischer Erfolg beginnt genau da, wo die Komfortzone endet!

Wichtige Tipps und Hinweise zur 3. Erfolgs-Säule

Leuchtturm-Positionierung

- Entwickeln Sie nur bedarfsorientierte Alleinstellungen. Durch die Problem-Dominanz-Analyse liegt das Anforderungsprofil für Innovationen auf dem Präsentierteller.

- Schalten Sie Ihren „Ja-aber"-Filter ab und lassen Sie zunächst einfach alle Ideen zu.

- Aus dem Blickwinkel der Energie-Resonanz-Positionierung betrachtet, ist alles eine Innovation, was die Anziehungskraft erhöht und zu einer Alleinstellung eines Unternehmens führt.

- Neue Positionierungsmöglichkeiten lassen sich oft durch eine sinnvolle Kombination von Stärken, Funktionen, Produkten, Dienst- und Serviceleistungen finden.

- Nehmen Sie einen virtuellen Nutzen genauso ernst wie einen faktischen.

- Eine entscheidende Voraussetzung für die sichere wirtschaftliche Verwertung einer Innovation ist die Anmeldung von Schutzrechten.

- Legen Sie eine Datenbank mit allen Ideen an. Am besten drucken Sie sie aus und hängen sie in Ihrem Büro auf.

- Um eine Leuchtturm- Strahlkraft freizusetzen, ist die Spezialisierung der sicherste Weg.

- Eine klare Spezialisierung bedeutet auch, dass Sie Möglichkeiten ausschlagen müssen, die Ihr Profil, Ihre Markenaura und ihr Markenimage verwässern.

- Überlegen Sie, welche Alleinstellungen Sie in den Vordergrund stellen, um als Leuchtturm wahrgenommen zu werden.

- Die Umsetzung der Leuchtturm-Positionierung kann bedeuten, dass Sie Ihrem Angebot oder Ihrem Betrieb einen neuen Namen geben müssen oder ein komplett neues Unternehmen gründen.

- Ideal ist eine Systemlösung, mit der Sie der Vergleichbarkeit entfliehen können. Es lohnt sich also immer, einzelne Leistungen in Systeme zu bündeln und ein Komplettpaket anzubieten.

- Konzentriert Sie sich – wenn möglich – nur auf eine Innovation und vermeiden Sie Verwirrung bei Ihrer Zielgruppe und den Medien.

- Spezialisten, die sich auf einen klar abgegrenzten Bereich konzentrieren, bieten bessere oder ungewöhnlichere Leistungen als Allrounder.

- Spezialisierung führt bei produzierenden Unternehmen dazu, dass mit deutlich weniger Energie produziert wird, die Produktivität und die Effizienz steigen, die Kosten sinken und größere Rationalisierungsvorteile entstehen.

- Spezialisierung verleiht mehr Souveränität und Sicherheit in der Ausführung der Arbeit, erhöht deren Qualität und erlaubt es, Kundenbedürfnisse klarer wahrzunehmen.

An welchen Stellschrauben aus der Erfolgs-Säule „Leuchtturm-Positionierung" müssen Sie noch arbeiten? Was wollen Sie in der Zukunft konkret verändern. Listen Sie hier bitte alle To-dos auf.

_____

_____

_____

_____

_____

_____

_____

_____

_____

_____

_____

_____

_____

Der Energie-Resonanz-Prüfstand

Wie Sie Ideen bewerten und Flops vermeiden

Der Energie-Resonanz-Prüfstand ist das einzige marktorientierte Instrument, mit dem Sie Ihre Ideen auf die Anziehungskraft Ihrer Zielgruppe bewerten. Hier reduzieren Sie auch die Komplexität aller bisherigen Informationen auf die wichtigsten Erfolgsfaktoren. Die Fragen helfen Ihnen, Ihre Idee zu verbessern und die Kompetenz-Zuweisung zu veredeln. Sie entlarven Schwachstellen und decken Denkfehler auf.

Um die Erfolgsaussichten von neuen Ideen zu bewerten und teure Flops zu vermeiden, wurden viele Kreativitätstechniken, Bewertungskriterien und Kontrollsysteme entwickelt. Doch diese Instrumente können nichts an der gigantischen Floprate ändern. Es reicht auch nicht aus, wenn ein Unternehmen etwas begeistert entwickelt und sich darauf verlässt, dass die Marketingabteilung und der Vertrieb für den Erfolg sorgen werden. Wer so denkt, handelt fahrlässig und leichtsinnig. Ich kenne bisher keine Bewertungskriterien in den etablierten betriebswirtschaftlichen Instrumenten und Wissenschaften, die eine realistische Aussage über die Höhe der Energie-Resonanz und die Kaufbereitschaft zulassen. Die Zielgruppenbefragung ermittelt allenfalls, ob das Produkt interessant ist, aber nicht, ob der Kunde auch tatsächlich bereit ist, dafür zu bezahlen. Deshalb ist der hier vorgestellte Energie-Resonanz-Prüfstand ein echter Pionier. Der innovative Prüfstand macht erstmalig den Erfolg eines Produktes oder einer Dienstleistung planbar.

> Nicht glauben und hoffen, sondern vorher wissen wie der Markt reagiert, ist Macht.

Reduzieren Sie die Komplexität auf die wichtigsten Erfolgsfaktoren

Jetzt stellen Sie Ihre neue Geschäftsidee, Ihre Alleinstellungen oder Innovationen auf den Energie-Resonanz-Prüfstand. Bei diesem stehen fünf wichtige Aufgaben im Vordergrund.

1. Reduzieren und strukturieren Sie die Komplexität aller Informationen auf die wichtigsten Erfolgsfaktoren.
2. Beschreiben Sie den Nutzen einfach und verständlich.
3. Arbeiten Sie an der Veredelung Ihres Produktes oder Ihrer Dienstleistung.
4. Bewerten Sie die Energie-Resonanz und Anziehungskraft bei Ihrer Leidens-Zielgruppe.
5. Analysieren Sie am Ende kritisch Ihre Idee und mögliche Vorbehalte aus Zielgruppensicht. Wann würde Ihre Leidens-Zielgruppe Ihr Angebot auf keinen Fall annehmen? Wann würde Ihre Leidens-Zielgruppe Ihr Angebot auf jeden Fall annehmen?

Dabei werden Sie erkennen, an welchen Stellschrauben Sie noch drehen müssen, um eine hohe Sogwirkungsenergie frei zu setzen. Hier werden Sie auch schnell reine Hoffnungsideen entlarven, Denkfehler aufdecken und die Ursachen einer mangelnden Anziehungskraft von Ideen erkennen. Der Energie-Resonanz-Prüfstand hinterfragt die zukünftige Nutzen-Kommunikation, die Kompetenz-Zuweisungspotenziale, die Marken-Energie, die Markenaura, den Markenprozess, die Systemfähigkeit, die Co-Brandingstrategien und die Wertigkeit potenzieller Kooperationen. Gleichzeitig fließen auch hier wieder Ihre unverschämten Ziele ein und lenken den gesamten Prozess.

> Wer die Resonanzenergie seiner Idee nachweisen kann, ist auch in der Lage, die Erfolgschancen zu bewerten.

Den Energie-Resonanz-Prüfstand sollte jeder beherrschen

Zu Beginn meiner Arbeit als Positionierungsexperte musste ich feststellen, dass fast alle Teilnehmer nach den anstrengenden Tagen und durch die vielen Informationen verwirrt waren. Nur wenige waren in der Lage, die Ergebnisse zusammenzufassen und eine Aufgabenliste zu erstellen. Am Anfang nahm meist ich die Ergebnisse mit nach Hause, reduzierte die Komplexität auf die wichtigsten Stellschrauben, entwarf ein Positionierungspapier und erarbeitete einen Maßnahmenplan, um alles bei einem nächsten Treffen zu präsentieren. Doch: Je größer der Zeitabstand zwischen Workshop und Strategiepapier wird, desto schwieriger ist es, den Teilnehmern wieder den roten Faden zu erklären. Mir wurde außerdem sehr schnell klar, dass es viel effektiver ist, mit allen gemeinsam das Positionierungspapier und den Maßnahmenplan zu erarbeiten.

Um die Sogwirkungsenergie am Ende eines Workshops bewerten zu können, analysierte ich deshalb viele bestehende Instrumente und Fragen und suchte neue. Ich testete sie alle in der Praxis und sortierte aus, bis am Ende jene übrig bleiben, die in jeder Branche relevant sind. Daraus entstand dann der Energie-Resonanz-Prüfstand. Denken Sie hier noch nicht über betriebswirtschaftliche Berechnungen und Vermarktungsstrategien nach. Das können Sie später angehen. Erst einmal ist es nur wichtig, zu erkennen, ob die neue Geschäftsidee, Alleinstellung oder Innovation auch wirklich eine hohe Sogwirkungsenergie freisetzt.

> Wer seine neue Positionierung oder Geschäftsidee auf den Markt bringt, ohne sie auf den Energie-Resonanz-Prüfstand zu stellen, handelt leichtsinnig.

Der Machbarkeitstest: „Reflektieren aus der Zukunft"

Ihre Aufgabe ist es, jetzt einen klaren Realitätsbezug zu schaffen. Den idealen Realitätsbezug schaffen Sie dadurch, dass Sie sich vorstellen, Ihre Neupositionierung stehe kurz vor der Markteinführung. Um nicht blind in eine Hoffnungsfalle zu laufen und einen Flop zu vermeiden, unterziehen Sie jetzt Ihre Ideen einer der härtesten Prüfungen. Ich nenne dieses Vorgehen auch „das Spiegeln oder Reflektieren aus der Zukunft". Hier werden alle Energiequellen, Erfolgssäulen bis hin zur Marktdurchdringung nach der Energie-Resonanz-Positionierung reflektiert und auf ihr zukünftiges Potenzial analysiert. So können Sie die Anziehungskraft im Markt bewerten.

Der Energie-Resonanz-Prüfstand ähnelt einer fiktiven Pressekonferenz. Ich empfehle Ihnen, diesen Prozess – von kleinen Pausen abgesehen – ohne Unterberechnung durchzuarbeiten. Er erfordert von Ihnen und allen Teilnehmern eine hohe Konzentration. Gut moderiert und strukturiert, beansprucht dieser Ablauf maximal zwei bis drei Stunden. Auch hier nochmals der wichtige Hinweis: Beenden Sie nie einen Positionierungsprozess oder fangen Sie nicht mit der Umsetzung an, bevor Sie nicht alle wichtigen Fragen des Energie-Resonanz-Prüfstandes beantwortet haben.

> Sehr geehrter Herr Sawtschenko, seit einigen Wochen leben wir jetzt mit den gemeinsam entwickelten Strategien. Die drei Projekttage waren wirklich intensiv – erst das Unternehmen in Einzelteile zerlegen, sortieren und dann die Highlights elegant neu positionieren. Einfach genial. Danke dafür.
>
> Sabine Schulz, Geschäftsführerin Zeit und Gewinn
> Immobilienfinanzierung GmbH

Die fiktive Pressekonferenz zwingt zur Klarheit Während Sie die einzelnen Schlüsselfragen der Energie-Resonanz-Prüfung durcharbeiten, stellen Sie sich vor, dass Sie eine fiktive Pressekonferenz einberufen haben, um ihre Ideen vorzustellen. In dieser Runde sitzen kritische Experten, neugierige und skeptische Journalisten, potenzielle Zielgruppen-Auftragsbesitzer und die zukünftige Leidens-Zielgruppe. Wenn Sie es schaffen, dort Begeisterung zu entfachen, dafür sorgen, dass die Teilnehmer gut über Sie reden und Sie weiter empfehlen, haben Sie genau das geschafft, was Sie mit der Neupositionierung erreichen wollen: Sie sind die ersten Schritte gegangen, um ein Leuchtturm in Ihrer Branche zu werden.

Das bedeutet erst einmal, dass Sie bei jeder Schlüsselfrage den Nutzen, die Kompetenz-Zuweisung und Marken-Energie glaubwürdig, kurz und verständlich auf den Punkt bringen müssen. Alles was Sie jetzt umständlich, ohne begeisternden Nutzen oder unverständlich erklären, kann dazu führen, dass Ihr fiktives Publikum die Konferenz enttäuscht verlässt. Die Runde ist auf der einen Seite sehr kritisch, andererseits aber auch tolerant, wenn Sie ihre Bedürfnisse befriedigen. Die Zielgruppe will eine überzeugende Lösung für ihr Problem haben. Die Auftragsbesitzer möchten spüren, dass Sie Ihre Idee ohne Bedenken empfehlen können. Die Experten wollen verstehen, dass Ihr Angebot Hand und Fuß hat. Die Journalisten wollen schlagende Argumente und eine spannende neue Story, die sie publizieren können. Sie alle bringen viel Zeit mit, um Ihnen später die reale Pressekonferenz bestehen zu helfen.

> **Ein Business-Impressionist beschreibt in kräftigen und leuchtenden Farben die Energie hinter seiner Alleinstellung und Innovation.**

Erfassen Sie vor der Pressekonferenz alle Aussagen, auch wenn es nur einzelne Wörter sind. Der textliche Feinschliff erfolgt nach dem Prozess. Während der Pressekonferenz geht es vorrangig darum, erst einmal die Energie hinter Ihrer Idee als Impression und Momentaufnahme zu erfassen. Werden Sie zum Business-Impressionisten und beschreiben Sie kurz und deutlich alles in kräftigen und leuchtenden Farben: den Nutzen, die Kompetenz, die Energie der Zielgruppen, deren Probleme, Wünsche, Ziele, die Innovation bzw. Ihre Lösung und den Leuchtturmstatus, den Sie erreichen wollen. Bewerten Sie dabei auch die Energie und mögliche Resonanz hinter

Ein Visionär ist ein Business-Impressionist

der neuen Positionierung. Vermeiden Sie aber unbedingt, etwas „schönzureden". Der Markt verzeiht keine Fehler.

> **Kommunizieren Sie erst jede Idee auf dem virtuellen Pressekonferenz-Prüfstand, bevor Sie mit der Umsetzung beginnen.**

Ein Unternehmer ist ein „Bildhauer"

Ein anderes Bild, das den Stellenwert und die Strategie des Energie-Resonanz-Prüfstands beschreibt, ist das eines Bildhauers. In der Bildhauerei sprechen wir davon, dass ein Künstler in einem Stein bereits die Skulptur sieht und ihn so lange bearbeitet, bis er die Skulptur freigelegt hat. Ob die Skulptur jemanden gefällt oder nicht, spielt für ihn erst einmal keine Rolle. Er folgt seinem künstlerischen Stil und seiner Intuition. Auf den Energie-Resonanz-Prüfstand übertragen, bedeutet das: Der „Bildhauer" bearbeitet jetzt den Stein nach den gemeinsamen Bedürfnissen, Zielen und Wünschen seiner Zielgruppe und seiner eigenen Intuition. Nur wenn am Ende seine „Skulptur" eine hohe Resonanz bei seiner Zielgruppe freisetzt, kann er sicher sein, dass sein Meisterwerk auch gekauft wird.

Während meiner Workshops lernen die Teilnehmer, selbst wie kritische Experten, Journalisten und potenzielle Kunden zu denken und die Energien zu bewerten. Während des gesamten Workshops trainieren sie, nur noch nutzenorientiert zu denken und ihre Erkenntnisse zu formulieren. Die höchste Prüfung bestehen sie, wenn sie im Energie-Resonanz-Prüfstand nach dem Energieprinzip aus den Hunderten von Informationen rational und intuitiv die richtigen Antworten zu allen Fragen geben können. Haben Sie alles erst richtig gelernt und verstanden, verändert sich nach dem Workshop ihr Denken und Handeln. Sie werden dann selbst zum Positionierungsexperten, weil sie jetzt als Kritiker die Fallen der Selbstbeweihräucherung und des Schönredens sofort erkennen und gegensteuern können. Damit haben sie auch gelernt, impressionistisch zu denken und wie ein Bildhauer den Nutzen für die Zielgruppe sichtbar zu machen. Sie sind gezwungen, den Nutzen schnell und klar auf den Punkt zu bringen. Der Energie-Resonanz-Prüfstand ist gleichzeitig ein Kommunikationsprüfstand.

Jetzt stehen keine Fachausdrücke, sondern der Kundennutzen einfach und verständlich im Mittelpunkt. Sie erkennen, wie sie in Zukunft ihre gesamte Kommunikation in Broschüren, Internet, Verkaufsgesprächen Pressemitteilungen etc. auf Nutzenargumente umstellen und Ihren Verkaufsprozess allein dadurch deutlich verbessern können. Sie erschließen die Gesetzmäßigkeiten und die Wechselwirkung von Ursache und Wirkung. Sie spannen rational und intuitiv einen Bogen über alle Energiequellen und die drei fundamentalen, bestimmenden Erfolgs-Säulen. Sie lernen die Gesetze der Resonanz-Prinzipien realistisch einzuschätzen, und erfassen, welche Sogwirkung die neue Strategie im Markt entwickeln kann. Gleichzeitig erkennen Sie die sich bedingenden und gegenseitig verstärkenden Abhängigkeiten aller Schlüsselfragen. In dieser Phase wird der Zusammenhang zwischen der Positionierung und den notwendigen Maßnahmen erst deutlich. Zusätzlich steigt Ihr Selbstbewusstsein, weil Sie verstanden haben, dass Sie nie mehr hilflos vor Problemen stehen werden, und wissen, wie Sie in Zukunft selbst Lösungen entwickeln können.

Eine Zielgruppe ist keine Jagdbeute

Nach allem, was Sie in diesem Buch über Energie-Resonanz-Positionierung gelesen haben, müssten sie jetzt verstehen, dass Positionierung keine Zauberei ist. Jetzt sollten Sie auch annehmen und nachvollziehen können, dass Sie bewusst oder unbewusst, privat oder geschäftlich, mehrmals am Tage die Gesetzmäßigkeiten der Resonanzenergie anwenden. Keine persönliche und geschäftliche Anziehungskraft ist Zufall. Auch der Misserfolg kommt nicht von ungefähr. Wenn wir uns egozentrisch verhalten und uns selbst immer im Mittelpunkt sehen, wird die Resonanzenergie und damit Anziehungskraft drastisch in den Keller gehen. Nicht anders ist es im Business. Wer seine Zielgruppe nur als Jagdbeute sieht, denkt und handelt egozentrisch. Er verliert mit der Zeit die Fähigkeit, Resonanz aufzubauen, und bleibt irgendwann selbst auf der Strecke. Die Marke verliert an Energie und Sympathie. Am Ende sitzt er wieder in der Preiskampfkategorie. Das hat mit Positionierung und Alleinstellung nichts zu tun.

> Es ist immer intelligenter, mit einem unwiderstehlichen Nutzen den Jagdtrieb seiner Zielgruppe zu steigern, als selbst Jäger zu sein.

Verzahnen Sie alle Bausteine mit der Leidens-Zielgruppe

Eine Alleinstellung oder Innovation führt nicht automatisch dazu, dass sich Ihre Zielgruppe von ihren Produkten oder Dienstleistungen angezogen fühlt. Das Prinzip funktioniert nur dann, wenn Sie einen klaren Nutzen in Verbindung mit einer hohen Kompetenz-Zuweisung kommunizieren können. Je unwiderstehlicher der Nutzen und je glaubwürdiger die Kompetenz-Zuweisung, desto besser funktionieren diese Kräfte. Erst wenn Sie sich sicher sind, dass Ihr Angebot das leisten kann, beginnen Sie damit, Ihr Unternehmen und Ihr Angebot, Ihr Denken und Handeln, Ihre Organisation, ihre Prozesse und Ihre eigenen Ziele auf Ihre Leidens-Zielgruppe auszurichten.

Ihre Kooperationspotenziale

Bevor Sie im Energie-Resonanz-Prüfstand Ihre Idee auf den Kopf stellen, müssen Sie noch ein wichtiges externes Energie-Potenzial definieren: die möglichen Kooperationspartner. Bei Kooperationen geht es darum, Partner zu finden, mit deren Kompetenz Sie den Nutzen für Ihre Zielgruppe verbessern und erweitern können. Durch eine Kooperation mit anderen Unternehmen, die sich auf ein

Thema spezialisiert haben, lassen sich qualitativ höherwertige Leistungen, ein klarer Mehrwert und ein neues Angebot oft einfacher kreieren. Deshalb kann es sinnvoll sein, nach geeigneten Partnern Ausschau zu halten. Gemeinsam mit anderen Spezialisten steigt Ihre Kompetenz-Zuweisung, Mit der Verteilung der Verantwortlichkeiten lässt sich das Risiko deutlich minimieren. Achten Sie dabei bitte darauf, dass es komplementäre Partner sind, die nicht das Gleiche machen wie Sie. Partner mit gleichen Fähigkeiten und Kompetenzen können schnell zu Wettbewerbern werden. Listen Sie jetzt alle Spezialisten auf: Wer könnte Ihr Angebot noch attraktiver machen? Wer bietet ergänzende Produkte? Mit wem kooperieren Sie momentan? Bewerten Sie die Kooperationspartner noch nicht. Wichtig ist zu wissen, dass in Zukunft vieles möglich ist, auch wenn die Kompetenz nicht im Hause vorhanden ist.

Stellen Sie jetzt Ihre neue Positionierung auf den Prüfstand

Der Energie-Resonanz-Prüfstand berücksichtigt bis zu 60 verschiedene Fragen, auf die Sie eine Antwort finden sollten. Alle Fragen um den Energie-Resonanz-Prüfstand hier zu beschreiben, würde den Rahmen des Buches sprengen. Das kompakte Wissen mit den Schlüsselfragen finden Sie deshalb in dem Energie-Resonanz-Navigator, der zu diesem Buch erscheint. Dort lernen Sie auch, wie Sie einen Prozess moderieren und in den Köpfen der Teilnehmer immer wieder neue Türen öffnen, die die Kreativität steigern. Ich habe Ihnen einige wesentliche und unentbehrliche Ansatzpunkte und Fragen in Kurzfassung zusammengestellt. Versuchen Sie diese Fragen so klar und präzise wie möglich zu beantworten. Vermeiden Sie Hilfserklärungen und unnötige Umschreibungen. Wenn Sie spontan keine Antwort oder Lösung finden, setzen Sie die Aufgabe auf die To-do-Liste für das spätere Projektmanagement. Beachten Sie bitte bei allen Fragen die Regeln der Nutzen-Kommunikation und bleiben Sie ein Impressionist. Vermeiden Sie Merkmalsbeschreibungen.

Die wichtigsten Fragen im Energie-Resonanz-Prüfstand

Ihre Leidenszielgruppe mit der höchsten Resonanzenergie

Für welche Leidens-Zielgruppe sind Sie ein besonderer Problem-löser? Beschreiben Sie die Zielgruppe und die mit bestimmenden Entscheiderebenen exakt mit ihren Problemen, Zielen und Wün-schen.

Welche dominierenden Gedanken haben eine hohe Energie?

Welche Probleme und Sorgen Ihrer Zielgruppe brennen besonders auf der Seele, faktisch und emotional? Was waren die Ursachen für die Probleme? Welche Wünsche und Ziele haben sich daraus entwi-ckelt? Welche Probleme, Vorbehalte und Wünsche haben die einzel-nen Mitentscheider-Ebenen?

Ihre bedarfsorientierten Alleinstellungs- und Innovationspotenziale

Welche bedarfsorientierten Lösungen haben Sie entwickelt? Be-schreiben Sie dazu den besonderen Nutzen. Welchen Erfolg kann Ihre Zielgruppe damit kurz-, mittel- und langfristig verbuchen?

Wie profitieren die Mitentscheider-Ebenen von Ihrem Angebot?

Beschreiben Sie die besonderen Vorteile für die einzelnen Mitent-scheider-Ebenen. Wie verändert sich positiv deren Alltag? Welche Macht haben die Mitentscheider-Ebenen?

Persönliche Erfolge und Lebensstil

Beschreiben Sie, wie sich das Leben der Zielgruppe in Zukunft positiv verändern wird, wenn sie sich für Ihr Unternehmen bzw. Ihr Angebot entscheidet.

Auf welcher Spezialisierung basiert Ihre zukünftige Leuchtturm-Positionierung?

Welcher Schwerpunkt der Innovationsmöglichkeiten und Alleinstellungspotentiale kann zu einer Leuchtturmfunktion und damit zu einer Spezialisierung führen, mit der Sie die Nr. 1 im Kopf Ihrer Leidens-Zielgruppe und Branche werden? Unter welchem Positionierungsdach hätte Ihre Idee den größten Erfolg? Welchen Stellenwert und welche Abgrenzung hat Ihr Unternehmen dann gegenüber allen Wettbewerbern?

Feindbild- und Spätfolgeszenarien

Beschreiben Sie die Polarität zwischen den bisherigen Lösungen und Ihrer neuen Lösung. Welche negativen Auswirkungen haben die Angebote oder bisherigen Lösungen Ihrer Wettbewerber? Welche Spätfolgen könnten daraus entstehen? Aus den Schwächen der Mitbewerber ergeben sich neue Ansätze für die Kommunikation. Mit dieser Strategie sollten Sie nach außen sehr behutsam umgehen. Im Kapitel „Entzugsgespräche" gebe ich Ihnen Beispiele, wie Sie neutral und ohne Angriff die Auswirkungen transportieren können.

Der-Erste-von-Positionierung

Am besten und einfachsten gelingt eine Positionierung, wenn Sie der Erste sind, der gerade diese Position einnimmt. Dann haben Sie auch die größte Aufmerksamkeit in den Medien. Was ist die Neuigkeit an diesem Konzept – oder ist es sogar eine Weltneuheit?

Ihre Positionierung über Wissen

Mit welchem speziellen Wissen könnten Sie für Presse, Verbände, Interessensvertretungen oder Ihre Leidens-Zielgruppe ein interessanter Ansprechpartner werden? Wann werden sie den Kontakt zu Ihnen suchen?

Welches öffentliche Interesse löst Ihre neue Positionierung aus?

Beschreiben Sie den Nutzen für die Allgemeinheit, Wirtschaft oder Politik, wie zum Beispiel: Umweltschutz, Gesundheit, Arbeitsplätze etc.

Ihr besonderer Service

Welchen besonderen und zwingenden Service könnten Sie in Zukunft anbieten? Wie können Sie mit Ihrem Service den Wertschöpfungsprozess je Kunde verbessern? Achten Sie darauf, dass Sie nicht in eine Servicefalle laufen und alles gratis anbieten. Alles hat seinen Preis. Es kommt nur darauf an, wie Sie die Wertigkeit positionieren. Sammeln Sie nur Ideen und vermeiden Sie, hier schon über Kosten nachzudenken.

System und Systemabhängigkeit

Welche Leistungen können Sie zu einem neuen Mehrwert bzw. System kombinieren? Wie können Sie dadurch der Vergleichbarkeits- und der Preisaustauschbarkeitsfalle entgehen? Welche Voraussetzungen brauchen Sie, um eine Systemabhängigkeit zu schaffen? Beispiel: In einen Staubsauger passt nur ein bestimmter Schmutzfänger, den ein Kunde von Ihnen beziehen kann.

Kompetenz- und Marken-Energie

Welche Besonderheiten verbessern Ihre Kompetenz- und Marken-Energie? Analysieren Sie Ihre Besonderheiten in der Verarbeitung, Bearbeitung, Herkunft, Tradition, Technologie, bei Patenten etc.

Die Intel-inside-Positionierung

Welcher zusätzliche Nutzen, welche Zweitmarke könnte den Wert Ihres Produktes oder Ihrer Dienstleistung aufwerten oder Ihnen eine besondere Alleinstellung geben?

Die interne Kompetenz-Zuweisung

Was macht Ihr Unternehmen so besonders? Ihre Unternehmens-Vita, Know-how der Mitarbeiter, Experten, Systeme, Forschung und Entwicklung etc.

Die externe Kompetenz-Zuweisung

Welche externen Besonderheiten könnten Ihre Kompetenz-Zuweisung steigern? z. B. Co-Brandingstrategien, Kooperation mit externen Experten, ein Siegel oder eine Qualitätszuweisung, ein noch zu gründendes Institut oder eine meinungsführende Institution etc.

Wertschöpfung

Mit welchen zusätzlichen Angeboten könnten Sie die Wertschöpfung je Kunde und die Frequenz der Kundenanfragen erhöhen?

Domino-Effekt

Immer wenn eine Leistung komplex und schwierig zu verkaufen ist, können Sie diese Leistung in kleine Pakete schnüren und daraus Teilleistungen entwickeln. Welche Leistungen sind am besten geeignet, Hemmschwellen abzubauen?

Trojaner

Denken Sie an Ihre unverschämten Ziele: Sie wollen Neukunden zum Nulltarif oder dass Ihre Kunden Ihre Werbung bezahlen. Denken Sie an das Beispiel vom „Kleinen Muck" und dem Zaubermalbuch. Die potenziellen Zielgruppen- und Auftragsbesitzer sind in der Regel die idealen Partner, ihre Trojaner weiterzuempfehlen. Womit können Sie ein hohes Interesse bei Ihrer Zielgruppe auslösen? Was wäre ein idealer Trojaner mit einem hohen Nutzen für Ihre Zielgruppe, den Sie kostenlos oder gegen Entgelt anbieten könnten, ohne dass er als Werbung wahrgenommen wird? Sammeln Sie hier nur Ideen. Gehen Sie auch hier nicht in die Tiefe und versuchen den Trojaner in allen Einzelheiten zu beschreiben – sonst verzetteln Sie sich und verlieren den Roten Faden. In dem Energie-Resonanz-Navigator finden Sie weitere Ideen, Beispiele und Hinweise.

Passives Einkommen bzw. Flatrate

Wodurch könnten Sie ein monatliches oder jährliches passives Einkommen erreichen? Mit welchem Service, welcher Garantie, welchem Schutzbrief, welchem Upgrade-Modell etc.

Positionierung über Design, Key-Visual, Farben, Claim etc.

Kleider machen Leute, und Corporate Designs machen Unternehmen. Jede Begegnung mit dem Corporate Design eines Unternehmens kann zu einem positiven Erlebnis werden und die Identifikation mit diesem Unternehmen stärken. Es macht das Unternehmen optisch unverwechselbar, verbessert die Wiedererkennung und das Erinnerungsvermögen. Corporate Designs können die Kaufentscheidung bestätigen und helfen der Zielgruppe, ihr persönliches Image und ihr Selbstbild zu erweitern. Deswegen sollte jedes Unternehmen ein unverwechselbares Erscheinungsbild und einen stimmigen Auftritt haben. Dazu gehören: ein (gegebenenfalls neuer) sich selbst erklärender Markenname, die Dominanz und Farbkraft des Logos als Wort- oder Wort-Bild-Marke, der Markenschutz, Einheitlichkeit bei Layout, Typografie und Bildsprache auf allen Kommunikationsträgern. Das Corporate Design muss zu Ihrer Positionierung passen und dem Stellenwert Ihrer Angebote in allen Kommunikationsinstrumenten gerecht werden. In vielen meiner Praxisfällen musste eine Überarbeitung dieser elementaren Außendarstellung vorgenommen werden.

Auch der richtige Claim, mit dem Sie Ihre Alleinstellung zusammenfassen, ist ein wichtiger Bestandteil Ihrer Kommunikation. Wie muss eine Verpackung gestaltet sein, damit sie ihre Aufgabe als erfolgreicher Selbstverkäufer im Regal erfüllt? Wie sind die Positionierungsschwerpunkte zu ordnen? Wer kann hier professionell helfen? Es gibt viele Grafiker und Texter – nicht alle beherrschen die Spielregeln.

Hier empfehle ich gerne und mit einem guten Gefühl meine ehemalige Positionierungs-Grafikerin, mit der ich seit über 20 Jahren zusammen arbeite. Sie hat die harte Sawtschenko-Schule und alle Gedanken der Positionierungs-Strategien durchlebt. Sie hat in Workshops bei Kunden mit gearbeitet und war danach mit verantwortlich für die Umsetzung der gesamten Positionierung. Für mich gehört Sie heute zu den professionellsten Grafikern, die ich kenne und

293

deswegen auch immer wieder empfehle. Da Sie mittlerweile zwei Kinder hat, ist sie jetzt selbstständig und arbeitet im Home-Office: Frau Katja Tessier / www.tessier-grafik.de

Was wollen Sie nie mehr tun?

Listen Sie hier nochmals alles auf, was Sie in der Vergangenheit geärgert hat und was Sie in Zukunft nie mehr tun wollen. Berücksichtigen Sie auch Ihre persönlichen Werte und Ihre Lebensqualität.

Was werden Sie in Zukunft anders machen?

Überlegen Sie jetzt, wie Sie die alten Fallen vermeiden können und wie es auch anders gehen kann. Wenn Sie nicht sofort eine ideale Lösung finden, lassen Sie die Frage im Raum stehen und übertragen Sie die Aufgabe auf Ihre To-do-Liste im Multiprojektmanagement.

Wann würde Ihre Leidens-Zielgruppe Ihr Angebot auf keinen Fall annehmen?

Stellen Sie jetzt Ihre neue Positionierung noch einmal auf den kritischen Zielgruppen-Prüfstand. Was könnte Ihre Leidens-Zielgruppe jetzt noch davon abhalten, Ihr Angebot anzunehmen? Schauen Sie sich nochmals jede einzelne Aussage selbstkritisch an. Listen Sie alle möglichen Vorbehalte auf. Denken Sie daran: Der Markt verzeiht keine Fehler.

Wann würde Ihre Leidens-Zielgruppe Ihr Angebot auf jeden Fall annehmen?

Suchen Sie jetzt für jeden möglichen Vorbehalt eine Lösung und verdichten Sie die Energie-Resonanz-Positionierung Ihrer Idee.

Die Energie-Resonanz-Bewertung

Wenn Sie die wichtigen Fragen des Energie-Resonanz-Prüfstands, die ich Ihnen in Kurzfassung zusammengestellt habe, beantwortet haben, sollten Sie die vier Abschlussfragen schnell mit einem Ja, Nein oder einem Fragezeichen beantworten können. Bei einem eindeutigen Ja geht es nur noch darum, die notwendigen Arbeiten zu definieren. Bei einem leichten und unsicheren Nein oder Fragezeichen haben Sie möglicherweise irgendwann den Energiefaden verloren oder Ihnen fehlen noch Informationen. Wenn Sie Neuland betreten haben: Recherchieren Sie noch einmal. Bei einem klaren Nein müssten Sie die fehlende Energie bereits in der Erfolgs-Säule „Problem-Dominanz-Analyse" bemerkt und spätestens bei der „Leuchtturm-Positionierung" gespürt haben. Jetzt wissen Sie, dass Ihre Idee keine Sogwirkungsenergie im Markt auslösen wird. Der Energie-Resonanz-Prüfstand schafft als letzte Instanz Klarheit.

Beantworten Sie jetzt diese vier Fragen.

1. Bietet die Neu-Positionierung eine Alleinstellung?

Gehen Sie jetzt davon aus, dass alles, was als Impression auf den Charts steht, tatsächlich realisiert wird. Löst dann die neue Positionierung eine hohe Resonanz und Sogwirkungsenergie bei Ihrer Leidenszielgruppe aus? Vertrauen Sie jetzt Ihrem Bauch, Verstand und folgen Sie der Energie im Kopf Ihrer Zielgruppe.

2. Erreichen Sie mit der Neu-Positionierung mehr Wachstum?

Gehen Sie jetzt in Ihre unternehmerische Zukunft. Stellen Sie sich das Unternehmen in zwei bis fünf Jahren vor.

3. Hat Ihr neues Angebot ein mögliches Verfallsdatum?

Wenn ein Unternehmen technisch orientiert ist, muss auch der Lebenszyklus eines Produktes und einer neuen Technologie berücksichtigt werden. Der durchschnittliche Innovations- und Lebenszyklus in einer Branche liefert ihnen bereits wertvolle Hinweise.

295

4. Basiert die Positionierung auf einem Grundbedürfnis?

Dominierende Grundbedürfnisse sind solche, die eine hohe Wichtigkeit haben und vordringlich befriedigt werden. Dazu gehören Unterkunft, Nahrung, Kleidung, Schutz vor Gefahren, Energie, Trinkwasser, saubere Luft, Schlaf, Wärme, soziale Beziehungen etc., um einige zu nennen. Danach folgen alle weiteren Bedürfnisse, die in einer Krise aber nicht überlebenswichtig sind und auf die jeder vorübergehend oder im Notfall ganz verzichten kann. Diese Frage soll den Worst Case durch eine Wirtschaftskrise, starken Wettbewerb, Preiskampf durch Billigländer oder Branchenunruhen berücksichtigen. Auch neue technologische Entwicklungen und absehbare Veränderungen können zu einer Veränderung der Rahmenbedingungen führen. Hier geht es darum, eine hohe Sensibilität für bedrohliche Entwicklungen zu schaffen. Denn nichts bleibt, wie es ist, und alles kann sich verändern. Wichtig ist, dass wir vorbereitet sind.

Die Risiken einer Zielgruppen- und Branchenorientierung

Eine Zielgruppenorientierung kann auch in eine gefährliche Falle führen. Deswegen muss am Ende eines Positionierungsprozesses immer die Frage nach den Risiken hinter der Neupositionierung, der Zielgruppe und Branchenabhängigkeit genauer betrachtet werden.

Die Wirtschaftskrise hat vielen Unternehmen bewusst gemacht, dass sie es versäumt hatten, sich darüber Gedanken zu machen. Unternehmen, die sich zum Beispiel nur auf die Automobilindustrie konzentriert hatten, kämpften in der Krise um ihre Existenz oder mussten schließen. Unternehmen, die mit Ihrer Kernkompetenz auch andere Branchen belieferten, hatten eine gute Überlebenschance. Die wichtigste Frage am Ende ist immer: Wie hoch ist das permanente Grundbedürfnis im Extremfall hinter der Positionierung? Essen, Trinken und Sicherheit haben bei den Menschen immer die höchste Priorität. Alles was danach kommt, unterliegt, je nach Zielgruppe, einer ganz persönlichen Priorität. Zum Beispiel hatten viele Vortragsredner, Berater und Trainer nach dem 11. September 2001 zum Teil monatelang keinen Auftrag, da ihr Schwerpunkt ein „Nice-to-have"-Thema war. Dagegen haben Berater oder Gesellschaften, die sich auf Krisenintervention spezialisieren, normalerweise immer zu tun. Unternehmenskrisen gibt es immer, in einer Finanz- und Wirtschaftskrise boomt ihr Markt. Gleichgültig wie groß oder klein Ihre Firma ist: Spielen Sie immer wieder den schlimmsten Fall durch. In welcher Situation kann und wird man auf jeden Fall auf Ihr Angebot verzichten können? Dabei sollten Sie auch die globale Wirtschaft nicht aus den Augen verlieren.

Der letzte Prüfstand vor der Markteinführung

Ich habe bereits mehrmals darauf hingewiesen: Während des gesamten Positionierungsprozesses sollten Sie nicht über irgend welche Vermarktungsstrategien nachdenken. Im Veredelungsprozess ist aus der Positionierung eine konkret beschriebene und marktreife Alleinstellung bzw. Innovation entstanden. Bis dahin sind oft neue Erkenntnisse und Prioritäten hinzu gekommen und Erstgedanken verworfen worden. Oftmals entwickelt sich dadurch eine noch bessere und schärfere Positionierung. Jetzt loszulegen und darauf zu hoffen, dass alles funktioniert, wäre leichtsinnig. Wenn sich durch die Recherchen und neuen Erkenntnisse oder durch eine längere Entwicklungsphase bis zu Marktreife die Positionierung verbessert oder verändert hat, empfehle ich Ihnen sicherheitshalber den gesamten Positionierungsprozess noch einmal kurz zu durchlaufen und am Ende noch einmal alles auf den Energie-Resonanz-Prüfstand zu stellen.

Der Zielgruppen-Resonanz-Test

Wenn Sie unsicher sind und vorsichtshalber ihre Zielgruppe befragen wollen, dann laufen sie nicht in die nächste Falle: Fragen Sie in Ihrer Zielgruppe nicht danach, was sie von Ihrer Idee hält. Starten

Sie auf keinen Fall Marktumfrage. Ich empfehle den folgenden Weg: Stellen Sie persönlich einigen ausgewählten Personen Ihrer Zielgruppe die neue Positionierung so vor, als wäre sie bereits im Markt eingeführt – und achten sie auf die Reaktion. Jetzt können Sie die Nutzengespräche und die Kompetenz-Zuweisung testen. Geben Sie dabei nicht Ihre neuen Weisheiten weiter, sondern achten Sie nur darauf, welchen Vorteil der Kunde für sich sieht, wenn er das Angebot annimmt. Wenn er am Ende von dem Angebot nicht überzeugt ist, fragen sie nach, unter welchen Bedingungen er es auf jeden Fall annehmen würde. Aber vorsichtig: Sie sollten wissen, wie Sie Scheinargumente erkennen und sie hinterfragen, bis Sie ehrliche Antworten erhalten.

Das Multiprojektmanagement

Das Multiprojektmanagement ist meist die Phase, die die höchste Energie bei den Workshop-Teilnehmern freisetzt. Denn erst jetzt löst sich der Rest der Verwirrung auf. Die Neugeburt eines Unternehmens, eines Geschäftsfeldes, einer Dienstleistung oder eines Produktes mit allen notwendigen Aufgaben ist für die meisten eine komplett neue Herausforderung. Sie merken, dass alles, was Sie bisher erarbeitet haben, sich konkretisiert. Es werden Aufgaben definiert, die Verantwortlichen benannt und Termine vereinbart. Während dieser Phase muss eine verbindliche To-do-Liste für alle Beteiligten erstellt werden. Sie wissen ja: Die praktische Arbeit an der Neupositionierung Ihres Unternehmens beginnt erst nach dem Workshop! Es zeigt sich hier ganz konkret, wo die Treiber der Neupositionierung sitzen und wo die Bremser. Es melden sich auf einmal Menschen, die vorher nichts von Überstunden hielten und jetzt sogar bereit sind, länger oder am Wochenende zu arbeiten. Andere ziehen sich zurück, weil sie entweder die Chancen des Vorhabens noch nicht verstanden oder für sich eine starke Komfortzone aufgebaut haben, die sie durch die Neuorientierung gefährdet sehen. Die Reaktionen der Teilnehmer sind immer spannend. Aus ihnen können Sie die motiviertesten Mitarbeiter erkennen, die die Realisierung unbedingt begleiten wollen. Viele sehen für sich darin eine große Chance, mehr zu lernen, sich eine höhere Kompetenz zu erarbeiten und ihren eigenen Marktwert zu steigern.

Es ist das Handeln, das jedem Erfolg vorausgeht

Nach einem Workshop sollte innerhalb von 72 Stunden mit der Umsetzung der erarbeiteten Strategie begonnen werden. Sonst frisst der Alltag alle guten Vorsätze unweigerlich auf. Die erste Aufgabe: Ein Teilnehmer erfasst elektronisch alle Informationen, die während des Workshops auf den Charts zusammengetragen wurden, am besten als Word-Dokument. Es ist das Drehbuch für die Zukunft des Unternehmens. Ich empfehle dringend, dass dies vom Projektverantwortlichen oder Unternehmer persönlich erledigt wird. Denn dadurch wiederholen sich bei ihm im Kopf alle Gedanken, die während des Workshops geäußert wurden. Das hilft, eventuell noch Verwirrendes zu vertiefen und zu verdeutlichen. Der Verantwortliche kann Fehlendes ergänzen, neue Erkenntnisse einfügen und Klarheit schaffen. Zusätzlich sollten alle Teilnehmer innerhalb von 72 Stunden auf ein bis zwei Seiten ihre eigene Zusammenfassung der erarbeiteten Positionierung fixieren. Hierin erkennt der Unternehmer auch, wer strategisch denken und die neue Positionierung auf den Punkt bringen kann. Am Ende werden alle Aussagen zu einem Strategiepapier zusammengefasst. Warum dieser Prozess so wichtig ist und warum er sehr viel über die Fähigkeiten und Potenziale ihrer Teilnehmer aussagt, erkläre ich ausführlich in dem Energie-Resonanz-Navigator.

> Ein Investor, der den Wert Ihrer Idee und den Weg zum Ziel nicht nachvollziehen kann, bleibt gerne auf seinem Geld sitzen.

Mit dem Multiprojektmanagement wird eine Phase gestartet, die unterschiedlich lange dauern kann. Jürgen Dawo, der Gründer von Town & Country, hat zum Beispiel sofort begonnen und eine beeindruckende Geschwindigkeit vorgelegt. Das einzige, was ihn ein wenig gebremst hat, waren die gesetzlichen Vorgaben zur Gründung einer Stiftung und die dafür erforderlichen Genehmigungen. Aber nach einem guten halben Jahr hatte er die Neupositionierung und die wichtigsten Bausteine umgesetzt. Kommuniziert hatte er das Projekt bereits vorher. Denn er wollte schnell das Signal an seine Franchisepartner weitergeben. Das lautete: Wir haben die Kunden verstanden. Sysmat schaffte es innerhalb von 14 Tagen, die Aufmerksamkeit auf sich zu lenken. Aber dort waren die Weltneuheiten im Unternehmen bereits komplett vorhanden. Sie mussten bloß herausgearbeitet und kommuniziert werden.

Die Energie-Resonanz-Werkstatt

Ständige Marktveränderungen, Globalisierung, Rationalisierungen, Preisdruck durch aggressive Wettbewerber und hohe Kundenerwartungen sind nur einige Ursachen, die in der heutigen Zeit zur Komplexität der Unternehmensführung beitragen. Um die stetig steigenden Herausforderungen zu meistern, genügt es nicht mehr, sich nur kurzfristig mit seiner Positionierung zu beschäftigen. Um den Fortbestand Ihres Unternehmens zu sichern und die Weichen für eine erfolgreiche Zukunft zu stellen, müssen Sie permanent an Ihrer Positionierung arbeiten. Damit sie sich voll und ganz darauf konzentrieren können, empfehle ich ihnen, einen eigenen Raum einzurichten – die Energie-Resonanz-Werkstatt. In diesem Raum arbeiten Sie nur an Ihrem Unternehmen. Denn: In Büros, in denen das operative Tagesgeschäft abläuft, werden die Ideen und die positiven Energien aus dem Workshop schnell von den aktuellen Problemen überschattet. Wichtig ist auch, dass sich alle Teilnehmer regelmäßig treffen, um konsequent an der Positionierung zu feilen. Der Energie-Resonanz-Navigator enthält wichtige Hinweise, wie Sie eine Energie-Resonanz-Werkstatt einrichten.

Die Werkstatt als strategisches Zentrum

Besonders vorbildlich bei der Umsetzung ihrer Positionierung ist die Firma Schönherr GmbH in Seevetal. Das Spezial-Versandhaus zeichnet sich durch innovative Produkte für professionelles Organisieren, Präsentieren, Verkaufen und originale Geschenkideen für wirkungsvolle Kundenbindungs-Strategien aus. In den Katalogen oder im Online-Shop *www.schoenherr.de* findet man nur Artikel, die dem hohen Anspruch an beste Qualität, durchdachten Gebrauchsnutzen und formschönes Design gerecht werden. Nach unserem viertägigen Workshop räumte der Geschäftsführer Reiner Kreutzmann einen großen Raum aus und richtete dort eine professionelle Energie-Resonanz-Werkstatt ein. Da er alle nötigen Einrichtungs-Tools selbst verkauft, entstand eine moderne Strategiewerkstatt mit Plantafeln, mobilen Magnet-Stellwänden und allem, was das Herz begehrt. Die Energie-Resonanz-Werkstatt ist zum strategischen Zentrum der Schönherr GmbH geworden. Ob Analyse der aktuellen Geschäftslage, Visualisierung von Zahlen, Reaktionen im Markt, Erfassung der weichen und harten Faktoren, Controlling, Planung von Projekten, Optimierung von Prozessen oder Ableitung von strategischen Maßnahmen: Alles läuft hier für alle sichtbar zusammen.

Schönherr GmbH in Seevetal

Seien sie jeden Tag ein Anfänger!

Herr Kreutzmann ist ein sehr belesener, strukturierter und erfolgreicher Unternehmer. Wenn ich mit ihm telefoniere, lege ich immer mehrere Blatt Papier bereit. Sein Wissen über das Managen von komplexen Systemen und die künftigen Herausforderungen für Unternehmen ist stets eine Lehrstunde auf höchstem Niveau. Als ich mit ihm darüber sprach, dass viele Inhaber Aufgaben vor sich her schieben, erklärte er mir, dass es für ihn drei wichtige Dinge gebe: „Erstens anfangen, zweitens anfangen und drittes anfangen – seien sie jeden Tag ein Anfänger!" Zahlreiche Unternehmer planen alles bis zur Perfektion. Sie kommen aber nie zum Handeln, ge-

schweige denn zum Ziel, weil sie nicht anfangen, ihre Pläne umzusetzen. Als ich Herrn Kreutzmann fragte, weshalb sich Unternehmer
seiner Meinung nach oft erst in der Krise mit dem Thema Strategie
und Positionierung beschäftigen, sagte er mir: „Unternehmer sitzen
in der Autofalle! Sie geben mehr Geld für ihre Autos aus als für ihre
Weiterbildung. Bekanntlich hat jeder Mensch nur zwei Möglichkeiten – den Weg der Erkenntnis zu gehen oder den Weg des Leidens.
Die Entscheidung liegt bei jedem selbst!"

> **Der Mann, der den Berg abtrug, war derselbe, der
> anfing, die kleinen Steine wegzutragen.**
> *Chinesisches Sprichwort*

Anfangen, immer wieder die nächsten Probleme lösen – und weitermachen

Nach einem Workshop fängt die Arbeit erst an. Je komplexer das
Ergebnis, desto größer ist die Gefahr, dass Sie sich verzetteln, Aufgaben verschieben oder abbrechen wollen. Auch das ist ein ganz nor-
maler Prozess, den die meisten durchstehen müssen. Wichtig ist nur,
dass Sie selbst immer wieder eine Verbindlichkeit einfordern. Was zu
einer Verwirrung beitragen kann, ist das Zusammentragen von Informationen. In mehr als 80 Prozent aller Unternehmen, mit denen
ich zusammen arbeite, muss erst einmal sehr viel recherchiert werden. Besonders wenn Sie einen jungfräulichen Markt betreten, müssen Sie sich sehr schnell hinein arbeiten und das Wichtige vom Un-
wichtigen trennen. Sie stoßen immer wieder auf neue Erkenntnisse,
weitere Informationen kommen hinzu – viele bleiben dabei in interessanten Themen hängen, die für das Projekt selbst irrelevant sind.
Manchmal entdecken Sie aber auch, dass die Positionierungsidee
bereits von anderen belegt ist oder teilweise auf deren Agenda steht.
Hier müssen Sie schnell lernen, die Seriosität von Informationen
einzuschätzen und die Schwachstellen zu erkennen. Es ist immer
wieder überraschend, wie grottenschlecht ein Wettbewerber die Idee
umgesetzt hat. Die Recherche ist oft eine Wissens-Safari. Dabei

kommt es immer wieder darauf an, weiter zu arbeiten, die nächsten Probleme zu lösen, Erkenntnisse zuzuordnen und weiter zu machen.

In dem nächsten Beispiel spricht ein Unternehmer ganz offen über die Probleme in dieser Phase und möchte damit allen Mut machen. Ein Unternehmen zu gründen und erfolgreich aufzubauen, ist bereits ein enormer Akt. In einem immer härter werdenden Wettbewerb eine neue Nische zu finden und sie neben dem Hauptgeschäft umzusetzen, neue Dinge zu lernen und Mitarbeiter ins Boot zu ziehen, erfordert sehr viel Engagement und Veränderungsbereitschaft. Wenn Sie jedoch wissen, dass Sie am Ende Ihren Wettbewerbern einen großen Schritt voraus sein werden, sollten Sie den Weg als Ziel sehen.

> Wer nicht neue und ertragsreichere Samen sät, wird nur die magere Ernte des letzten Jahres einfahren.

Die Energie-Resonanz öffnet neue Märkte

Auch bei der Meyer Ingenieure GmbH konnte sich zu Beginn des Workshops keiner vorstellen, dass wir in einem überaus konservativen, reglementierten Marktumfeld mit Ausschreibungsvorgaben der kommunalen Auftraggeber überhaupt eine Neupositionierung finden würden. Obwohl es sehr wenig Spielraum für neue Ideen gab, haben wir mit dem Energiefaktor eine völlig neue Nische gefunden. Das Besondere daran ist, dass die neue Dienstleistung in kein Ausschreibungsformat passt und bisher niemand sonst diese besonderen Einsparungsmöglichkeiten anbieten kann. Mit der neuen Dienstleistung können Gemeinden Millionen Euro an Kosten und Folgekosten für die Sanierung von Gas-, Wasser- und Abwassersystemen sowie von Straßen einsparen. Auf dem Weg zur Innovationsreife musste das Unternehmen viele Hürden meistern. Deswegen habe ich Ihnen das Referenzschreiben nach dem Workshop und das Feedback nach zwei Jahren angehängt.

Meyer Ingenieure GmbH

Die Erwartungen an den Workshop waren durch die Lektüre Ihres Buches sowie die Referenzen auf Ihrer Homepage sehr hoch. Nach unserer dreitägigen Zusammenarbeit können wir sagen, dass unsere Erwartungen deutlich übertroffen wurden. Sie haben es geschafft, Dinge, die in unseren Köpfen und in unserem Unternehmen bereits vorhanden waren, herauszuarbeiten und völlig neu zu verknüpfen. So ist es nicht nur einmal passiert, dass durch eines der vielen Praxis-Beispiele ein echter Geistesblitz hervorgerufen wurde. Allein die Vielzahl der Möglichkeiten war schon beeindruckend. Das daraus resultierende Gesamtergebnis war teilweise verblüffend einfach, aber doch ganz anders, als wir es erwartet hatten. In dieser kurzen Zeit haben wir so viel gelernt wie seit Jahren nicht mehr. Sehr hilfreich war auch Ihr konsequentes Eingreifen, wenn wir uns mal wieder zu tief in technische Lösungen vergruben. In diesen Situationen haben Sie uns immer wieder auf das Wesentliche zurückgebracht. Für Ihre interessante, intensive und immer wieder auch sehr humorvolle Gestaltung des Workshops möchten wir Ihnen ganz herzlich danken. Sie haben für die Zukunft unseres Unternehmens sehr viel erreicht."

Mark und Michael Mayer (www.mayer-ingenieure.de)

Der steinige Weg im Umsetzungsprozess

Manchmal erfordert es intensive Arbeit, bis die Ideen realisiert sind. Wie bei der Firma Mayer Ingenieure ist zwar das Ziel klar, aber es folgen viele Lernprozesse und neue Sichtweisen. Ein Rückblick von Mark und Michael Mayer:

„Nach dem Workshop mit Herrn Sawtschenko bekamen wir durch seine Anleitung eine ganz neue Sichtweise auf die Dinge. Wir haben eine sehr gute neue Positionierung mit einer klaren Zielgruppe herausgearbeitet. Unsere Begeisterung war grenzenlos. Dann ging's los ... Wir haben gemäß unserer Positionierung festgestellt, dass wir ein paar Dienstleistungen zu viel im Portfolio hatten und andere fehlten. Wir machten uns zunächst daran, mit Kunden und einem Partner in diesen Bereichen die fehlenden Leistungen zu entwickeln. Das hat gedauert. Erst fehlten Daten, dann das Know-how. Dadurch wurden diese Projekte immer länger und zäher. In diesen Entwicklungsarbeiten verloren wir dann kurzfristig das große Ziel aus den Augen. Wir waren ja im KleinKlein der Projektebene verstrickt.

Deshalb wandelte sich nach und nach die große Begeisterung in latente Frustration. Wir verloren das große Ziel aus den Augen. Zusätzlich kamen dann noch die Schmerzen beim Loslassen von nicht mehr benötigten Dienstleistungen. Hier muss man über seinen Schatten springen. Sonst kommt man aus dem Bauchladenthema nicht heraus. Und dass dies auch von uns selbst akzeptiert wurde, dies benötigte auch etwas Zeit.

Herr Sawtschenko hat es sich zur Angewohnheit gemacht, in unregelmäßigen Abständen bei uns anzurufen und nachzufragen, wie wir denn vorwärts kämen. Am Anfang war noch alles in Ordnung. Mit der Zeit hat er von uns jedoch immer wieder denselben Schmonzes gehört. Ich nehme an, dass Ihm dies missfallen hat ;-). Daraufhin hat er uns eine mit der Positionierung sehr versierte Texterin mit hohem Durchsetzungsvermögen empfohlen, mit deren Hilfe wir unsere erarbeiteten Erkenntnisse der Positionierung sauber schriftlich fixieren konnten.

Als wir uns dann wieder ganz intensiv mit Kundensicht und Kundennutzen auseinandersetzen mussten, haben sich viele Knoten im Hirn und alte Glaubenssätze aufgelöst … Es kam die alte Begeisterung wieder zurück. Wir haben es dann geschafft, die im Workshop erarbeitete Positionierung endlich so umzusetzen, dass die erforderlichen Leistungen sinnvoll ineinander greifen und dass das Konzept für unsere Zielgruppe schnell begreifbar wird. Wir haben heute eine klare Alleinstellung, die wir Stück für Stück ausbauen. Wir optimieren Prozesse, Techniken und Finanzen bei der Sanierung im Tief- und Straßenbau. Dabei sparen wir unseren Kunden 20 bis 40 Prozent an Kosten. Bereits in den ersten Pilotprojekten konnten wir den Erfolg nachweisen. Eine unserer Kommunen gewann dadurch im Nachhaltigkeitswettbewerb den ersten Platz. Ausgezeichnet wurde sie für die ökologische Tragfähigkeit der Kanalsanierungsstrategie und den Grundwasserschutz. Trotzdem konnten ihre Gebühren stabil gehalten werden. Drei Jahre nach unserer Zusammenarbeit hat sich die Anzahl der Mitarbeiter nahezu verdoppelt, so dass wir in der Zwischenzeit anbauen mussten."

> **Eine erfolgreiche Neupositionierung muss am Ende so einfach sein, dass sie in 10-Punkt-Schrift auf die Rückseite einer Visitenkarte passt.**

Normalerweise schaffen alle von mir betreuten Unternehmen das Multiprojektmanagement in der operativen Phase aus eigener Kraft. Einer, der in diesem Bereich besonders viel Erfahrung hat, ist Rüdiger Bruns, der anfangs erwähnte Geschäftsführer von Askus. Vertiefendes Wissen und mehr Know-how zum Multiprojektmanagement erklärt Ihnen Rüdiger Bruns in dem Energie-Resonanz-Navigator, der zu diesem Buch erscheint.

Warum Innovationen scheitern und traditionelle Bewertungstools versagen

Nicht selten sind es hausgemachte Probleme, die Innovationen bremsen. An Ideen für Neues herrscht kein Mangel. Das erlebe ich immer wieder in der Zusammenarbeit mit Unternehmen. Der Grund für ein Scheitern liegt oft an dem mangelnden Wissen, wie Ideen – vom ersten Gedanken bis zur Markteinführung – vollständig durchgespielt werden können, um zu einer sicheren Entscheidungsgrundlage zu kommen. Studien und Umfragen zeigen, dass viele Betriebe einen Großteil ihrer Innovationsressourcen in Projekte stecken, die nie zur Marktreife gelangen oder sich schon bald nach ihrer Einführung als Fehlschlag erweisen. Gleichzeitig werden die echten „Big Ideas" oft schon im Keim erstickt. Bei einer Studie des Instituts für angewandte Innovationsforschung e.V. in Bochum gaben knapp die Hälfte der Innovationsexperten an, dass auch in ihren Unternehmen aussichtsreiche Ideen schlecht bewertet, verzögert umgesetzt oder ganz aussortiert werden. Der große Fehler: Meist werden Ideen viel zu früh beurteilt, falsch eingeschätzt und dann abgeschmettert.

Die Floprate von Innovationen ist seit 15 Jahren gleich hoch – trotz ausgiebiger Bemühungen, die Bewertungskriterien zu professionalisieren und effektive Kontrollsysteme aufzubauen. Um Fehler bei der Einschätzung der Erfolgsaussichten zu vermeiden, gibt es Unmengen von Bewertungstools, Innovationschecklisten, Vor-und-Nachteil-Bilanzmethoden oder Nutzen- und Portfolio-Analysen. Doch auch sie können nichts an der gigantischen Rate ändern. Die traditionellen Instrumente zur Bewertung von Innovationen und Geschäftsideen reichen schlicht und ergreifend nicht aus. Hinzu kommt: Wer nicht bedarfsorientiert innoviert, sondern Ideen im Elfenbeinturm entwickelt, wird es immer sehr schwer haben. Das können Sie sehr gut an der Entwicklung im so genannten „Neuen Markt" sehen. Auf die große Euphorie folgte das blanke Entsetzen, viele Investorenträume zerplatzen wie Seifenblasen. So mancher Anleger und Banker musste sich eingestehen, dass er die Risiken und den tatsächlichen Wert einer Geschäftsidee völlig falsch eingeschätzt hatte. Wenn Sie bedenken, wie viel Zeit, Geld und Energie Unternehmen in ihre Innovationen stecken und wie viele Milliarden jährlich durch missglückte Ideen vernichtet werden, ist das Ergebnis erschreckend.

Viele Innovationen scheitern an der Angst vor Fehlentscheidungen

Wenn es um Innovationen geht, igeln sich viele Verantwortliche ganz schnell ein. Frühere Fehlversuche und Niederlagen lösen bei ihnen eine gedankliche Kettenreaktion aus: Was passiert, wenn das Produkt im Markt nicht angenommen wird? Wer soll das Vorhaben umsetzen? Wie wollen wir das finanzieren? Wie stehe ich da, wenn es schon wieder ein Flop wird? Die Angst vor weiteren Fehlentscheidungen führt zu immer mehr Zurückhaltung und letztlich auf Innovationsverzicht. Diese Negativspirale hat in den vergangenen Jahren die Wettbewerbsfähigkeit vieler Unternehmen sinken lassen. Lieber hoffen sie, dass alles von selbst wie früher oder anders wird, und bleiben beim Bekannten: Sie sichern erst einmal das kurzfristige Überleben und die Liquidität der Firma.

> „Die meisten Managementfehler werden in der Erfolgsphase gemacht. Klassisch ist die materialistische Betriebslehre, mit den egozentrischen Gewinnmaximierungsstrategien."
> *Bruno Saftschek, Christian Seemann Clienting GmbH*

Innovationsverhinderer Marktforschung

In den vergangenen Jahren hat die Suche nach zusätzlichen Entscheidungshilfen in Sachen Innovationen einen regelrechten Marktforschungsboom ausgelöst. Doch auch diese Hoffnungsfalle konnte die Erfolgsquoten nicht in die Höhe treiben. Analysen des Instituts für angewandte Innovationsforschung e.V. in Bochum haben ergeben, dass die Leistungsfähigkeit von Marktforschungsinstrumenten häufig überschätzt wird. Überdies ist der Marktforschungsaktionismus in vielen Unternehmen zum Alibi geworden. Man versichert sich selbst, alles Menschenmögliche getan zu haben, um erfolgreiche Innovationen zu finden oder Ideen zu bewerten. Ich habe in meiner Laufbahn viele Marktforschungsberichte gelesen. Keine dieser Studien konnte meinen Kunden nachhaltige Handlungsempfehlungen geben. Im Gegenteil: Oft wurde die Unsicherheit durch eine Marktstudie sogar vergrößert. Hier drängt sich mir der Verdacht auf, dass schon das Anforderungsprofil zu den Marktstudien falsch angelegt ist, sodass die Erwartungen der Kunden gar nicht erfüllt werden können.

Wer experimentiert, erhöht klar sein Risiko.

Du musst mehr Geld haben als Fehler kosten Überall hören und lesen wir die Appelle, anders und quer zu denken, die Regeln zu brechen und Mut zu Veränderungen zu haben. Raus aus der Vergleichbarkeit, endlich Schluss mit Mittelmäßigkeit und nach dem Versuch- und Irrtum-Prinzip wird empfohlen, zu experimentieren und immer neue Geschäfts- und Produktideen auszuprobieren. Als strahlende Beispiele werden Unternehmen angeführt, die eine Nische erkannt und erfolgreich besetzt haben. Angesichts ungewisser Zukunftsperspektiven, hartem Wettbewerb, massiven Preisschlachten und rasanten Veränderungen träumt jeder davon, diese Erfolgsgeschichten nachzuahmen. Alles ist leicht gesagt.

Ja, wir müssen innovieren, um uns den veränderten Märkten schneller anpassen zu können als die Wettbewerber. Ja, wir müssen die Chancen der Zukunft frühzeitig erkennen – allerdings ohne, dass wir ein zu hohes Risiko eingehen. Risiken sollten bereit in der Ideenphase überschaubar und jederzeit kontrollierbar sein. Mit Blick auf die knappe Liquiditätsdecke vieler KMUs und die vielen teuren

Flops ist der Ruf nach Neuerungen durch Versuch und Irrtum immer eine extrem gefährliche Botschaft und Experiment. Viel zu viele Unternehmen stecken so viel zu viel Geld in die Suche nach der ultimativen Geschäftsidee oder Innovation. Am Ende hat es sie viel Lehrgeld gekostet und sie stehen nicht nur mit leeren Händen, sondern auch mit leeren Kassen da. Risiken werden bereits dadurch reduziert, dass wir nicht versuchen im Elfenbeinturm wahllos nach Ideen zu suchen. Probleme, Ziele und Wünsche sind keine Mangelware und nehmen ständig zu. Sie sind die Innovationsplantagen der Wirtschaft und die Schatztruhe eines jeden Unternehmens.

Wichtige Tipps und Denkanstöße zur Energiequelle

Energie-Resonanz-Prüfstand

- Der Energie-Resonanz-Prüfstand hilft Ihnen, die Komplexität aller Informationen auf die wichtigsten Erfolgsfaktoren zu reduzieren und die Energie dahinter zu bewerten.

- Der Prüfstand ist auch ein Veredelungsprozess, der die Energie-Resonanz-Dichte und die Anziehungskraft im Markt verbessern kann.

- Berufen Sie eine fiktive Pressekonferenz ein und stellen Sie Ihre Idee kritischen Experten, Journalisten, potenziellen Zielgruppen- und Auftragsbesitzern und der zukünftigen Zielgruppe vor.

- Erstellen Sie ein Multiprojektmanagement. Beschreiben Sie die notwendigen Arbeitspakete und Meilensteine, setzen Sie Termine und Verantwortliche auf eine To-Do-Liste.

- Gehen Sie am Ende jedes einzelne unverschämte Ziel, das Sie zu Beginn definiert haben, durch und bewerten Sie, ob Sie das Ziel erreichen können, wenn alle Schritte aus dem Projektmanagement umgesetzt sind.

- Fangen Sie innerhalb von 72 Stunden nach dem Workshop mit der Umsetzung an. Sonst frisst der Alltag alle guten Vorsätze unweigerlich auf.

- Wenn während der Entwicklungszeit neue Erkenntnisse hinzukamen, stellen Sie vor dem Markteintritt unbedingt alles noch einmal auf den Energie-Resonanz-Prüfstand.

- Analysieren Sie alle Bereiche, in denen Sie die größten Widerstände für Veränderungen sehen. Hinterfragen Sie auch, ob diese Bereiche vielleicht ein Gefängnis im Kopf sind.

- Denken Sie immer daran: Es ist intelligenter, mit einem unwiderstehlichen Nutzen den Jagdtrieb seiner Zielgruppe zu steigern, als selbst Jäger auszusenden.

An welchen Stellschrauben aus der Energiequelle „Energie-Resonanz-Prüfstand" müssen Sie noch arbeiten? Was wollen Sie in der Zukunft konkret verändern. Listen Sie hier bitte alle To-dos auf.

_____

_____

_____

_____

_____

_____

_____

_____

_____

_____

_____

_____

_____

Rückkopplungs-Energie aus dem Markt

Die Königswege der Neukundengewinnung

Jedes Unternehmen braucht neue Kunden, um bestehen zu können. In diesem Kapitel werde ich Ihnen Alternativen vorstellen, wie Sie auch ohne teure Werbemaßnahmen neue Kunden gewinnen. Ich möchte Ihnen zeigen, wie Sie die Energien Andere nutzen können und eine bedeutend höhere Rückkopplung auf Ihr Angebot im Markt erreichen. Sie lernen, wie Sie sich mit Multiplikatoren vernetzen können, welche Macht Trojaner entwickeln und warum Kooperationen ein Umsatzturbo für Ihr Unternehmen sein können.

Kommen wir jetzt zu der Energiequelle, die die meisten Unternehmen ständig beschäftigt: Wie gewinne ich neue Kunden? Wie kann ich bei der Neukundengewinnung Geld einsparen? Wie erreiche ich meine Zielgruppe? Was kostet es? Wie erreiche ich mit wenig Aufwand eine maximale Marktdurchdringung? Wie schaffe ich es, dass andere über mich positiv reden und mich weiter empfehlen?

Konzentrieren Sie sich auf Rückkopplungs-Energien aus dem Markt statt auf Marketingmaßnahmen

Eines sollte Ihnen nach den Erkenntnissen aus der Energie-Resonanz-Positionierung deutlich geworden sein: Fangen Sie niemals mit Marketing- und Werbemaßnahmen an, wenn Sie Ihre Situation verbessern wollen oder müssen. Alle meine bisherigen Anfragen von Unternehmen oder Startups aus dem In- und Ausland haben eine Gemeinsamkeit: Sie haben alle möglichen Marketingmaßnahmen ausprobiert und damit viel wertvolle Liquidität verloren. Damit Sie eine hohe Rückkopplungs-Energie aus dem Markt erreichen, müssen Sie zuerst einen Wettbewerbsvorteil entwickeln, der auf klaren Unterscheidungsmerkmalen beruht. Erst dann öffnen sich die Potenziale. Je besser Sie positioniert sind, desto weniger Geld müssen Sie investieren. Das ist das Resonanzgesetz von Ursache und Wirkung.

Die unverschämten Ziele sind Ihre Leitplanken

Mit den unverschämten Zielen und Werten beginnt der Kreislauf der Energie-Resonanz-Positionierung. Mit der Rückkopplungs-Energie aus dem Markt kann er sich zu einer immer größer werdenden Erfolgsspirale entwickeln. Machen wir uns nochmals die unverschämten Ziele und Werte bewusst. „Wir wollen Warteschlangen haben" ist ein übergeordnetes Ziel. Das ist die hohe Messlatte für den gesamten Positionierungsprozess. Wenn Sie alle Energiequellen und Erfolgs-Säulen richtig erarbeitet haben, sollten Sie die brachliegenden Potenziale erkannt haben. Je besser und einzigartiger Ihre Alleinstellung ist, desto größer ist die Aufmerksamkeit und Anziehungskraft im Markt. Warteschlangen zu haben, ist der Traum eines jeden Unternehmens. Dazu haben Sie bereits einige Beispiele kennen gelernt. Nicht grundlos folgen danach erst die nächsten unverschämten Ziele.

„Zielgruppen- und Auftragsbesitzer akquirieren für uns neue Kunden". Hier gilt: Der beste Empfehler ist immer der, zu dem meine Zielgruppe das höchste Vertrauen hat. Danach folgt das Ziel: „Wir wollen Neukunden zum Nulltarif." Das heißt auch: Sie benötigen kein oder nur ein kleines Werbebudget. „Wir wollen, dass unsere Kunden unsere Werbung bezahlen" – diese Herausforderung bedeutet: Wenn Sie am Ende doch Werbemaßnahmen benötigen, dann sollte das Ziel sein, die Information so wertvoll und interessant zu konzipieren, dass sie nicht als Werbung wahrgenommen wird und die Zielgruppe dafür Geld auszugeben bereit ist. Dann reden wir von einem Nutzentrojaner. Mit dem nächsten Ziel „Die Medien berichten ständig über uns" treiben Sie ihr unverschämtes Ziel auf die Spitze. Das ist das Höchste, was Sie erreichen können.

Konzentrieren Sie sich auf die Multiplikatoren und das Nadelöhr zu der Endzielgruppe

Rückkopplungs-Energie hinterfragt zuerst immer die Chancen der Marktdurchdringung aus dem Netzwerk einer Zielgruppe. Deswegen ist es wichtig, bereits bei der Leidens-Zielgruppen-Analyse darauf zu achten, ob die Zielgruppe vernetzt ist. Schauen wir uns noch-

316

mals die Firma Hadler an. Sie verfügte über keinen Vertrieb. Bei den weltweit einzigartigen Beleuchtungssystemen für Hühnerställe reichte eine Person europaweit, um die großen Stallbauer von dem zwingenden Nutzen der Innovation zu überzeugen. Sie war der Multiplikator und das Nadelöhr zu der Endzielgruppe. Das Internet spielte dabei eine wichtige Rolle, um schnell die großen Stallbauer in Europa zu finden. Auch für die explosionsgeschützten Notbeleuchtungen reichte ein kleines Team von Experten, um die Entscheider zu überzeugen. Hätten wir uns auf unvernetzte Leidens-Zielgruppen eingelassen, bei denen ein hoher Vertriebsaufwand notwendig ist oder der Werbeaufwand hohe Streuverluste mit sich bringt, wäre das Projekt sehr aufwändig geworden oder es wäre gescheitert.

In dem gesamten Positionierungsprozess sollten Sie bis zum Ende das Denken in Werbebudgets und Werbemaßnahmen erst einmal völlig ignorieren. Folgen Sie der Resonanzenergie, dann erkennen Sie die Wege, die möglicherweise sogar zur automatischen und kostenlosen Rückkopplungs-Energie aus Ihrem Markt führen. Erst dann sollten Sie über die noch notwendigen Marketinginstrumente nachdenken. Meist benötigen Sie bedeutend weniger, als Sie vorher vermutet haben.

Übrigens unterscheide ich dabei nicht zwischen offline und online. Beide haben Vor- und Nachteile – doch die Gesetze von Ursache und Wirkung haben überall ihre Gültigkeit. Die Onlinewelt gilt heute als der nachhaltigste und erfolgreichste Weg, die Kunden zu erreichen. Online können Sie so gut wie jede Information zu jeder Zeit wiederfinden, allerdings können Sie eine schlechte Bewertung nur sehr schwer oder gar nicht rückgängig machen.

> Die Kooperation mit Zielgruppen- und Auftragsbesitzern führt zu einem Paradigmenwechsel in der Neukundengewinnung.

Stellen Sie zuerst den Nulltarif-Faktor in den Vordergrund

Es gibt eine Unmenge an Marketingbüchern mit unzähligen mehr oder weniger zweckdienlichen Möglichkeiten. Früher sammelte ich alles, was über erfolgreiche Marketinginstrumente veröffentlicht wurde. Ich habe viele angewendet und viele Millionen Werbebudget einsetzen dürfen. Je mehr ich mich mit der Positionierung beschäftigte, desto weniger Budget benötigte ich am Ende. Da ich viele Kunden hatte, die kurz vor dem Aus standen, denen das Geld fehlte oder bei denen die Marktdurchdringung sehr schnell gehen musste, stand dann das große Ziel im Raum: Wie kann ich Neukunden zum Nulltarif gewinnen? Wie kann ich schnell eine Sogwirkungsenergie bei meiner Zielgruppe freisetzen? Daraus folgte die logische Erkenntnis, grundsätzlich nach dem Nulltarif-Faktor zu suchen. Dazu erstellte ich nach dem Energieprinzip eine Rankingliste. Unter welchen Bedingungen besteht die höchste Wahrscheinlichkeit, dass andere eine kostenlose Sogwirkungsenergie im Markt freisetzen? Auch hier führten die Gesetze der Energieresonanz automatisch zu den Lösungen. Wer die Probleme, Wünsche und Ziele anderer löst, löst auch seine eigenen. Je tiefer ich in die dominanten Probleme, Wünsche und Ziele der Zielgruppen- und Auftragsbesitzer eintauchte, desto mehr Türen und Möglichkeiten öffneten sich.

Im Laufe der Zeit konnten meine Kunden und ich oft schon am Ende eines Workshops voraussagen, wie nahe wir dem Nulltarif-Faktor kamen, welche Zielgruppen- und Auftragsbesitzer wir dafür ansprechen mussten. Je weiter wir vom Nulltarif-Faktor entfernt waren, desto weniger Energie hatte die erarbeitete Positionierung, und wir mussten weiter suchen – so wie bei dem Akustiker Sorg und dem Kinder- und Jugendheim Regenbogen. Hier mussten wir noch tiefer einsteigen, konnten aber am Ende feststellen: Auch hier waren die Lösungen bereits da. Es ist immer die Energie hinter einer Positionierung, die Rückschlüsse auf die Sogwirkungsenergie zulässt, welche die Nähe zum Nulltarif-Faktor bestimmt. Auch bei dem Unternehmen „RückenVital-Zentrum Bad Laer" erreichten

318

wir eine sensationelle Rückkopplung über die Zeitungs-, Radio- und TV-Berichte. Sie machten das Unternehmen in wenigen Tagen zum Gesprächsthema Nummer 1 in der Region. Durch eine enorm hohe Kompetenz-Zuweisung bei allen Medizinern hatten wir die Basis für Weiterempfehlungen geschaffen. Als Verstärker hatten wir die neue RückenVital-Zeitungen an etwa 25.000 Haushalten, Arzt- praxen, Apotheken, Einzelhändler und Zielgruppennetzwerke ver- teilt. Die Neueröffnung wurde ein sensationeller Erfolg. Am ersten Tag kamen mehr als 1.300 Interessenten. Am zweiten Tag konnte das Unternehmen bereits 40 Prozent mehr Neukunden verbuchen. Nach einer Woche waren alle Spezialkompaktseminare über sechs Monate im Voraus ausverkauft.

> In der Neukundengewinnung gibt es nicht die „Schloss- allee", aber viele Königswege.

Die Rückkopplungs-Energie zum Nulltarif ist immer noch eine jungfräuliche Disziplin

Wenn es um die Marktdurchdringung geht, gehört die Suche nach dem Nulltarif-Faktor und dem Nutzentrojaner immer zu der er- strangigen Arbeit. In so gut wie jeder Branche und jedem Unterneh- men gibt es eine Fülle an Möglichkeiten. Besonders in Verbindung mit Co-Branding und externen Kompetenz-Zuweisungsstrategien ist sie oft eine unschlagbare Geheimwaffe. Dabei legen die meisten meiner Kunden besonderen Wert auf Geheimhaltung, um die Wett- bewerber nicht hellhörig zu machen.

Das Wissen ist besonders wichtig für die vielen KMUs und würde auch vielen Werbetreibenden helfen, sich zu spezialisieren. Denn wer seinen Kunden hilft, mit weniger Werbekosten mehr zu errei- chen, hat automatisch eine höhere Aufmerksamkeit im Markt. Wichtig ist, dass Sie als Unternehmer Ihr Anspruchsdenken verän- dern. Dann werden Sie zwangsläufig anders denken und kommen zu neuen Ansätzen. Dann lassen Sie sich auch nicht mehr von externen Dienstleistern alte Strategien aufs Auge drücken, weil sie selbst ein Profi sind. Sie müssen nicht alles selbst können oder umsetzen, aber Ihr Briefing wird messerscharf und fordernd werden. Viele meiner Kunden wechseln dann die Agentur oder machen eine weitere Zusammenarbeit davon abhängig, ob diese sich mit dem Thema Positionierung beschäftigen. Wer die Macht der Energie-Resonanz-Positionierung erkannt hat, gibt sie nicht mehr ab.

Der Energie-Resonanz-Navigator findet den passenden Königsweg zur Neukundengewinnung

Je nach Unternehmen, Branche, Alleinstellung und Innovation eröffnen sich am Ende eines jeden Positionierungsprozesses viele Möglichkeiten, den Nulltarif-Faktor zu finden. Bis dahin kennen Sie den Energielevel, der Ihre neue Positionierung umgibt. Dann wissen Sie auch, wer Ihnen helfen kann, eine Rückkopplungs-Energie bei Ihrer Zielgruppe auszulösen. Ob Sie regional, bundesweit oder weltweit Ihre Produkte oder Dienstleistungen anbieten, ist egal: Sie werden online oder offline so gut wie immer wichtige Zielgruppen- und Auftragsbesitzer finden. Idealerweise senden Sie eine Information aus, andere greifen sie auf und informieren Ihre Zielgruppe. Hier wirkt das Gesetz der Resonanzenergie von Ursache und Wirkung. Je einzigartiger Ihre Alleinstellung, je unentbehrlicher Ihr Nutzen, je glaubwürdiger Ihre Kompetenz-Zuweisung und Marken-Energie wahrgenommen werden, desto größer ist die Aufmerksamkeit und Anziehungskraft im Markt.

> **Bringen Sie Ihr Angebot zum Schwingen und lassen Sie andere eine Welle ausbreiten.**

Je besser Ihr einzigartiger Nutzen ist, desto größer ist die Chance, dass andere Ihre Botschaft gern und kostenfrei verbreiten. Denn Medien, Multiplikatoren oder auch Zielgruppenbesitzer leben davon, andere mit interessanten Nachrichten zu informieren. Auch bei den olina Küchenstudios hat das gut funktioniert. Statt über teure und ineffiziente Marketingmaßnahmen erreichen wir unsere Zielgruppen über die Informations- und Zielgruppenbesitzer, wie TV, Radio, Fachzeitschriften, Vereine, Internetforen etc. Die Werbeausgaben reduzierten sich auf die Beratungsleistung einer PR-Agentur sowie einen Flyer und die Poster für den Laden.

Hätten wir, nachdem die erste tierfreundliche Küche kreiert war, die Verantwortung für die Marktdurchdringung einer Werbeagentur übergeben, hätte ein sattes Werbebudget das Geschäftskonto abgeräumt. Da wir die Möglichkeiten und Chancen der Rückkopplungs-Energie über Zielgruppen- und Auftragsbesitzer kannten, blieben die Werbungskosten im Verhältnis zur Wahrnehmungsresonanz mehr als gering. Denn vieles wurde in der Franchisezentrale selbst erarbeitet. olina und viele andere Beispiele zeigen, dass die Rückkopplungs-Energie auch bei kleinen und mittelständischen Unternehmen sehr gut funktioniert. Dafür braucht man kein Millionenbudget. Mit der Energie-Resonanz-Positionierung sollten Sie das alte Marketingdenken erst einmal in der Abstellkammer parken. Die zukünftigen und intelligenten Marktdurchdringungsstrategien fangen immer bei den Prinzipien der Rückkopplungs-Energie mit dem Nulltarif-Faktor an.

Jeder ist in einem Netzwerk mit andern verbunden

Jeder Mensch ist in einem sozialen oder persönlichen Netzwerk eingebunden, zu Hause, mit Freunden, bei der Arbeit, in Vereinen, über Internetforen oder Informationsnetzwerke. Zwischen den Mitgliedern eines Netzwerkes gibt es unterschiedlich starke Beziehungen. Es können starke Beziehungen bestehen, wie zum Beispiel in der Familie, mit Freunden oder Verwandten. Es gibt schwächere Beziehungen, wie mit Bekanntschaften, Arbeitskollegen, Nachbarn etc. Je nach Stärke der Beziehungen werden die Funktionen des Netzwerkes unterschiedlich genutzt. Je aufgeschlossener und mitfühlender Sie sind, desto höher ist ihre soziale Kompetenz. Manche Menschen sind emotional und gedanklich so eng miteinander verbunden, dass sie besonders stark aufeinander und zueinander reagieren. Je nach Beziehungstiefe und emotionaler Dominanz wird dadurch die Wahrnehmungsenergie der im Netzwerk verbundenen Teilnehmer geschärft. Je schwächer die Beziehungen sind, desto weniger Energie wird eingesetzt, manchmal gar keine. Das ist das Grundproblem im Empfehlungsmarketing. Denn auch hier spielt die Energie eine große Rolle. Ein Geschäft nur auf die aktiven Empfehlungen von Kunden aufzubauen, ist nicht immer von Erfolg gekrönt. Damit können Sie nur schwer den Erfolg Ihres Unternehmens steuern. Ihre Strategie hängt von Ihrer Positionierung und dem begeisternden Nutzen ab. Die Beziehungstiefe, die Motivation und den Stellenwert des Empfehlers können Sie aber nur bedingt planen. Diese Vorgehensweise nenne ich deshalb Sahnehäubchen-Strategie, nice to have.

> **Je besser vernetzt eine Zielgruppe ist, desto einfacher ist die Marktdurchdringung. Je mehr Energie Ihre Positionierung ausstrahlt, desto größer ist die Rückkopplungs-Energie aus dem Markt.**

Denken Sie immer vernetzt

Diese Strategie möchte ich Ihnen an einem einfachen Beispiel deutlich machen. In Foren, Blogs oder Medien verbreitet sich ein heißer und begeisterter Tipp über ein neues Buch. Dort sitzen die besonders wertvollen treibenden Kräfte der Rückkopplungs-Energie. Die Energiewelle, die neutrale und meinungsführende Zielgruppen- und Auftragsbesitzer auslösen, hat die höchste Glaubwürdigkeit. Viele Menschen lesen das Buch, weil dem Empfehler eine hohe Kompetenz in der Beurteilung von Gutem und Schlechtem zugewiesen wird. Haben Sie das Buch gelesen und sind dann selbst begeistert, verbreiten Sie ihre eigene Begeisterung über Ihre persönlichen Netzwerke zu Freunden, Bekannten bis in die eigene Firma. Voraussetzung ist, dass Sie den Nutzen des Buches verstanden haben und ihn den anderen erklären können.

Je kleiner das Netzwerk der Zielgruppen- und Auftragsbesitzer ist, desto größer ist Ihr Energieaufwand. Denn hier müssen Sie viele ansprechen und überzeugen, um überhaupt einen nennenswerten Effekt zu erzielen. Je größer das Netzwerk und bedeutender der Empfehler ist, desto weniger Energie müssen Sie einsetzen. Selbst wenn Sie keine einzigartige Alleinstellung haben, erreichen Sie eine bedeutend günstigere Neukundengewinnung, wenn Sie Ihre energielose Merkmalsbeschreibung mit einer professionellen Nutzenbeschreibung aufgeladen und eine Veredelung der Kompetenz-Zuweisung und Marken-Energie erarbeitet haben. Die Zusammenarbeit mit PR- und Werbeagenturen kann durchaus sinnvoll sein. Aber dann sollten sie die Spielregeln der Energie-Resonanz-Positionierung beherrschen und auf der Klaviatur der Öffentlichkeitsarbeit spielen können.

Der Unterschied zwischen Spezialisten und Experten mit Niveau

Auf der Suche nach wirklichen Spezialisten habe ich in den vergangenen 30 Jahren selbst viel Lehrgeld bezahlt. Als ich von einem Experten für Medienarbeit hörte, wollte ich ihn unbedingt kennenlernen. Bei einem Vortrag in Hamburg lud ich ihn ein, und wir setzten uns danach zusammen. Ich begegnete einem ruhigen Mann mit einem scharfen Verstand. Je länger wir uns über Positionierung, PR und Kommunikation unterhielten, desto tiefer und offener wurde unser Gespräch. Ich merkte, dass mir ein absoluter Profi gegenüber saß, der pragmatisch, klar und deutlich über Ursachen und Wirkungen, Strategien und Erfolge sprach – nicht darüber, was man alles tun könnte oder sollte. Der Dialog war der Türöffner für unsere ersten gemeinsamen Projekte.

Seither ist Thomas Kuehn mit seiner Agentur Break Even PR in Hamburg und Ratzeburg mein Geheimtipp für strategische Medienarbeit. 2005 hatte der Journalist und PR-Berater sie gegründet, 2010 stieg ein Partner mit ebenfalls journalistischem Background

und profunder Erfahrung aus der Arbeit mit Medien und Unternehmen ein. Auf eine eigene Website hat die Firma bisher verzichtet – die Kunden finden den Weg zu ihr über Mund-zu-Mund-Propaganda. Die Doppelausbildung als PR-Berater und Journalist gehört zu Thomas Kuehns einzigartigen Stärken. Er war Reporter für die Illustrierte Quick, Ressortleiter bei der Bild-Bundesausgabe und Geschäftsführungsmitglied der damals größten PR-Agentur Deutschlands, Leipziger & Partner in Frankfurt. Er betreute namhafte Unternehmen und Institutionen, wie den Bundesverband der pharmazeutischen Industrie, die Hoechst AG, Amazon, Sandoz, das Bundeswirtschaftsministerium, den Flughafen Frankfurt und die Bundeszentrale für gesundheitliche Aufklärung. Kuehn ist ein exzellenter PR-Stratege – und er schreibt leicht verständliche Texte auf einem hohen argumentativen Niveau. Er verfügt über eine tiefe Kenntnis der Medien in Deutschland und entsprechend gute Kontakte. Deshalb hat er sich auch ganz auf diesen Teilbereich der Öffentlichkeitsarbeit konzentriert.

Die besondere Stärke der Agentur liegt in der Erstellung von strategisch starken, praxisorientierten und vor allem durchführbaren Konzepten für die Medienkommunikation. Diese Konzepte können von Break Even PR oder von den Kunden selbst umgesetzt werden. Wer Full Service braucht, wird bei der Auswahl entsprechender Agenturen beraten und bei der Suche unterstützt. Durch ihre jahrzehntelange Arbeit in diesem Bereich kennen die Inhaber natürlich die Stärken und Schwächen von Anbietern sehr genau und können deshalb wertvolle Hinweise geben, wie eine Zusammenarbeit am besten funktioniert. Zielgruppe der Agentur sind mittelständische Unternehmen im deutschsprachigen Raum. Break Even PR hat durch die Konzentration auf einen Teilbereich der PR eine Expertise, die von Anfang an aus dem Konzert der Mitbewerber hervorstach. Wenn meine Kunden bereits mit einer Agentur zusammenarbeiten oder Angebote einholen, empfehle ich gern, deren Strategie von Break Even PR als neutralem Experten prüfen zu lassen. Das kann sich lohnen.

324

> Wenn dein besonderer Nutzen bekannt werden soll, dann sorge dafür, dass die mit der höchsten Kompetenzzuweisung begeistert darüber reden und ihn empfehlen.

Denken Sie in Nutzentrojanern statt in Werbemaßnahmen

Werbung landet oft im Papierkorb oder wird weggeklickt. Viele denken, der Anbieter wolle nur seinen Absatz steigern, und halten die in der Werbung enthaltenen Argumente nicht für sonderlich glaubwürdig. Vor allem deshalb habe ich die Trojanerstrategie entwickelt. Ein Nutzentrojaner sollte als eine interessante, werbeneutrale Information oder als nützliches Instrument für den Alltag wahrgenommen werden. Ein Umzugsunternehmer hatte zum Beispiel einen Ratgeber entwickelt. Titel: „Worauf Sie beim Umzug unbedingt achten müssen". Er schaltete Kleinanzeigen, um auf die Broschüre hinzuweisen. Dadurch meldeten sich Menschen, die sich mit dem Thema Umzug beschäftigten, automatisch. Der Inhaber schickte den Interessenten die Informationen zu und konnte gleichzeitig auf seinen Umzugsservice aufmerksam machen. Er hatte seiner Zielgruppe damit gezeigt, dass er über sein eigenes Geschäft hinaus denkt und sich allumfassend mit dem Thema Umzug beschäftigt. Ein klarer Pluspunkt für ihn und sein Unternehmen.

Trojaner aktivieren Ihre Zielgruppe

Das Denken in Trojanerstrategien bietet eine Menge Möglichkeiten, die Zielgruppe zu erreichen, damit sie sich zu erkennen gibt. Dann können Sie gezielt Ihre Angebote oder Positionierung platzieren, egal ob Sie Adressen von Menschen suchen, die Aquarien lieben, demnächst Silberhochzeit feiern, ihren Führerschein machen, ihr Haus renovieren wollen oder Allergien haben. Für die Mineralölgesellschaft Shell entwickelten wir einen Trojaner, um Adressen aus der ständig nachwachsenden Zielgruppe der Führerscheinneu-

linge zu beschaffen. Ziel war es, dass diese den Start ihrer Autofahr-
erlaufbahn bei einer Tankstelle der Mineralölgesellschaft beginnen.
Wir erarbeiteten ein Booklet mit dem Titel „*99 Tipps und Tricks für
Führerscheinneulinge*", in dem ungewöhnliche Methoden gezeigt
wurden, wie z. B. kleine Pannen selbst zu meistern sind. Dieses
Büchlein stellten wir den Fahrschulen kostenlos zur Verfügung.
Eine integrierte Gewinnkarte forderte die Fahrschüler auf, bei einem Wettbewerb mitzumachen. So generierten wir Adressen, um
die neuen Autofahrer dann gezielt zu den Spezialangeboten an die
nächstgelegene Shell-Tankstelle zu führen.

> Intelligente Nutzentrojaner sind bedeutend nachhaltiger und
> erfolgreicher als jede Werbemaßnahme.

Nutzentrojaner sind kraftvolle Wirkungsverstärker

Wenn andere Sie empfehlen, spricht das für Ihre Positionierung.
Wenn Sie wollen, dass die Empfänger am besten sofort darauf reagieren, dann sollten Sie bzw. der Empfehler gleich einen Nutzentrojaner mit anbieten.

Bei Stefan Merath und seinem Unternehmen, SI-Projects GmbH,
war nach der Neupositionierung ein Trojaner die Ursache für den
schnellen Erfolg. Nachdem wir schon bei den Recherchen festgestellt hatten, dass es kaum Ratgeberliteratur für Franchise-Geber
gab, fanden wir auch die Lösung: Schon zwei Monate nach dem
Workshop kam das kleine Buch „Der Weg zum erfolgreichen Franchise-Geber" von Stefan Merath auf den Markt. Das Booklet war
aber nicht nur als Trojaner, sondern auch als Teil einer Co-Brandingstrategie wichtig, die dazu diente, die Kompetenz-Zuweisung
und den Expertenstatus von Stefan Merath zu unterstreichen.

Wenn die Medien über Sie schreiben, sollte am Ende immer ein
Hinweis stehen, dass die Leser oder User sich wertvolle Informationen von Ihrer Homepage downloaden oder bestellen können. Wenn

Sie einen Vortrag halten, bieten Sie am Ende immer einen Nutzentrojaner an. Je wertvoller er empfunden wird, desto eher ist der Empfänger bereit, seine Kontaktdaten zu hinterlassen. Auch beeindruckende Musterstücke sollten Sie als Trojaner betrachten. Wenn ein Interessent nach einem Gespräch allein keine Entscheidung treffen kann, so hat er mit einem Muster zumindest einen eindrucksvollen Beweis für die Mitentscheider im Gepäck. Nutzentrojaner sind Reaktionsbeschleuniger.

Die Königsklasse der Rückkopplung: Ihre Zielgruppe ist bereit für Ihre Werbung zu bezahlen

Erinnern wir uns nochmals an das unverschämte Ziel „Wir wollen, dass unsere Kunden unsere Werbung bezahlen". Wenn der Nutzen Ihres Trojaners als besonders wertvoll wahrgenommen wird, besteht die Möglichkeit, dass Ihre Zielgruppe sogar bereit ist, dafür zu bezahlen. Statt beim „Kleinen Muck" mit irgendeinem Werbemedium die Schuhhändler und Mütter zu erreichen, was gar nicht bezahlbar gewesen wäre, erzielten wir eine riesige, sich selbst finanzierende Kettenreaktion mit dem Trojaner „Zaubermalbuch". für Kinder. Hier waren die Schuhhändler die Zielgruppenbesitzer, die eine hohe Sogwirkungsenergie bei den Kindern frei setzten und damit auch die Eltern erreichten. Dafür waren sie bereit für das Büchlein zu bezahlen. Bei Shell löste die Broschüre einen solchen Nachfragesog aus, dass wir es sogar zum Selbstkostenpreis an die Fahrlehrer verkaufen konnten. Trojaner bieten Ihnen die größte Chance, Ihre Leidens-Zielgruppe zu erreichen und dabei Ihre Markenaura mit neuer Energie aufzuladen.

Als ein Steuerberater in einer strukturschwachen Region durch Firmenschließungen immer mehr Mandanten verlor, beschloss er in eine größere Stadt umzusiedeln. Doch hier hatte er ein ganz neues Problem: Wie sollte er in einer fremden Stadt neue Kunden finden? Wir setzten uns zusammen und suchten gemeinsam nach einer Lösung. Um Mandanten zu bekommen, gab es nur einen Weg – die

Partnerschaft mit Zielgruppen- und Auftragsbesitzern

Kooperation mit anderen Zielgruppen- und Auftragsbesitzern. Um diese für eine Zusammenarbeit zu gewinnen, mussten wir zunächst eine Spezialisierungsnische finden. Mein Kunde hatte sich auf die Themen Erbschaft und Schenkung fokussiert. Da die Aufgabenfelder im Erbrecht eng mit Betriebswirtschaft, Zivil- und Steuerrecht verknüpft sind, nahm er Kontakt zu Rechtsanwälten und Notaren auf, die sich auf diese Bereiche spezialisiert hatten. Und: Es funktionierte. Schon bald arbeitete er erfolgreich mit diesen Zielgruppen- und Auftragsbesitzern zusammen. Indem sich alle gegenseitig unterstützten und weiter empfahlen, konnte er sich eine erfolgreiche Kanzlei aufbauen.

Nach der Zusammenarbeit mit einem Möbelhausbesitzer mit 250 Mitarbeitern ging das Unternehmen eine Kooperation mit Immobilienmaklern ein. Menschen, die umziehen, müssen in der Regel bei einem Makler Courtage bezahlen. Der Möbelhausbesitzer überlässt dem Immobilienmakler ein Gutschein-Heft. Dafür erhalten die Immo-Kunden 15 bis 20 Prozent Rabatt bis zur Höhe der Courtage. Das Ganze ist ein riesiger Erfolg nach dem Win-win-win-Prinzip.

> **Laufen Sie niemals hinter Kunden her, sondern sorgen Sie dafür, dass andere Ihnen Kunden bringen oder empfehlen.**

Die besten Empfehler sind immer die, zu denen Ihre Zielgruppe das höchste Vertrauen hat und deren Empfehlung eine hohe Glaubwürdigkeit vermittelt. Das ist möglich, wenn Sie die Energien anderer nutzen. Suchen Sie noch keine Lösung, wie und mit welchem Nutzentrojaner Sie diese Zielgruppen- und Auftragsbesitzer aktivieren. Diese Arbeit kann und sollte erst stattfinden, nachdem Sie die Prioritäten und Energielevel hinter den Multiplikatoren ermittelt haben. Oftmals erweitert sich die Gruppe, manchmal tauchen später neue Möglichkeiten auf. Machen Sie eine Liste aller potenzieller Zielgruppen- und Auftragsbesitzer. Wer besitzt und bedient bereits Ihre Zielgruppen? Wer sind die wichtigsten Meinungsführer? Wo treffen sie sich und wo sind sie vernetzt? Wer würde Sie empfehlen? Im Idealfall finden Sie einen machtvollen Auftragsbesitzer, der dafür sorgen oder fordern kann, dass ihre Zielgruppe mit Ihnen zusammenarbeitet.

Das Prinzip der Rückkopplungs-Energie ist eine Symbiose und eine Kooperations-Strategie mit den Zielgruppen- und Auftragsbesitzern. Mit ihr können Sie in der Regel bei weniger Geld- und Zeiteinsatz ein Produkt oder eine Dienstleistung erfolgreich vermarkten. Weitere Details, Schlüsselfragen und Beispiele finden Sie in dem Energie-Resonanz-Navigator, der zu diesem Buch erscheint.

> Im Business sollte jeder die Energie-Rückkopplung anstreben. Es sollte immer mehr Energie zurückkommen als Sie einsetzen.

Lassen Sie die Kunden Ihr Angebot erleben

Testen, fühlen, erleben lassen ist ein sehr erfolgreicher Weg. Jedoch sollte diese Strategie auch wirtschaftlich sein. Beispiel: Der schwäbische Automobilbauer Porsche verkauft nirgendwo so viele Autos wie in den USA – einem Land mit hartem Tempolimit auf den Highways. Das Unternehmen bietet Fahrstunden in der eigenen „Porsche Sport Driving School". Mit einem riesigen Erfolg. Die Kurse sind Monate im Voraus ausgebucht. Die Statistik zeigt, dass etwa 20 Prozent der Teilnehmer später einen Porsche kaufen, auch wenn sie niemals alle Pferdestärken nutzen können, die in ihm stecken. Es ist das Image von Porsche, das sie zum Kauf bewegt. Vorrangiges Ziel von Porsche in den USA ist es, so viele Leute wie möglich hinter das Steuer zu bringen. Marketing-Manager Pryor sagt dazu. „Wir wollen Porsche sinnlich erlebbar machen. Wie fühlt sich ein Porsche an? Wie fühle ich mich, wenn ich Porsche fahre?" Deshalb sei die Fahrschule so ein wichtiges Marketinginstrument.

Eigene Handelswege und Strukturen aufzubauen, ist eine weitere Alternative. Ob Tupperware, Kosmetik, Dessous etc. – sie lassen sich besonders gut zu Hause unter Freunden und Nachbarn verkaufen.

Denn die Energie der Gastgeberin, die durch ihr persönliches Engagement andere einlädt, vereinfacht den Verkauf erheblich. Bei diesem Prinzip bieten Sie anderen ein neben- oder hauptberufliches Einkommen. Gleichzeitig dürfen Sie deren Netzwerke nutzen. Nicht ohne Grund gehört der Direktvertrieb zu den drittgrößten Handelsstrukturen auf der Welt.

Der Goldstandard: Die Zwangsbeglückungsmacht der Auftragsbesitzer

Auftragsbesitzer verfügen oft über sehr viel Marktmacht. Deshalb kann eine Zusammenarbeit mit ihnen äußerst lohnend sein. Für Bauunternehmer kann es attraktiv sein, mit Architekten zu kooperieren, weil diese oft für die Auftragsvergabe der Gewerke zuständig sind. Am erfolgreichsten verläuft eine solche Kooperation natürlich dann, wenn Sie dem Auftragsbesitzer einen zwingenden Nutzen bieten können oder daraus neue Gesetze und Vorschriften entstehen. Wie z. B. die Rauchmelder Pflicht oder der Aquastopp in Spül- und Waschmaschinen, können die Konjunktur einzelner Unternehmen oder einer ganzen Branche ankurbeln.

Die Hadler GmbH schaffte es, dass die neuen explosionsgeschützten Notbeleuchtungen für Chemiewerke, Ölbohrstätten etc. zum gesetzlich vorgeschriebenen Standard in der westlichen Hemisphäre wurden. Die Systeme müssen aufgrund der geltenden Bestimmungen alle zwei Jahre ausgetauscht werden. Da nur Hadler diese Technologie liefern kann, entsteht dadurch eine Auftragsflatrate, die für sichere kontinuierliche Aufträge und Einnahmen sorgt. Der Elektronikkonzerns Ibiden Co. in Japan ist unter anderem in der Herstellung von Rußpartikelfiltern tätig. Geschützt durch mehr als 28 Patente, hat das Unternehmen weltweit die Marktführerschaft erreicht. Das Geschäft mit Rußpartikelfiltern hat den Kurs der Aktie seit August 2004 um rund 90 Prozent nach oben getrieben.

Wichtige Tipps und Denkanstöße zur Energiequelle:

Rückkopplungs-Energie aus dem Markt

■ Konzentrieren Sie sich auf Rückkopplungs-Energien aus dem Markt statt auf Marketingmaßnahmen.

■ Es sollte immer mehr Energie zurückkommen als Sie einsetzen.

■ Stellen Sie zuerst den Nulltarif-Faktor in den Vordergrund.

■ Deswegen ist es wichtig, bereits bei der Leidens-Zielgruppen-Analyse darauf zu achten, ob die Zielgruppe vernetzt ist.

■ Vernetzen Sie sich mit Auftrags- und Zielgruppenbesitzern. Der beste Empfehler ist immer der, der bei Ihrer Zielgruppe das höchste Vertrauen besitzt.

■ Je mehr Energie Ihre Positionierung ausstrahlt und je besser Ihr einzigartiger Nutzen ist, desto größer ist die Chance, dass andere Ihre Botschaft gern und kostenfrei verbreiten.

■ Denken Sie in Nutzentrojanern. Sie sind bedeutend nachhaltiger und erfolgreicher als jede Werbemaßnahme. Ein Nutzentrojaner sollte als eine interessante, werbeneutrale Information oder als nützliches Instrument für den Alltag wahrgenommen werden.

■ Wenn Ihre Zielgruppe bereit ist für Ihren Trojaner zu bezahlen, dann haben Sie die Königsklasse der Rückkopplungsenergie erreicht.

■ Lassen Sie, wo immer möglich, die Kunden Ihr Angebot erleben.

■ Auftragsbesitzer verfügen oft über sehr viel Macht. Deshalb kann sich eine Zusammenarbeit mit ihnen lohnen.

■ Penetrante Werbung kann zu Ablehnungshaltungen bei Ihrer Zielgruppe führen.

An welchen Stellschrauben aus der Energiequelle „Rückkopplungs-Energie aus dem Markt" müssen Sie noch arbeiten? Was wollen Sie in der Zukunft konkret verändern. Listen Sie hier bitte alle
To-dos auf.

_____

_____

_____

_____

_____

_____

_____

_____

_____

_____

_____

_____

Entzugs-Gespräche

Wie Sie den Preisvergleichs-Einkaufsakt unterbrechen

In der Zusammenarbeit mit Unternehmen löst die Macht der Entzugs-Gespräche eine regelrechte Welle der Begeisterung aus. Sie sorgt dafür, dass Ihre Mitarbeiter eine höhere Selbstachtung und ein größeres Selbstbewusstsein im Umgang mit Ihren Kunden entwickeln. Die Grundidee dabei lautet: Wenn wir etwas verkaufen wollen, müssen wir erst in positiver Resonanz zu uns selbst stehen. Entzugs-Gespräche helfen ohne Druck anders und besser zu verkaufen. Ich zeige Ihnen, wie Sie und Ihre Mitarbeiter die Angst verlieren, dass sie einen Auftrag nicht bekommen – und ihn dadurch erst erhalten. Indem Sie sich rar machen, werden Sie die Achtung Ihrer Kunden steigern, souveräner Ihren Erfolg aufbauen, höhere Preise erzielen und die kostengünstigeren Gegenangebote vom Tisch fegen können.

Setzen Sie die eigene Handlungsenergie Ihrer Kunden frei

Bereits als junger Mann begegnete ich immer wieder Unternehmern und Verkäufern, die mich durch Ihre Souveränität und Selbstbewusstsein beeindruckten. Sie waren von dem, was sie taten und verkauften, sehr überzeugt. Was mich an ihnen besonders faszinierte war, wenn ich mich für ein Angebot interessierte, hatte ich den Eindruck, dass man mir nichts verkaufen wollte. Ganz im Gegenteil. Sie hörten sehr gut zu, übernahmen meine Gedanken und versetzen sich in mich hinein. Oft hatte ich das Gefühl, dass mir ein guter Freund gegenüber sitzt und ganz neutral aus meiner Perspektive über die Anfrage nachdachte. Er sprach so darüber, als wenn er selbst eine Entscheidung treffen müsste und gab mir dann ehrliche Antworten. Was bei mir das größte Vertrauen auslöste war, wenn er auch mal von einem Kauf abriet. Ihm schien es egal zu sein, ob er etwas verkaufte oder nicht. Manchmal hatte ich sogar den Eindruck, dass er gar nicht zu dem Laden gehörte und als Kunde nur zufällig auf dem Platz des Verkäufers saß. Ich habe später eine neue Schublade für diese Art von Antiverkäufer geöffnet. Die Entzugsgesprächs-Berater.

Als ich meinen ersten Audi A8 kaufen wollte, habe ich mehrere Händler besucht. Ich war ein neuer Kunde, der bereit war ca. 100.000 DM für ein neues Auto auszugeben. Es war ernüchternd. Ich wurde schlecht beraten. Was mich am meisten verwunderte, dass man mir trotz klarer zeitlicher Absprache kein schriftliches Angebot schickte. Bei einem Händler musste ich sogar drei Mal angerufen, bis ich es erhielt. Aber ich stand unter Zeitdruck, da ich mein alten 7er BMW bereits verkauft hatte und solange das Fahrzeug meiner Frau mitbenutzte. Da empfahl mir ein Kunde bei einem Händler weiter weg von meinem Wohnort anzufragen. Er empfahl mir auch, mich nur von einem bestimmten Verkäufer beraten und überraschen zu lassen. Also machte ich einen Termin mit ihm und fuhr erwartungsvoll hin.

Der Entzugsgesprächs-Berater.

Vor mir saß so ein Antiverkäufer und exzellenter Entzugsgesprächs-Berater. Auch er verhielt sich so, als würde er selbst sein eigener Kunden sein. Als wir meine Extrawünsche durchgingen, sagte er oft: „Das würde ich an Ihrer Stelle auch nehmen, aber darauf würde ich verzichten, weil der Nutzen in keinem Verhältnis zum Preis steht." Als ich am Ende den Preis drücken wollte, kam er mir, wie von der Geschäftsleitung vorgegeben, entgegen.

Als ich versuchte noch mehr herauszuholen, unterbrach er meinen Versuch mit einem Entzugsgespräch und den Worten: „Mehr kann und darf ich nicht". Dann empfahl er mir bei anderen Händlern anzufragen und nannte mir sogar die Firmennamen. Bei allen war ich bereits gewesen. Für mich stand bereits im Beratungsgespräch fest, dass ich nur hier mein A8 kaufen werde. In den darauf folgenden Jahren durfte ich einen exzellenten Service erleben. Durch meine Empfehlungen im Bekanntenkreis kauften immer mehr von ihnen bei diesem Händler. Das Wissen über die Macht und Kraft der Entzugsgespräche ist seit dem immer ein Thema in meinen Workshops. Die Entzugsstrategie löst bei manchen anfänglich ein mulmiges Gefühl, manchmal sogar Furcht aus. Denn hier kollidieren oft tief sitzende alte Glaubenssätze und gelernte Verkaufstrainingsmethoden mit einem vollkommen neuen Verhalten und einer anderen inneren Einstellung. Vor allem wenn Sie ständig neue Jobs benötigen, um Ihre Mitarbeiter zu beschäftigen und Auftragslöcher die Gewinne auffressen, ist dieses Kapitel für Sie wichtig. Lesen Sie es bis zum Ende durch, auch wenn Sie an manchen Stellen einen innerlichen Widerstand spüren. Am Ende kann es Ihnen passieren, das Sie eine Erleichterung spüren und das es schon immer Ihr Traum war, nicht mehr zu verkaufen sondern kaufen zu lassen. Die meisten meiner Kunden begreifen den Ansatz und setzen ihn direkt nach dem Workshop sehr erfolgreich um.

Haben Sie erst verstanden, welcher Ballast bei Verhandlungen von Ihnen abfällt und welche positive Energie bei Kunden und den eigenen Mitarbeitern frei gesetzt wird, dann können Sie sich gar nicht mehr vorstellen, überhaupt noch klassische Verkaufsgespräche zu führen. Bei den Entzugsgesprächen geht es nicht darum zu verkaufen, sondern Handlungsenergie beim Kunden freizusetzen und ihn kaufen zu lassen. Es geht nicht mehr darum, beim Kunden Sympathie zu erreichen, sondern Empathie einzusetzen. Mit dieser Energiequelle können Sie Ihre Verkaufsaktivitäten ohne Druck angehen und damit ganz erstaunliche Erfolge erzielen. Das Prinzip der Entzugsgespräche hat bei vielen meiner Kunden zu einer höheren Umwandlungsquote von Anfragen in Verkaufsabschlüsse geführt. Den größten Erfolg haben Sie, wenn Sie die Spielregeln der Nutzen-Kommunikation, Kompetenz-Zuweisung und Aufzugspositionierung erarbeitet haben und bereits beherrschen.

Entzugsgespräche sind „sexy"

Dass Entzugsgespräche richtig „sexy" sein können, zeigt der Erfolgsbericht eines Holzbau-Unternehmens. Der Zimmereibetrieb hat sich auf Um- und Anbauten, Renovierung, Dachausbau, Aufstockung und komplette Modernisierungen spezialisiert, allerdings ausschließlich in hochwertiger Bauausführung mit Qualitätsanspruch. Obwohl die Firma teurer ist als die Mitbewerber, war die Umwandlungsquote von Anfragen in Aufträge schon sehr passabel. Trotzdem hatte der Unternehmer das Problem, dass die Kunden die Preise verglichen und noch zu oft den günstigsten Anbieter aussuchten. Deshalb entwickelten wir ein Entzugsgespräch, mit dem wir die Kunden auf die Tücken bei Billigangeboten hinweisen konnten, die Qualität seiner Arbeit aber in den Mittelpunkt rückte. Unser Ziel war es, dass der Preis bei der Auftragsvergabe komplett in den Hintergrund tritt.

Mit Entzugsgesprächen den Preisvergleichs-Einkaufsakt unterbrechen

Wo lauern die Tücken bei Billig-Angeboten? Als nach unserem Workshop Kunden bei ihm anfragten, ob sich der Unternehmer ein Objekt anschauen und ein Angebot abgeben könnte, lehnte er den Wunsch grundsätzlich sehr freundlich mit folgender Begründung ab: Warum soll ich Ihnen ein Angebot machen? Sie haben doch sicher schon mehrere Anbieter angefragt und wollen sich für den günstigsten entscheiden. Da ich immer der Teuerste bin, brauche ich Ihnen kein Angebot zu schreiben. Außerdem haben wir zurzeit so viel zu tun, dass wir in den nächsten Monaten keine neuen Kunden annehmen können. Mit diesen Sätzen unterbrach er nicht nur den gewohnten Einkaufsakt, sondern provozierte auch einen Gedankenkollaps: Er stellte die Suche nach dem günstigsten Anbieter in Frage. Wie kann jemand der Teuerste sein und sich vor Aufträgen nicht retten?

Mit der Aussage, in den nächsten Monaten keine neuen Kunden annehmen zu können, schuf der Holzbauer eine neutrale Situation. Jetzt war er kein weiterer Anbieter, der sich um einen Auftrag bemühte. Er wurde nun zum neutralen Experten, der guten Rat und wichtige Tipps geben konnte, z. B. worauf der Kunde bei den Angeboten achten sollte und wie er versteckte Mehrkosten erkennt. Vor allem wenn hinter einer Position ein Sternchen steht, sollte sich der Auftraggeber die Erklärung dazu genau anschauen, empfahl der

Holzbauer und nannte Beispiele. Ob zum Beispiel ein alter Putz überstreichbar ist oder ob komplett neu verputzt werden muss, könne zu erheblichen Preisdifferenzen führen. Zudem gehen viele Kostenkalkulationen prinzipiell von idealen Voraussetzungen aus, um das Angebot günstig erscheinen zu lassen.

Die Suche nach der Kaufentscheidungssicherheit

Wenn der Holzbauer spürte, dass der Anfragende die bisherigen Angebote genauer prüfen wollte und unsicher wurde, setzte er mit einem Vorschlag nach: Ich bin morgen auf einer Baustelle in der Nähe. Wenn Sie wollen, schaue ich am Abend kurz bei Ihnen vorbei und gebe Ihnen ein paar Tipps, worauf Sie unbedingt achten sollten! Wird der Vorschlag angenommen, werden ihm bei den Terminen in der Regel alle Angebote vorgelegt. Zusammen mit dem potenziellen Kunden schaut er sich wie ein unabhängiger Gutachter das Haus an, prüft die Voraussetzungen und weist auf vorhandene Schwachstellen in den Angeboten hin. Wenn er zum Beispiel bei einer Wand feststellt, dass der Putz bereits locker ist, das Angebot dies aber nicht berücksichtigt, wird er schon mal ärgerlich. Er lobt aber auch Anbieter, die fair gerechnet haben und empfiehlt die Zusammenarbeit mit ihnen. Es sind in der Regel die teuren. Besonders beeindruckt es die potenziellen Kunden, wenn er die voraussichtlichen Mehrkosten und neue Endsumme grob kalkuliert.

Er versucht an keiner Stelle, sich als ausführendes Unternehmen zu verkaufen. Er hat gelernt und verstanden, dass der potenzielle Kunde selbst diesen Wunsch äußern muss. Das tut er aber nur, wenn ihm jemand fair und ehrlich eine kompetente Einschätzung gibt. Dazu muss unser Unternehmer erst den Preisvergleichs-Einkaufsakt unterbrechen, die Kunden zu Wissenden machen und als neutraler Experte die Angebote prüfen. Nicht selten hört er bereits am Ende des ersten Besuches von den Kunden: „Ich bin richtig froh, das ich Sie kennengelernt habe. Ich möchte gern mit Ihnen arbeiten und freue mich auf die Zusammenarbeit."

Wer verkaufen will, erzeugt automatisch einen Druck

In einem persönlichen Gespräch berichtete mir der Holzbau-Unternehmer, dass sich seine Umwandlungsquote in Aufträge erheblich erhöht und seine Souveränität verbessert habe, seitdem er mit den Entzugsgesprächen arbeitet. Was ihn besonders beeindruckt, ist das verbesserte Vertrauensverhältnis zu seinen Kunden und die fast völlige Abkehr von Preisgesprächen. Selbst wenn er einmal aufgrund von versteckten Schwierigkeiten seine Kalkulation korrigieren muss, haben seine Kunden normalerweise Verständnis dafür. Diese positive Resonanz wirkt sogar über seinen Betrieb hinaus. Er sagt: „Ich trage dazu bei, das unsere Branche nicht in der Billigfalle versinkt und dass Qualitätsarbeit angemessen honoriert wird. Dazu müssen wir aber bereit sein, unsere Kunden aufzuklären und damit vor Fehlentscheidungen, nachträglichen Kosten und Ärger zu bewahren. Besonders bei Dienstleistungsangeboten habe ich mit Unternehmen dann die besten Erfolge erzielt, wenn wir zuerst im Kopf des Kunden eine neutrale Position geschaffen hatten. Genauso wichtig ist es, dass Sie die Kunst der Nutzen-Kommunikation und Kompetenz-Zuweisung beherrschen."

Dumpingpreise sind oft hausgemachte Probleme

Es fällt natürlich schwer, auf einen Auftrag zu verzichten, wenn einem die Personalkosten und laufenden Ausgaben im Nacken sitzen. Aber glauben Sie mir: Die Angst macht ihre Situation nur noch schlimmer und kann zu einem gedanklichen Gefängnis werden. Sie verlieren sehr schnell ihre Souveränität. Die meisten Preisnachlässe sind hausgemachte Probleme. Allein der Gedanke, dass andere Anbieter eventuell günstiger anbieten, verleitet dazu, selbst noch günstiger zu werden. Durch dieses Verhalten haben oft ganze Branchen den Preis nach unten gedrückt und eine künstliche Preisschlacht geführt. Achten Sie auf Ihre innere Stimme und vertrauen Sie ihrer Intuition. Lehnen Sie auch einmal mal einen Auftrag ab, wenn Sie merken, dass er sich nicht rechnet. Besonders wenn klar ist, dass der

Kunde nur Ärger bringt. Nicht nein sagen zu können, hat schon viele im Leben sehr viel Geld, Nerven und Zeit gekostet – und sie oftmals auch von ihren Zielen abgebracht. Überlegen Sie vielmehr, wie Sie oder Ihre Mitarbeiter mit der kostbaren Zeit intensiver an Ihrem Unternehmen bzw. an Ihrer besseren Positionierung arbeiten können. Warteschlangen kommen nur dann, wenn Sie sich besser als der Wettbewerb positionieren.

Preisgespräche in Verlustangst umwandeln

An dem Beispiel RückenVital-Zentrum Bad Laer hatte ich bereits über die Wirkung von Entzugs-Gesprächen geschrieben. Die Mitarbeiter waren begeistert von der neuen Positionierung, waren hoch motiviert – und hatten dennoch eine tiefsitzende Furcht davor, die scheinbar hohen Kosten der Kurse zu rechtfertigen. Der höhere Preis bei vergleichbarem Konkurrenzangebot hatte sie früher in Erklärungsnot gebracht. Der Preis war der Grund, warum so viele Kunden ihr Abo gekündigt hatten. Zwei Wochen vor der Eröffnung setzten wir uns nochmals alle zusammen und ich brachte ihnen bei, mit welcher Haltung Preisgespräche bei den Kunden sehr schnell in eine Art Verlustangst umgewandelt werden konnten. Wenn ein Angebot gut, aber knapp ist, steht der Preis nicht mehr im Vordergrund.

Billig oder Feinkost

Wenn Sie sich nicht unter Verkaufsdruck setzen, dann strahlen Sie automatisch mehr Selbstbewusstsein aus. Ihre Wertschätzung gegenüber sich selbst ist dann einfach höher – und das merkt der Kunde sofort. Um das zu veranschaulichen, bitte ich die Teilnehmer meiner Workshops, sich in zwei völlig verschiedene Situationen zu versetzen: Sie sollen sich vorstellen, zu einem Discounter zu gehen und dort eine Gulaschsuppe für 98 Cent zu kaufen. Wie essen sie den Inhalt? Die Teilnehmer sagen meist: „Einfach warm machen,

Wertschätzung ist unbezahlbar

ein Stück Brot dazu und schnell den Hunger stillen." Dann bitte ich sie, sich vorzustellen: Sie fahren zu Feinkost-Käfer nach München und kaufen dort die Dose Gulaschsuppe mit der gleichen Menge – diesmal allerdings für 8,90 Euro. Wie essen Sie diesen Inhalt? Nun ist die Reaktion der Teilnehmer völlig anders. Sie erzählen, dass sie ihr bestes Geschirr aus dem Schrank holen, den Tisch festlich decken, eine Kerze anzünden und ihre Gourmetsuppe mit allen Sinnen genießen. Was bedeutet das für das Business? Ganz klar: Wer sich im Verkaufsgespräch darstellt wie ein Billigprodukt, wird auch so behandelt. Und wer sich darstellt wie ein Gourmetgericht, wird selbst wie eines behandelt. Nur wer sich selbst wertschätzt, wird auch von anderen geschätzt. Dieses Beispiel ist in den Workshops häufig der erste Bewusstseinssprung zu einer neuen inneren Haltung. Er setzt jede Menge positiver Energie frei, die sich oft sofort auf die Verkaufsgespräche auswirkt.

Entzugs-Gespräche verbessern die Wertschätzung in der Zusammenarbeit

Selbstsicherheit und Selbstbewusstsein ist immer eine Frage der inneren Haltung

Diese Energie selbst zu erfahren, ist unbezahlbar. Lesen sie dazu das Feedback einer Seminarteilnehmerin, die mir mit ihrem Anruf den Tag versüßte:

„Einer unserer wichtigsten Kunden rief an. Er weiß genau, dass wir von ihm abhängig sind, ist unverschämt und arrogant. Als er diesmal gönnerhaft meinte, er habe vielleicht einen tollen Job für uns, habe ich gleich gekontert: Oh, das tut mir wirklich leid, aber wir haben so viel zu tun, dass wir Ihren Auftrag möglicherweise nicht annehmen können. Die Anfragen haben so zugenommen. Die Kunden haben gemerkt, was für eine tolle Arbeit wir machen und überschütten uns geradezu mit Aufträgen! Plötzlich war er sehr freundlich und sagte mir, wie wichtig ihm die Zusammenarbeit mit uns sei und ob es nicht doch eine Möglichkeit gäbe. Ich versprach ihm, mich am nächsten Tag bei ihm zu melden und bis dahin alles Mögliche zu tun, um Mitarbeiter für eine Zusatzschicht zu gewinnen.

Durch das Entzugsgespräch hat sich die Wertschätzung in unserer Zusammenarbeit schlagartig verbessert. Ihm wurde dabei auch bewusst, wie wertvoll unsere Arbeit ist. Denn er hatte sich nicht ohne Grund von seinem vorherigen Dienstleister getrennt. Das Gespräch hat meine Position gegenüber dem Kunden klar gestärkt Mir ist bewusst geworden, dass wir uns nicht übermäßig unter Druck setzen lassen dürfen und dass ich dem Kunden seine erniedrigende Haltung unbewusst erlaubt habe. Mit der Einstellung „Der Kunde ist König" habe ich meine Selbstachtung vernachlässigt. Jetzt gehe ich selbstbewusster in Kundengespräche und ans Telefon. Ich behandle Kunden wie Partner: Ich zolle ihnen Respekt, fordere ihn aber auch ein. Plötzlich bin ich es, von dem man Anerkennung wünscht. Seit ich keine Angst mehr habe, einen Auftrag nicht zu bekommen, wollen immer mehr Kunden mit uns arbeiten."

> **Achte dich selbst, wenn du willst, dass andere dich achten sollen!**
> *Adolph Freiherr von Knigge*

Knappheitsprinzip und Käfer-Dose

Das Beispiel zeigt, welche positiven Energien Sie mit Entzugs-Gesprächen freisetzen können. Die hohe Kunst des Verkaufens ist, nicht verkaufen zu wollen. Das Knappheitsprinzip, mit dem Sie im Entzugsgespräch arbeiten, macht Sie zur Käfer-Dose! Hier geht es nicht darum, mit aller Macht Kaufenergien im Markt zu erzeugen, sondern die Gesetze der Resonanz zu nutzen und durch eine hohe eigene Wertschätzung die des Kunden zu gewinnen. Dann erhöht sich die Kaufenergie von selbst. Aber warum funktioniert das Knappheitsprinzip überhaupt? Sobald wir glauben, dass etwas nur in begrenzter Menge zu erhalten ist, wird ein merkwürdiger Trieb in uns aktiviert. Wir wollen es dann unbedingt haben. Das können Sie sehr schön bei TV-Shops verfolgen. Dort wird ständig die Zahl der noch verfügbaren Produkte eingeblendet nach dem Motto *„Wer jetzt nicht anruft, dem können wir nicht mehr helfen!"* Die Leute kau-

Der Schnäppchen-Jagdtrieb

fen wie verrückt. Durch wissenschaftliche Untersuchungen wurde festgestellt, dass begrenzte Angebote unser Belohnungszentrum im Gehirn kollabieren lassen und unseren Verstand abschalten.

Das Prinzip funktioniert übrigens auch bei hochpreisigen Produkten – zum Beispiel bei den Zigarren von Davidoff. Bei einem Zigarrenladen in der Schweiz bildeten sich von Beginn an lange Warteschlangen. Weshalb? Nun, der Laden hatte nur eine Stunde am Tag geöffnet. Der Besitzer hat sein Angebot durch kurze Öffnungszeiten rar gemacht und damit seine Kunden erzogen. Wer edle Produkte kaufen möchte, bekommt sie nicht nur über viel Geld, sondern muss auch die Spielregeln des Verkäufers akzeptieren. Erfolgreiche Diskotheken arbeiten nach einem ähnlichen Schema. Hier kommt es nicht nur darauf an, wie viele Leute in der Disco sind. Was genauso zählt ist, dass jeden Abend möglichst viele vor der Tür stehen und unbedingt hineingelassen werden wollen. Deshalb müssen die Türsteher darauf achten, dass es immer eine Warteschlange gibt, die signalisiert: Wo viele anstehen, muss es besonders gut sein. Ähnliches haben wir auf Messeständen für unsere Kunden erreicht. Wir mussten nur dafür sorgen, dass viele etwas haben wollten – und schon kamen immer mehr, obwohl sie gar nicht wussten, warum die anderen dort anstanden.

Oft erhöht ein hoher Preis sogar die Anziehungskraft. Manche Kunden erzählen gerne weiter, wenn sie mit einer teuren Firma zusammen gearbeitet haben oder dort kaufen. Damit signalisieren sie ihrem Gesprächspartner: Ich kann es mir leisten, nur mit den Allerbesten zu arbeiten und teure Marken zu kaufen.

Feindbildstrategie und Spätfolgeszenarium Ein Kunde von mir besaß bereits ein unschlagbares Alleinstellungsmerkmal, Trotzdem schaffte er es nur schwer, Aufträge zu erhalten oder ein höheren Preis durchzusetzen. Er war in Florida beheimatet und hatte sich auf die Herstellung von beleuchteten Logos für Luxusjachten spezialisiert. Damals war das ein relativ neuer und schnell wachsender Markt. Jedes Schiff hat einen eingetragenen Namen, und immer mehr Eigner wollten keinen aufgemalten, sondern lieber einen beleuchteten Schriftzug haben. Wenn sie nachts in einen Hafen einfuhren, sollte ihr Signet schon von weitem sichtbar sein.

Mehr Anziehungskraft als der Wettbewerb gewinnen

Für uns galt es also, die Anziehungskraft gegenüber den Wettbewerbern zu verbessern, um schneller und einfacher Aufträge zu erhalten. Die Alleinstellung meines Kundens ergab sich aus einer speziellen Problematik: Leuchtlogos und die elektrischen Verbindungen korrodieren durch das aggressive Salzwasser so stark, dass fast alle Anlagen nach ein bis zwei Jahren nicht mehr funktionieren. Deshalb hatte mein Kunde ein System entwickelt, das dem aggressiven Salzwasser widerstand und bot darauf fünf Jahre Garantie. Die Wettbewerber verzichteten verständlicherweise auf eine solche Gewährleistung. Wenn die Schrift kaputt ging, hatte der Eigner eben Pech gehabt. Dennoch hatte der Vertriebsleiter meines Kunden mit dem Garantieversprechen nur mäßigen Erfolg.

Die Alleinstellung allein genügt nicht

Bewusstsein für Ursachen und Folgen schaffen

Die Kapitäne solcher Yachten sind oft gleichzeitig Hausmeister und Einkäufer, müssen sich in den Wintermonaten im Hafen um alles kümmern – auch um die Leuchtlogos. Dabei ging es den Kapitänen vor allem darum, einen günstigen Anbieter zu finden. Wenn der Vertriebsleiter meines Kunden im Verkaufsgespräch seinen höheren Preis damit rechtfertigte, dass die Schriften der Wettbewerber eine äußerst kurze Lebensdauer haben, wurde das meistens nur als Marketingtrick abgetan. Woran lag das? Bei der Zielgruppenanalyse fanden wir heraus, dass die meisten Kapitäne nie zuvor den Auftrag bekommen hatten, eine Leuchtschrift zu kaufen. Der Markt war neu, sie hatten keine Erfahrung mit solchen Logos und wussten nicht, dass sie schon nach kurzer Zeit nicht mehr funktionierten. Es war also kein Problem- und Spätfolgebewusstsein vorhanden.

Nicht nur mehr, sondern auch teurer verkaufen Während unseres Workshops rief der Kapitän eines bekannten Luxusschiffes an und wollte einen Kostenvoranschlag für ein Leuchtlogo. Der Vertriebsleiter versprach in Kürze zurückzurufen, da er gerade in einem Kundenmeeting sitze. Nachdem er das Gespräch beendet hatte, entwickelten wir gemeinsam das erste Entzugs-Gespräch. Es war klar, dass eine reine Beschreibung der Ursachen und Spätfolgen nicht ausreichte. Der Anbieter musste dem Kunden das Gefühl geben, dass er seine Probleme genau kennt, und ihm vor Augen führen, welche Auswirkungen sich aus einer falschen Entscheidung für ihn ergeben.

Das Entzugsgespräch des Vertriebsleiters mit dem Kapitän lief dann nach folgendem Muster ab: Leider können wir im Moment keine neuen Aufträge annehmen, weil wir sehr damit beschäftigt sind, die Schriften anderer Hersteller zu reparieren. Die Schiffseigner sind sauer, weil die Leuchtlogos bereits nach wenigen Monaten durch das Salzwasser zerstört werden und die Lieferanten keine Garantie geben. Die Kosten für den Austausch der Stahlschriften, die erneute Montage, das Verdichten und Streichen der alten Löcher sind sehr hoch. Die Reparaturen sind bei uns zurzeit das größte Geschäft. Deshalb kommen wir kaum noch dazu, unsere neuen Leuchtschriften zu fertigen. Aber ich kenne Ihr wunderschönes Schiff. Ich habe es schon oft gesehen und mir immer gewünscht, für Sie ein Logo zu gestalten und es als Leuchtschrift umzusetzen. Deshalb werde ich mit meinen Leuten reden, ob sie bereit sind, für Sie und Ihr Schiff Sonderschichten einzulegen. Ich melde mich, sobald ich mit meinem Team gesprochen habe.

Die Angst vor Fehlentscheidungen

Die Alleinstellung richtig kommunizieren Ein Stunde später riefen wir den Kapitän an und erzählten ihm, dass drei Mitarbeiter bereit wären, nachts zu arbeiten, um den engen Termin einzuhalten. Unser Angebot kündigten wir für den Abend an. Gemeinsam kalkulierten wir die Kosten und den gewünschten Verkaufspreis. Dabei wurde ein internes Problem sichtbar. Obwohl

348

das Unternehmen durch aufwändige und teure Materialen höhere Herstellungs- und Montagekosten hatte, orientierten sich die Manager an den Angeboten der Konkurrenten. Dadurch war der notwendige Deckungsbeitrag gering. Realistisch musste der Preis um 70 Prozent über dem der Mitbewerber liegen. Danach wurde es still im Raum.

Da der Vertriebsleiter auf Provisionsbasis arbeitete, traute er sich erst nicht, einen so hohen Preis zu verlangen. Doch schließlich schickte er das Angebot per Mail an den Kapitän. Der rief umgehend zurück und sagte, dass er mit dem Angebot einverstanden sei. Nach unserem Entzugsgespräch war dem Kapitän fast nichts anderes übrig geblieben, als seinem Eigner unsere teure Schrift zu empfehlen, weil er sich nicht dessen Zorn zuziehen wollte, wenn die Alternative nach kurzer Zeit nicht mehr funktionierte und für viel Geld repariert werden musste. Diese Erkenntnis brachte die Wende für das Unternehmen. Seit dem Workshop gehen die Verkäufer dort ganz anders auf die Kunden zu. Das Entzugsgespräch in Verbindung mit der Feindbildstrategie und dem Spätfolgeszenario hat dem Vertriebsleiter den Verkaufsdruck genommen. Je nach Schriftgröße waren die Preise zwischen 30 und 80 Prozent teurer als die der Wettbewerber. Wenn da ein Geschäft einmal nicht zustande kommt, fühlt der Verkaufsleiter sich nicht mehr als Verlierer. Denn: Offener kann er die Spätfolgen und seine besondere Alleinstellung wirklich nicht verkaufen.

Ein Nein ist der erste Schutz vor Fremdbestimmung

Ob privat oder im Business, das folgende Thema zieht sich wie ein roter Faden durch unser Leben und löst oftmals ein Chaos bezüglich der Prioritäten aus. Das Problem vieler Menschen ist, dass sie nicht nein sagen können. Dabei ist ein Nein der erste wichtige Selbstschutz im Leben. Dabei geht es um unsere Würde, Ehre, Respekt, Selbstachtung und Selbstbestimmung. Respekt von anderen erkennen Sie daran, dass sie Ihnen ein Recht auf Ihr Nein zugestehen. Die

Frage, die sich jeder stellen sollte: Will ich Respekt oder gekaufte Anerkennung, die auf meine Kosten geht? Je häufiger Sie nein sagen, desto mehr werden Sie sich Ihrer Bedürfnisse und Prioritäten bewusst. Wenn Sie nach reiflicher Überlegung ja sagen, wird das als besondere Wertschätzung empfunden. Auch das Nein von anderen sollten wir nicht als persönliche Ablehnung sehen. Es kann bedeuten, dass dieser Mensch einfach gelernt hat, auf sich selbst zu hören und genau weiß, was er will. Nicht nein zu sagen bedeutet, dass wir anderen einen höheren Stellenwert geben als uns selbst. Das hat viele Menschen schon mehr Lebensenergie, Chaos und Geld gekostet als ihnen lieb ist.

Hinter der Angst vor einem Nein steckt die Furcht vor negativen Konsequenzen. Wenn es Ihnen schwer fällt nein zu sagen, dann hilft Ihnen, wenn Sie sagen „Da kann ich im Moment nicht ja sagen". Selbst wenn eine Anfrage sich verlockend anhört, sagen Sie nicht sofort zu. Bitten Sie um Bedenkzeit und durchdenken Sie in Ruhe erst alle Konsequenzen.

> „Die kürzesten Wörter, nämlich ja und nein, erfordern das meiste Nachdenken."
> *Pythagoras von Samos*

Die Helfersyndrom-Falle

Viele glauben, dass Nein-Sager Egoisten sind. Wir glauben, dass wir uns mit einem Nein einen größeren Konflikt oder negative Folgen einhandeln und sehen nicht, dass wir damit noch größere Probleme produzieren. Viele Menschen, auch im Business, haben ihr Image damit aufgebaut, dass sie immer hilfsbereit, verständnisvoll und verlässlich sind. Ihr Denken und Handeln hat sich auf die Bedürfnisse der Außenwelt ausgerichtet. Sie laufen mit vielen Antennen herum, spüren und suchen die Hilflosigkeit der anderen. Sie fühlen sich für das Wohlergehen anderer verantwortlich – sie haben ein Helfersyndrom aufgebaut. Im schlimmsten Fall neigen sie dazu, ihre Hilfe von sich aus anzubieten, und geben Ratschläge, obwohl sie keiner danach gefragt hat.

Oft sind sie eine leichte Beute für Menschen, die diese Gutmütigkeit ausnutzen oder die Verantwortung für ihre eigene Hilflosigkeit auf andere übertragen wollen. Viel zu viele Menschen beschäftigen sich mit den Problemen von anderen oder fühlen sich für diese verantwortlich. Für einige ist das eine willkommene Ablenkung, sich nicht mit den eigenen Problemen zu beschäftigen. Andere haben ein schlechtes Gewissen, wenn sie um Hilfe gebeten werden und nicht helfen. Helfen kann ein Akt der Nächstenliebe sein – aber wenn Sie nur auf andere fixiert sind, vernachlässigen Sie Ihr eigenes Leben, Ihre Ziele und Wünsche.

> Ob privat oder geschäftlich: Klären Sie zuerst immer die Eigentumsverhältnisse – wer ist der Besitzer des Problems?

Ja-Sager kämpfen um ihr Image

Ständige Ja-Sager werden von anderen oft belächelt und nicht ernst genommen. Es allen recht zu machen, führt zu einem Verlust von Respekt und Anerkennung. Besonders in Gesprächen mit Kunden werden Unternehmer und Mitarbeiter ständig mit dem Konflikt konfrontiert, ja oder nein zu sagen. Die Ausstrahlung eines Menschen signalisiert, ob er selbstsicher ist oder ein eher unsicherer Mensch, der sich vieles gefallen lässt. Wenn Sie häufig ja sagen, weil Sie Angst haben, nein zu sagen, dann verraten Sie wahrscheinlich schon durch Ihre Stimme und Körpersprache, dass Sie sich leicht ausnutzen lassen. Diese Schwäche wird oft als Aufforderung missverstanden, dass man mit Ihnen alles verhandeln kann. Jeder Mensch sendet durch seine Körpersprache Signale aus, die von den Mitmenschen empfangen werden. Wenn diese Signale Unsicherheit und Schwäche andeuten, dann fühlen sich davon Menschen angesprochen und angezogen, die einen Nutzen daraus ziehen wollen. Eine selbstsichere und selbstbewusste Ausstrahlung ist ein Warnsignal an alle Schmarotzer: Du kannst mit mir nicht machen, was du willst. Zu wissen, was Sie wollen und was Sie nicht wollen, ist der Beginn des Weges aus der Fremdbestimmung hin zur Selbstbestimmung.

> **Wer die Freiheit aufgibt, um Sicherheit zu gewinnen, der wird am Ende beides verlieren.**
> *Benjamin Franklin*

Ich habe fast 15 Jahre Prof. Dr. Lothar Seiwert auf seinem Weg zum führenden Experten für Zeitmanagement, Life-Leadership und Work-Life-Balance beraten. Mit mehr als vier Millionen Büchern in mehr als 30 Sprachen hat er einen unangefochtenen Guru-Status erreicht. Eine Geschichte mit einem Bild in seinen Büchern beschreibt sehr deutlich die „Nicht-nein-sagen-können-Situation". In einem Büro sitzen drei Angestellte an ihren Schreibtischen. Auf dem einen Schreibtisch türmen sich die unerledigten Arbeiten, sodass der Angestellte kaum noch darüber schauen kann. Auf dem zweiten Schreibtisch liegt nicht einmal die Hälfte davon, auf dem dritten nur eine Arbeitsmappe. Jetzt betritt der Chef mit noch mehr Arbeit den Raum. Zu wem wird er gehen? Natürlich zu dem mit dem Aktenberg – der konnte noch nie nein sagen. Überstunden gehören zu seiner Lebensphilosophie. Er glaubt auch, dass er der wichtigste im Raum ist und ihm am meisten zugetraut wird. Er sagt nicht nein, weil er ein starkes Anerkennungsbedürfnis hat. Der mit dem halbvollen Schreibtisch kann sich einigermaßen gut abgrenzen, indem er auf seine noch nicht erledigte Arbeit hinweist. Der mit nur einer Mappe auf dem Tisch weiß, wie wichtig und aufwändig dieser eine Job für das Unternehmen ist und dass er sich mit aller Energie nur darauf konzentrieren wird.

Der Trick mit der Kompetenz-Zuweisung, wenn es eilig ist

Sie kennen sicherlich solche Situationen: Ein Kunde ruft an und braucht jetzt dringend Ihre Hilfe, obwohl er den Job schon lange vor sich her schiebt. Er erwartet, dass Sie alles liegen lassen und sein Problem lösen. Wenn er merkt, dass es Ihnen nicht passt, lobt er Ihre Kompetenz. „Sie sind der einzige, der helfen kann. Ich brauche Sie und bin Ihnen dann sehr zu Dank verpflichtet. Ohne Sie wird das nie etwas. Die Weiterverarbeiter warten bis nächste Woche darauf", sagt der Kunde. Ihnen wird klar, wie wichtig Sie doch sind. Sie sehen den Kunden in Not. In einer solchen Situation nein zu sagen, könnte er Ihnen nachtragen. Sie würden sich schuldig fühlen, wenn Sie ihm in dieser Situation nicht helfen. Wenn Sie sich dann breitschlagen lassen, ist der Anrufer auch noch so dreist und will mit Ihnen über den Preis verhandeln. Sagen Sie nein. Machen Sie sich bewusst: Wenn Sie gut sind, wird der Kunde wieder kommen. Er wird lernen, mit bedeutend mehr Respekt viel früher auf Sie zuzukommen. Sie helfen ihm zu erkennen, was es bedeutet, sich selbst zu schätzen und seine Jobs rechtzeitig anzugehen.

Zum Start meiner Selbstständigkeit bekam ich meinen ersten großen Kunden mit einem hohen Budget. Es dauerte nicht lange, da teilte er mir mit einer unangenehmen Arroganz mit, dass ich ihn ja bräuchte. Ich bat ihn sofort zu einem Termin in mein Büro, machte ihm deutlich, dass ich mich niemals von jemandem so behandeln lasse, und kündigte ihm die Zusammenarbeit auf. Erst konnte er nicht fassen, dass ein Start-up auf so einen großen Etat verzichten wollte. Dann dachte er nach – erinnerte sich an den häufigen Ärger mit seiner vorherigen Agentur. Das machte ihm bewusst, wie wertvoll ich für ihn bisher in unserer Zusammenarbeit war, aber auch, welche Wertschätzung ich von anderen erwarte. Er entschuldigte sich für sein Verhalten und wir arbeiteten danach noch viele Jahre sehr partnerschaftlich und fair miteinander.

> Wer bereit ist, für Geld alles zu tun, verliert am Ende seine Selbstachtung.

Die Verlockungen von Zusatzeinnahmen

Ein Nein hilft Ihnen immer wieder, Ihre eigene Positionierung und Ihre Ziele zu hinterfragen. Viele Unternehmer können nicht Nein sagen. Sie wollen oder können den Verlockungen der vielen schönen Zusatzeinnahmen, die aus Angebotserweiterungen erwachsen, nicht widerstehen. Eigentlich, so sollte man meinen, verhalten sich diese Unternehmen richtig. Doch in Wirklichkeit führt die Erweiterung zur Verzettelung.

Aufgrund langjähriger Berufserfahrung sind viele von uns geneigt und in der Lage, auch Kundenprobleme zu lösen, die über die eigene Kernkompetenz hinaus gehen. Jedes Kundenproblem aktiviert die schlummernden Potenziale und das »Helfersyndrom«. Es hat einige Zeit gedauert, bis ich erkannte, dass ich an einem „Sprachfehler" litt: Ich konnte oft nicht nein sagen. Nachdem ich gelernt hatte, Aufgaben abzulehnen, die über meine Kernkompetenz hinaus gehen, konzentrierten sich meine Kräfte und Energien. Diese Konzentration führt über kurz oder lang zum Durchbruch am Markt und dann zur Marktführerschaft, in meinem Fall zum Praxisexperten für Positionierungsstrategien. Es gibt noch einen Grund, warum Sie häufiger nein sagen müssen: Wenn Sie eine neue Positionierungsnische gefunden haben, bleiben Sie darauf konzentriert. Versuchen Sie nie, breit in den Markt zu gehen. Je größer das Angebot ist, mit dem Sie werben, desto schwieriger ist es, Aufmerksamkeit zu bekommen.

> Als Experte müssen Sie nicht nur wissen, was Sie wollen. Sie müssen auch wissen, was Sie nicht mehr wollen und was Ihren Erfolg verzögert oder verhindert.

Die klassische Verkaufsausbildung

In der traditionellen Vorgehensweise ist die individualisierte Ansprache von Zielgruppenteilnehmern Bestandteil der Verkaufstechnik und der praktischen Verkaufspsychologie. Verkäufer werden auf Sympathie und Empathie trainiert. Über diverse Motivations- und Kommunikationsstrategien wird dann versucht, eine Kaufentscheidung zu erreichen. Die Aussage „Der Kunde ist König" beschreibt schon, welchen Stellenwert der Verkäufer und welchen der Kunde hat. Sie schafft automatisch einen tiefen Graben zwischen beiden Parteien. Dem Kunden wird Macht zugewiesen, dem Verkäufer erst einmal der Stellenwert eines Befehlsempfängers. Den Umsatzdruck, die Erfolgsbewertung im eigenen Unternehmen und die Angst vor einem Nein beim Kunden können Verkäufer zwar mit entsprechendem Training überspielen. Trotzdem sorgt das für eine tief sitzende Verunsicherung bei ihm. Genauso schlecht wäre die Aussage „Der Verkäufer ist König". Wenn wir aber sagen, Kunde und Käufer sind Könige, entsteht eine andere Situation. Dann begegnen sich beide von der ersten bis zur letzten Minute auf Augenhöhe, mit Respekt und Hochachtung, entspannt und ohne jeden Druck. Dann stehen beide in hoher Akzeptanz und Resonanz zueinander. Stellen Sie sich einmal vor, dass der Verkäufer gar nicht verkaufen darf, außer wenn der Kunde darum bittet? Wie würden sich Ihre Verkäufer fühlen? Wie würde sich das Klima in Ihrem Unternehmen verändern? Wie würden sich die Kunden fühlen? Ich treibe es auf die Spitze: Stellen sie sich vor, dass der Kunde Angst hat, dass Sie ihm nichts verkaufen. Was würde passieren, wenn Sie so gut positioniert sind, dass die Zielgruppe von allein auf Sie zukommt und die Ausbildung von Verkaufskriegern gar nicht notwendig ist?

Was ist Sympathie, was Empathie?

Lassen Sie uns die beiden Begriffe Sympathie und Empathie näher betrachten. In der Literatur steht der Begriff Sympathie für die Fähigkeit, eine positive gefühlsmäßige Einstellung zu entwickeln und jemanden zu mögen. Es kann eine bestimmte Person, eine Marke, ein Land oder eine besondere Art sein, wie Menschen denken. Aus dieser gefühlsmäßigen Übereinstimmung entsteht Zuneigung und Vertrauen. Im Verkauf benutzen viele ganz gezielt diese Methode, um auf andere einzugehen, aufmerksam, freundlich, zuvorkommend zu wirken und nach Interessen zu fragen. Verkäufer versuchen motiviert und begeistert von ihrem Angebot zu wirken. Sie verhalten sich ganz anders, als sie in Wirklichkeit sind. Ziel dabei ist, beim Gegenüber schnell Vertrauen aufzubauen, damit er möglichst schnell eine Kaufentscheidung trifft. Wir setzen uns dabei allerdings selbst einem gehörigen Druck aus. Wir versuchen den Gesprächspartner zu manipulieren, unser Interesse an ihm wird berechnend. Je mehr Verkaufsdruck aus dem Unternehmen aufgebaut ist, desto mehr verbiegen und vergewaltigen wir uns dabei selbst. Denn: Jeder Kundenkontakt soll am Ende Früchte tragen. Dafür werden Verkäufer bezahlt, daran werden sie gemessen. Eine reine und ballastfreie Sympathie lässt sich dabei selten leben. Wir gewöhnen uns daran, im Kontakt mit Kunden immer „gut drauf" zu sein und unser Bestes zu geben. Wenn wir uns schlecht fühlen, darf das keiner merken.

Empathie setzt ähnliche Fähigkeiten wie Sympathie voraus, geht aber noch tiefer in unsere Gefühlswahrnehmung hinein. Empathie ist eine wertvolle Fähigkeit im Leben. Sie ermöglicht es, sich in das Empfinden anderer Lebewesen hineinzuversetzen, Gedanken, Emotionen, Absichten und Persönlichkeitsmerkmale eines anderen Menschen zu erkennen und zu verstehen. Sie lässt uns die Gedanken und Emotionen von anderen – ob Trauer, Freude oder Schmerz – erkennen, selbst spüren und nachvollziehen. Empathie setzt ein hohes, akzeptierendes und wertschätzendes Einfühlungsvermögen voraus, ist ein aktiver Prozess des einfühlenden Verstehens. Empathie ist die höchste Stufe der sozialen Kompetenz und Resonanzfähigkeit.

> Wenn der Einsatz von Sympathie und Empathie mit einem Ziel verbunden wird, schaden wir uns am Ende immer selbst.

Wer loslassen kann, wird am Ende gewinnen

Lassen Sie uns den Gedanken aufgreifen, dass ein Verkäufer gar nicht verkaufen darf, außer wenn der Kunde darum bittet. Sympathie und Empathie sind etwas sehr Wertvolles. Statt diese Fähigkeiten nur für Verkaufsabschlüsse einzusetzen, sollten wir anfangen, sie ohne Druck und Ziel auch in Kundengesprächen einfach zu leben. Dabei könnten Sie die überraschende Erfahrung machen, dass Kunden automatisch mehr kaufen, wenn sie ohne Druck eine Kaufentscheidung treffen. Auch Ihre innere Haltung als Verkäufer, Ihre Gesundheit und soziale Kompetenz werden sich schlagartig positiv verändern. Sie reden und verhalten sich automatisch souveräner und können sich dabei selbst genießen. Sie werden, ob privat oder beruflich, beliebter. Menschen suchen ihre Nähe, Ihr Ansehen wächst. Sie leben ihren Humor, sind schlagfertiger und nehmen vieles leichter.

Wann haben die erfolgreichsten Vertriebler am besten verkauft?

Wenn ich mit vertriebsorientierten Unternehmen arbeite, interessiert mich eine Frage immer ganz besonders: Wer hat wann seinen größten Erfolg gehabt und am besten verkauft? Dabei erfahre ich regelmäßig die tollsten Geschichten. Wenn ich dann nachfrage, wie die Verkäufer an dem Tag „drauf" waren, kommt oft die Antwort: „Mir war alles egal. Ich wusste, da geht wahrscheinlich sowieso nichts, und deshalb war ich ganz locker." So ging es auch dem Vertriebsverantwortlichen von Koziol. Als er bei dem weltweit tätigen Unternehmen Ferrero einen Termin bekam, ging er davon aus, dass er keine Chance hatte, einen Auftrag zu erhalten. Bei dem Termin versuchte er deshalb auch gar nicht, irgend etwas zu verkaufen. Er präsentierte und wartete einfach ab. Der Erfolg war riesig. Ferrero warb mit großem Aufwand mehrere Wochen lang in Fernsehspots mit Koziol.

Warum Verkaufsgespräche das Image sogar verschlechtern können

Stellen sie sich vor, Sie haben einen Fotoladen, der nicht besonders gut läuft. Sie stehen die meiste Zeit hinter der Theke und warten darauf, dass ein Kunde in den Laden kommt. Deshalb entschließen Sie sich, vor die Tür zu gehen, um die Passanten einfach anzusprechen und ihnen ein Angebot zu machen. Was glauben Sie: Wie lange wird es dauern, bis die Leute einen großen Bogen um Ihren Laden machen? Bestimmt nicht lange. Genau das ist einem meiner Kunden passiert. Er hat sein Unternehmen mit intensiven Telefonmarketing-Aktionen aufgebaut, wird aber nicht von seinen Kunden weiter empfohlen. Sie nehmen ihn auch nicht als besten Experten im Markt wahr, obwohl er das definitiv ist. Sein Unternehmen wird von den Kunden immer nur in eine Schublade gesteckt: „Das sind die, die ständig anrufen und einem etwas verkaufen wollen". Obwohl die Kunden nachweislich von den Leistungen profitieren und das Unternehmen eigentlich ein Geheimtipp in der Branche sein müsste, wird es in die Rubrik „Drückerkolonne" verfrachtet. Die Kernkompetenz wird überhaupt nicht wahrgenommen. Das heißt: Wer den Verkauf zu aktiv gestaltet, wird das Nachsehen haben. Wer kaufen lässt, gewinnt.

Geben Sie Ihrem Kunden Raum zum Einfordern

Ruhe hält kaum jemand aus. Je länger Sie schweigen, desto mehr versucht der andere, das Gespräch weiter zu führen. In einer Gruppe das Schweigen und die Sprachlosigkeit auszuhalten, fällt den meisten sehr schwer und sie suchen nach Themen oder einem roten Faden. Geben Sie Ihren Kunden Raum, in dem sie selbst die Gründe des Treffens nochmals formulieren können. Nachdem ich mit einem Kunden das Entzugsgespräch vertieft hatte, rief er mich gleich nach dem ersten Kundenmeeting an. Er konnte kaum glauben, was passiert war, nachdem er sich vollkommen zurückgenommen und überwiegend zugehört hatte: Je weniger er versuchte zu verkaufen, desto mehr drängte der Kunden darauf, Nägel mit Köpfen zu machen.

> **Versuche immer erst zu verstehen, danach versuche verstanden zu werden.**

Wenn ich andere verstehe, kann ich auch gemeinsam mit anderen kreativ Probleme lösen. Viel zu viele Menschen neigen dazu, ständig zu reden, und haben das Zuhören verlernt. Sehr negativ wird empfunden, wenn Menschen nur über und von sich selbst reden. Am schlimmsten sind diejenigen, die ständig um jede einfache Erklärung viele Beweisschleifen drehen, weil sie befürchten, dass ihnen sonst nicht geglaubt wird. Es gibt ein Ritual bei einem Indianerstamm, das als Test auch in Kommunikationsseminaren eingesetzt wird: Nur wer den Stab hat, darf reden. Kommt der nächste an die Reihe, muss er vor seinem eigenen Beitrag erst in Kurzfassung wiederholen, was der Vorredner gesagt und gemeint hat. Somit stellen die Indianer sicher, dass ihnen zugehört wird und dass der andere sie genau verstanden hat. Das verhindert, dass jemand das Gleiche sagt, aber etwas anderes meint. Denn jeder hat seine eigene Realität.

Aikido im Business

In meiner Jugend habe ich sehr viel Kampfsport betrieben. Ich war nie ein Mensch, der Streit suchte, aber ich lief auch nie davon. Ich lernte einige Kampftechniken wie Tangsudo, Karate, Taekwondo, Boxen und am liebsten Jiu Jitsu. Hier schaffte ich es bereits nach zwei Jahren bis zum deutschen Vizemeister. Dann lud unser Trainer einen Aikido-Meister ein, der uns in diese Kampftechnik einweisen

Widerstände überwinden

sollte. Wir waren gespannt, wer da gleich leichtfüßig wie ein Tiger in die Halle kommen würde. Als der Aikido-Meister eintrat, konnten wir es kaum fassen: Da stand ein scheinbar untrainierter 50-jähriger Mann mit einer Figur wie Dagobert Duck. Ich durfte ihn als Erster angreifen. Alle grinsten – der durchtrainierte Vizemeister kämpft gegen Dagobert. Damals war ich wirklich verdammt gut, aber ich hatte keine Chance. Immer wieder griff ich an – und landete jedes Mal irgendwo hinter Dagobert auf der Matte.

Eigentlich hatte der Aikido-Meister nicht viel gemacht. Er hatte nur meine Energie aufgenommen, sie verstärkt und mich dann ins Leere laufen lassen. Ich war tief beeindruckt. Die spielerische Leichtigkeit, mit der ein Angreifer geworfen werden kann, scheint nur durch sein stilles Einverständnis möglich zu sein. Dieses Einverständnis gibt es wirklich. Allerdings beruht es nicht auf Absprachen, sondern auf den Prinzipien des Aikido. Dieses kennt keine offensiven Angriffstechniken, sondern lenkt die Energie des Angreifers durch Abwehr- und Sicherungstechniken um. Die Erkenntnisse des Aikido haben mir als Berater sehr geholfen. Denn: Wie beim Aikido ist es auch im Business: Jeder Druck erzeugt Gegendruck.

> **Akzeptieren wir der Energie des Anderen und folgen ihr, überwinden wir die größten Widerstände und finden schneller die gemeinsamen Ziele.**

Versuchen Sie ein Entzugsgesprächs-Verkäufer zu werden

Auch wenn Sie anfänglich ein mulmiges Gefühl bekommen, tasten Sie sich langsam vor. Sitzen Sie auf Ihrem „Verkäuferstuhl" als Kunde. Werden Sie zum Antiverkäufer. Denn wenn ein Kunde spürt, dass Sie nicht verkaufen wollen, sieht er Sie schneller als Freund. Hören Sie sehr gut zu, übernehmen Sie seine Gedanken und versuchen Sie sich hineinzuversetzen. Denken Sie ganz neutral aus seiner Perspektive über das Angebot nach.

360

Sprechen Sie ruhig darüber, wann Sie selbst das Angebot nicht annehmen würden und wann es Sinn macht, es doch zu tun. Wenn der Kunde spürt, dass seine Interessen wichtiger sind als die Ihres Unternehmens, haben Sie die beste Situation geschaffen, die eigene Handlungsenergie bei Ihrem Kunden freizusetzen und sich von anderen Anbietern abzusetzen. Wenn Sie merken, dass das Angebot Ihrem Gegenüber Nachteile bringt, sollten Sie auf das Geschäft verzichten.

Setzen Sie die eigene Handlungsenergie Ihrer Kunden frei

Das Geheimnis hinter einem Entzugsgespräch ist, dass Sie zum Antiverkäufer werden und auch Ihr Angebot rar machen. Zeigen Sie deshalb niemals, dass Sie einen Auftrag brauchen. Signalisieren sie, dass Sie grundsätzlich sehr viel zu tun haben. Bleiben Sie souverän. Gefragt zu sein, ist auch eine Art der Kompetenz-Zuweisung. Wenn Sie unter dem ständigen Druck stehen, die Auslastung der Mitarbeiter sicher zu stellen, fühlt sich das natürlich gewöhnungsbedürftig an. Es geht auch nicht darum, dass Sie leichtsinnig auf Aufträge verzichten. Mir geht es um Ihre innere Haltung und Selbstachtung. Sie werden sehen: Am Ende fällt Ihnen das Verkaufen erheblich leichter. Verständlicherweise gehört diese Energiequelle zu denen mit der höchsten Geheimhaltung. Im Energie-Resonanz-Navigator werde ich Ihnen die Vorgehensweise genauer beschreiben.

Tipps und Denkanstöße für die Energiequelle

Entzugs-Gespräche

- Üben Sie mit Ihren Mitarbeitern das Kaufen lassen und die dazu nötige Haltung gegenüber dem Kunden.

- Idealerweise schaffen Sie eine Situation, in der Sie als neutraler Freund und Antiverkäufer wahrgenommen werden.

- Achten Sie auf Ihre innere Stimme und vertrauen Sie ihrer Intuition. Lehnen Sie auch einmal einen Auftrag ab, wenn Sie merken, dass Sie damit kaum Geld verdienen.

- Je mehr Sie zeigen, dass Sie beschäftigt sind, desto mehr strahlen Sie aus, dass Sie gefragt sind.

- Nur wer sich selbst wertschätzt, wird von anderen geschätzt. Schreiben Sie konkret auf, mit welchen Argumenten und Formulierungen Sie Ihre Wertschätzung erhöhen können.

- Druck erzeugt Gegendruck: Ohne Zwang erreichen Sie viel mehr – das gilt ganz besonders, wenn es ums Verkaufen geht.

- Haben Sie keine Angst, wenn Sie teurer sind als Ihre Mitbewerber. Erarbeiten Sie ein Argumentarium, wie Sie begründen können, dass der höhere Preis Teil Ihres Markenzeichens ist.

- Wer berät und nicht verkauft, wird häufiger weiter empfohlen.

362

An welchen Stellschrauben aus der Energiequelle „Entzugs-Gespräche" müssen Sie noch arbeiten? Was wollen Sie in der Zukunft konkret verändern. Listen Sie hier bitte alle To-dos auf.

Bei wem ich mich besonders bedanken möchte

Wissen Sie noch, wer dazu beigetragen hat, dass Sie heute so sind, wie Sie sind? War das alles geplant und vorhersehbar, war es eine Fügung, Zufall oder Glück? Oder steckt die Wahrheit in dem einfachen Satz von Buddha: „Alles was wir sind, ist das Resultat dessen, was wir gedacht haben". Ich glaube: Vieles hängt davon ab, dass man zur rechten Zeit am richtigen Ort war. Den bedeutendsten Menschen in meinem Leben habe ich in einer dramatischen Schrecksekunde kennen gelernt.

Als 20-Jähriger wollte ich nach einem Diskobesuch eine Straße überqueren und übersah einen heran fahrenden VW Käfer. Bremsen quietschten, ich sprang instinktiv hoch, drehte mich dabei um, landete auf allen vieren auf der Kühlerhaube – und schaute in die entsetzen Augen einer wunderschönen Frau. Diese paar Sekunden auf der Kühlerhaube waren die bewussteste Zeit in meinem Leben. Während mein Adrenalin in die Höhe schoss und ich in die Augen der Fahrerin sah, spürte ich ein seltsames Glücksgefühl in der Bauchgegend.

Die Frau stieg aufgeregt aus ihrem Auto, fragte ob mir etwas passiert sei. Ich beruhigte sie, sie fuhr weiter. Erst nach dem Anfangsschock begriff ich, dass mir tatsächlich etwas passiert war. Ich hatte plötzlich wieder ganz deutlich diese ungewöhnlichen Augen und das Gesicht vor Augen. Wieder verspürte ich dieses seltsame Glücksgefühl – und bekam Angst, diese Frau nie wieder zu sehen. Eine Stunde später begegneten wir uns in einer Disco. Wir sahen uns an und wussten, dass wir uns kennenlernen würden. Das war der Beginn einer über 40 jährigen tiefen und dankbaren Liebe, einer so spannenden wie abwechslungsreichen Beziehung.

Deswegen widme ich dieses Buch meiner Frau Ruth. Sie ist eine bemerkenswerte, interessante Persönlichkeit und der wichtigste Partner in meinem Leben. Oft auf sich allein gestellt, hat sie zwei wunderbare Kinder großgezogen. Wir reisen, wandern und tanzen noch heute miteinander. Wenn ich von einer Reise nach Hause komme, können wir es beide kaum erwarten, uns wieder in die Arme zu nehmen. Und das nach über 40 Jahren. Die gegenseitige tiefe Liebe und das Vertrauen gibt uns beiden in unserem Leben sehr viel Kraft. Seit mehr als 20 Jahren arbeiten wir auch beruflich zusammen. Während der Entwicklung meiner Bücher war sie meine wichtigste Ansprechperson und mein konstruktivster Kritiker. In den vergangenen fünf Jahren haben wir unzählige Stunden über das hier vorliegende Buch diskutiert.

Ich weiß: Es ist nicht üblich ein Businessbuch mit einer Liebeserklärung an seine Frau zu versehen. Aber besonders im Business sollten wir nicht vergessen, dass Arbeit und Erfolg nicht alles sind. Auch das private Glück setzt im Alltag viel Kraft und Energie frei.

Herzlich bedanken möchte mich natürlich auch bei allen Kunden und Partnern, die durch ihre zahlreichen Beiträge, persönlichen Stellungnahmen, Interviews und Ratschläge zu diesem Buch beigetragen haben.

Peter Sawtschenko

Vorträge mit Peter Sawtschenko

Sie können Peter Sawtschenko auch als Redner buchen. Unterhaltsam und motivierend bringt er durch seine Vorträge die Zuhörer zum Nachdenken und vermittelt dabei praxisnah sein geballtes Wissen zum Thema Positionierung. Er zeigt, wie jeder Anbieter – egal in welcher Branche – Lücken im Markt findet und sie intelligent besetzt, ohne die eigene Kernkompetenz zu verlassen.

Strategien aus der Praxis für die Praxis

Peter Sawtschenko erklärt dabei, wie Sie bedarfsorientierte Innovationen entwickeln, teure Flops vermeiden und die Grenzen Ihres Marktes erweitern können. Er deckt die wirklichen Gründe für Erfolg und Misserfolg auf, macht Mut und zeigt an Hand praktischer Beispiele, wie Unternehmen zur Nr. 1 im Kopf ihrer Zielgruppe werden können. Lernen Sie Peter Sawtschenko kennen und profitieren Sie von:

- Einem spannenden Vortrag
- Nachvollziehbaren Beispielen aus der Praxis des Erfolgsprofis
- Impulsen für ein neues Denken in Sachen Markt und Zielgruppen

SAWTSCHENKO INSTITUT

FÜR RE-POSITIONIERUNG, INNOVATIONS- & SPEZIALISIERUNGS-STRATEGIEN

PETER SAWTSCHENKO, D- 64846 GROSS-ZIMMERN, WALDSTRASSE 22A,
TEL.: +49 (0) 60 71 - 4 99 78-0, FAX: +49 (0) 60 71 - 4 99 78-2
E-MAIL: INSTITUT@SAWTSCHENKO.DE / HTTP://WWW.SAWTSCHENKO.DE

Firmeninterne Workshops mit Peter Sawtschenko

Entscheider, die an der Positionierung Ihres Unternehmens arbeiten wollen, können das auch im Rahmen eines individuellen Workshops zusammen mit Peter Sawtschenko tun. Das Ziel ist dabei immer, schlummernde Erfolgs- und Alleinstellungspotenziale Ihres Unternehmens zu finden, bedarfsorientierte Innovationen zu entwickeln und Ihren Betrieb so aufzustellen, dass er nachhaltig gewinnorientierter als bisher arbeiten kann.

Während des Workshops erlernen Sie die effektivsten Schlüsselstrategien für eine erfolgreiche Positionierung, um die Komplexität Ihres Marktes auf die wichtigsten Erfolgsfaktoren zu reduzieren und um den Zugangscode zu Ihren erfolgversprechendsten Zielgruppen zu finden.

Hilfe zur Selbsthilfe

Positionierung ist keine Eintagsfliege sondern ein Prozess der ständigen Verbesserung. Deswegen ist es auch wichtig, allen Teilnehmer ein großes Positionierungswissen zu vermitteln, damit sie zukünftig Trends erkennen, Gefahren umschiffen und ihren Vorsprung gegenüber dem Wettbewerb erhalten oder ausbauen können.

Sie werden eine völlig neue Sichtweise auf Ihr Unternehmen und Ihren Markt erhalten. Auf die Teilnehmer wartet ein sehr lehrreicher, intensiver, kurzweiliger und manchmal auch anstrengender Workshop – vor allem dann, wenn es darum geht, festgefahrene Denkweisen und Komfortzonen zu verlassen.